U0161118

仿鹰眼视觉及应用

Biological Eagle-Eye Vision and Its Applications

段海滨 邓亦敏 王晓华◎著

科学出版社

北京

内 容 简 介

本书系统深入地阐述了仿鹰眼视觉原理、理论、模型、方法、技术、系统及典型应用。全书共10章，首先概述了仿鹰眼视觉技术的新进展，在分析鹰眼生理结构和功能特点的基础上，研究并建立了鹰眼视觉理论模型，分析了鹰眼-脑-行为的通路特性，设计并实现了仿鹰眼-脑-行为视觉成像系统。针对目标识别、特征提取等关键技术难题，提出了仿鹰眼视觉强视力智能感知方法，并通过空中加油和自主着舰等典型应用场景验证了相关技术。本书突出前沿学科交叉，强调问题驱动和工程应用背景，力求使广大读者能快速掌握和应用仿鹰眼视觉的理论、模型、方法和关键技术。

本书可作为智能科学与技术、计算机科学与技术、控制科学与工程、光学工程、电子科学与技术、仪器科学与技术、动物科学、认知科学、系统科学、航空宇航科学与技术等相关学科领域科研工作者、工程技术人员、高等院校师生的参考书，也可作为研究生和高年级本科生的教科书。

图书在版编目（CIP）数据

仿鹰眼视觉及应用/段海滨，邓亦敏，王晓华著. —北京：科学出版社，2021.1

ISBN 978-7-03-067138-7

Ⅰ. ①仿…　Ⅱ. ①段…　②邓…　③王…　Ⅲ. ①计算机视觉　Ⅳ. ①TP302.7

中国版本图书馆CIP数据核字（2020）第243777号

责任编辑：钱　俊　孔晓慧 / 责任校对：彭珍珍
责任印制：吴兆东 / 封面设计：有道文化

科学出版社 出版
北京东黄城根北街16号
邮政编码：100717
http://www.sciencep.com

北京虎彩文化传播有限公司 印刷

科学出版社发行　各地新华书店经销

*

2021年1月第　一　版　开本：720×1000　B5
2022年3月第二次印刷　印张：13 1/4
字数：267 000

定价：128.00元

（如有印装质量问题，我社负责调换）

序

高动态、高精度、快速度、大视场的复杂场景主动感知，已成为制约视觉成像在国民经济和国防装备重要领域中广泛应用的关键瓶颈之一。传统视觉成像技术难以针对特殊需求同时实现快速度、抗干扰和高精度智能感知，迫切需要发展新的视觉成像技术为国家安全和国民经济发展提供支撑。模拟动物眼睛生理学机制的仿生视觉，已成为当今视觉成像领域的关键技术和研究热点。

在所有的动物中，鹰眼的视觉敏锐程度名列前茅，以目光敏锐、视野宽的“千里眼”而著称。鹰眼特有的强视力智能感知生理学机制为传统的视觉成像带来很多启发和灵感，特别在“动”“弱”“小”特征和“杂”“多”“扰”约束的复杂任务环境下，为如何有效实现“看得见、辨得清”的智能感知提供了一条颠覆性的技术新途径。

北京航空航天大学段海滨教授依托所主持的国家自然科学基金、国家863计划等项目，在仿生视觉领域既坚持“聚焦前沿，独辟蹊径”，又关注“需求牵引，突破瓶颈”，十余年来跨学科研究了仿鹰眼视觉模型、技术和系统，并应用于航空、航天等领域，形成了一定的创新研究积累。该书是作者团队在仿鹰眼视觉研究领域部分创新性成果的系统总结，也是国际上第一部系统介绍仿鹰眼视觉技术的学术专著。

我以浓厚的兴趣阅读了该书样稿。该书从鹰眼生物学机理和认知机制出发，建立了仿鹰眼强视力智能感知模型，发明了仿鹰眼视觉成像装置，并应用于空中自主加油、自主精准着舰等领域，尝试解决“何处有何物”(Knowing What is Where by Seeing)的视觉感知难题。全书既突出了创新性又有相对系统性，既有理论性又有实用性，该书的出版对于仿生视觉成像技术的发展与应用必将起到重要作用。该书涉及内容在军、民等领域有着广阔的应用前景，适合相关领域的研究生、学者和工程技术人员参考。

仿鹰眼视觉这一全新的研究领域是非常有意义和值得重视的。希望更多的专家学者参与到这一独具特色的交叉性学科的探索研究中来，并相信会对众多领域的关键技术突破和技术进步起到启发和促进作用。

中国科学院院士

2020年4月于武汉

前　言

视觉成像是一项使运动体感知能力倍增的技术。复杂干扰动态环境下，常规的视觉成像系统存在“速度慢、抗噪弱、精度低”的技术瓶颈，而突破这一技术瓶颈的路径大致可分为两条：一是提出新的智能感知和目标识别方法，二是开发新的光学传感设备。特别是模拟自然界中生物视觉(如人眼、蝇眼、鲎眼、蛙眼等)已成为解决视觉成像领域工程实际问题的重要手段。

鹰在所有的动物中以视觉极为敏锐而著称。无论“剑翎钩爪目如电，利吻新淬龙泉锋”，还是“爪利如锋眼似铃，平原捉兔称高情”；无论“雪爪星眸世所稀，摩天专待振毛衣”，还是“草枯鹰眼疾，雪尽马蹄轻”，都是对鹰眼视觉敏锐性的精准写照。鹰眼特殊的生理学结构特点和识别机制，与强干扰环境下的快速感知和目标识别技术需求十分吻合。通过借鉴自然界中的鹰眼特殊机制，跨学科模拟鹰眼视觉信息处理机制，可为视觉成像技术提供一条新颖的关键技术途径。

十余年来，以国民经济和国防装备需求为牵引，我们在仿鹰眼视觉模型机理、关键技术、样机研制、典型应用等方面开展了较为系统的创新研究，并形成了一定的学术积累。本书系统总结了所取得的部分创新研究成果，旨在为广大读者提供一部关于仿鹰眼视觉技术的较为系统的学术著作，为从事仿生视觉研究的科技工作者和广大读者提供理论基础、技术支撑和实践参考。

本书共 10 章：第 1 章从自然界中生物视觉系统特性角度简要阐述了发展仿生视觉技术的必然性，介绍了国内外仿鹰眼视觉的最新进展；第 2 章至第 6 章分别阐述了鹰眼对比度感应机制、颜色拮抗机制、鹰眼–脑视觉通路等理论、模型、方法和技术；第 7 章介绍了模拟鹰眼生理构造特点的仿鹰眼–脑–行为视觉成像装置；第 8 章和第 9 章分别给出了仿鹰眼视觉在空中加油和自主着舰两个典型场景中的具体应用；第 10 章对仿鹰眼视觉未来发展趋势进行了展望。本书第二和第三作者都是我指导的博士生，协助完成了本书部分章节的撰写工作。本书内容自成体系，取材新颖，撰写过程中力求以点带面，并注重知识的系统性。

衷心感谢中国科学院院士、空军预警学院王永良教授百忙之中认真审阅了书稿，给予了宝贵意见和建议，并为本书作序。感谢北京航空航天大学生物与医学工程学院李淑宇教授、北京理工大学光电学院常军研究员、中国科学院长春光学精密机械与物理研究所穆全全研究员、中国航空工业集团公司沈阳飞机设计研究所范彦铭研究员的有益讨论。感谢北京航空航天大学仿生自主飞行系统研究组全体成员，“苦以坚忍，必有所得”，大家一直在仿生交叉的“羊肠小道”上砥砺奋进，感谢博士生李晗、孙永斌、辛龙、徐小斌、霍梦真、仝秉达等和硕士生徐春芳、干露、毕英才、刘芳、俞佳茜、张奇夫、李聪、张聪、陈善军、赵国治、鲍瑞、李皓、王思远、胡爽等的贡献和帮助，同时向本书所引用参考文献的各位作者表示诚挚的谢意。

本书是在国家自然科学基金重大研究计划重点项目(91948204)、联合基金集成项目(U1913602)、联合基金重点支持项目(U20B2071，U19B2033)、重点项目(61333004)、面上项目(61273054)、青年科学基金项目(61803011)，科技创新 2030——“新一代人工智能”重大项目(2018AAA0102303)，国家 863 计划，军委科技委国防科技创新特区项目、装备预研、航空科学基金等支持或部分支持下取得的成果结晶，在此非常感谢上述单位和部门的大力支持。

由于作者水平有限，书中难免存在不妥之处，恳请同行专家和广大读者不吝指正。

段海滨

2020 年 5 月于北京中关村

Email: hbduan@buaa.edu.cn

缩略语对照表

(Abbreviation)

缩略语	英文全称	中文全称
AIM	Attention Based on Information Maximization	基于信息最大化理论的视觉注意模型
AUC	Area Under Curve	下方面积
BG	Brightness Gradient	亮度梯度
BGTG	Brightness Gradient Texture Gradient	亮度纹理梯度
BHP	Butterworth High-pass Filter	巴特沃思高通滤波
CC	Correlation Coefficient	相关系数
CG	Color Gradient	颜色梯度
CO	Color Opponent	颜色拮抗
cpd	cycle/degree	周/度
CSF	Contrast Sensitivity Function	对比敏感度函数
Ect	Ectostriatum	外纹体
FM	Facet-based Method	平面法
FN	False Negative	假负
FP	False Positive	假正
GABA	γ-aminobutyric Acid	γ-氨基丁酸
GB	Graph-based Visual Saliency	基于图论的显著图提取
GLd	Nucleus Geniculatis Lateralis pars Dorsalis	外膝核背部
GNSS	Global Navigation Satellite System	全球导航卫星系统
GPS	Global Positioning System	全球定位系统
GS	Geodesic Saliency	测地显著性检测
GT	Ground-truth	标注图像
HVA	Hierarchical Visual Attention	分层视觉注意
ICA	Independent Component Analysis	独立成分分析
Imc	Nucleus Isthmi pas Magnocellularis	峡核大细胞部

续表

缩略语	英文全称	中文全称
INS	Inertial Navigation System	惯性导航系统
ION	Isthmo Optic Nucleus	峡视核
Ipc	Nucleus Isthmi pars Parvocellularis	峡核小细胞部
IT	Itti's Model	Itti 模型
MCI	Multiple-cue Inhibition	多重线索抑制
nBOR	Nucleus of the Basal Optic Root	基底视束核
NI	Nucleus Isthmi	峡核
nLM	Nucleus Lentiformis Mesencephali	扁豆核
nRt	Nucleus Rotundus	圆核
NSS	Normalized Scanpath Saliency	标准化扫描路径分析
OPT	Nucleus Opticus Principalis Thalami	丘脑主视核
OT/TeO	Optic Tectum	视顶盖
Pb	Probability-of-boundary Operator	轮廓后验概率
PWM	Pulse Width Modulation	脉冲宽度调制
ROC	Receiver Operating Characteristic	受试者操作特性
SCR Gain	Signal-to-clutter Ratio Gain	信杂比增益
SF	Saliency Filters	显著图滤波器
SIFT	Scale-invariant Feature Transform	尺度不变特征变换
SIG	Image Signature	图像签名
Slu	Nucleus Semilunaris	半月核
SPNR	Statistical Property of Neuron Responses	神经元响应统计特性
SR	Spectral Residual	光谱残余法
SUN	Saliency Using Natural Statistics	基于贝叶斯概率的显著图计算
TDC	Thalamic Dorsolateral Complex	丘脑背外侧复合体
TG	Texture Gradient	纹理梯度
TN	True Negative	真负
TP	True Positive	真正
VM	Variation Metric	变化量度
WTA	Winner-take-all	胜者为王

目　录

CONTENTS

第1章 绪 论

1.1 引 言

大约在 5.4 亿年前，生物进化出了眼睛，而眼睛的出现使得生物可以看到并寻找猎物、躲避危险，从而改变了物种的生活方式，也引发了寒武纪生命大爆发。2017 年，德国科隆大学的 Schoenemann 等在爱沙尼亚共和国北部的 Lükati 组地层中一枚距今约 5.3 亿年的古化石上，发现了“可能是目前能找到的最古老的眼睛”[1]。该化石属于一种早已灭绝的三叶虫，这只三叶虫的眼睛由大约 100 个小眼组成，其古老的眼睛形态在今天的螃蟹、蜜蜂和蜻蜓等动物身上还能见到。有学者认为“约 5.4 亿年前出现的三叶虫可能是第一批演化出真正眼睛的动物”，还有学者认为“眼睛的出现是寒武纪生命大爆发的主要原因”。

从进化论角度而言，眼睛的出现的确是生物进化的一大里程碑，因为它彻底改变了有生命物种的活动模式和自然法则。在眼睛出现之前，自然界中的生物形态是温和而驯服的，眼睛的出现则意味着一个充满残酷竞争的世界拉开了序幕。眼睛使许多生物成为主动猎食者，这极大加快了生物进化的步伐。经历了漫长的历史进化，最初简单的感光细胞一步步进化成如今各种各样的复杂且高效的视觉系统。视觉系统已经变成了几乎所有动物最大的感知系统，在获取到的信息中，80%的感知信息是通过眼睛获取到的。快速准确处理复杂事物的能力是生物视觉系统在数亿年岁月中锻造而成的强大功能，而研制具有强智能感知能力的仿生光学系统则是科学家们孜孜不倦的追求目标。

从 20 世纪 80 年代初 Marr 提出视觉信息处理框架以来[2]，光学系统多以传统的计算机视觉理论为指导，计算机视觉相关理论和技术经过多年的发展逐渐成熟完善。但在面临复杂的自然环境时，光照、遮挡、图像分辨率等因素的影响导致目标特征不稳定，许多视觉任务(如物体边缘检测、空间位置估计、运动跟踪以及目标探测和识别等)对于计算机来说仍然是亟待攻克的难题，而复杂的目标检测和识别问题对于生物视觉系统来说却是非常简单的任务。仿生视觉技术是一种从生物视觉系统的作用机理出发，模拟构建相似功能和结构的技术手段。早在 20 世纪 50 年代，生物学家们开始研究生物的视觉处理机理，通过一些生理学实验发现了生物大脑的初级视觉皮层有各种各样的面向视觉信息处理功能的细胞[3]。由此也拉开了对生物视觉系统的机理和仿生技术的研究序幕。

在生物视觉机理及仿生技术方面研究较多的是人、鹰、蝇、蛙以及鱼等生物的视觉系统[4-7]。不同生物的眼睛外形如图 1-1 所示，生理结构及功能特点对比[8]如表 1-1 所示。从对比数据可以看出，鹰眼在生理结构和功能特点上与其他生物的眼睛有着明显差异，不同生物的视觉系统在视网膜(Retina)结构、视场范围、运动敏感性等方面具有明显不同，而这是由生物的生存环境和捕食需求等所决定的。

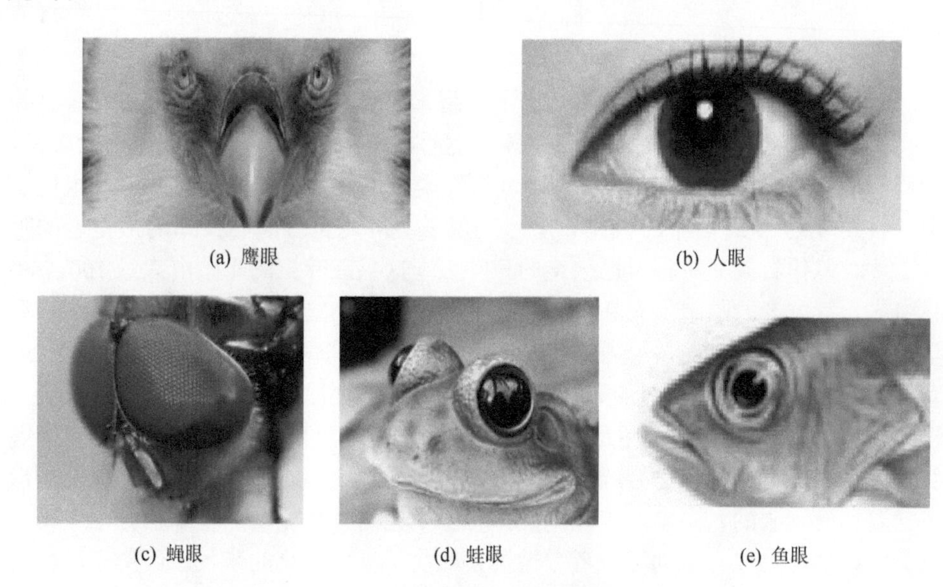

(a) 鹰眼 (b) 人眼

(c) 蝇眼 (d) 蛙眼 (e) 鱼眼

图 1-1　不同生物的眼睛外形

表 1-1　生物视觉系统生理结构及功能特点对比

类别	生理结构及功能特点
鹰眼	(1) 2 个中央凹：正中央凹和侧中央凹 (2) 光感受器(感光细胞)密集 (3) 大视场 (4) 睫状肌发达，可快速变焦 (5) 对运动、对比度、颜色等特征敏感
人眼	(1) 1 个中央凹 (2) 视场相对较小 (3) 光感受器相对较少 (4) 晶状体呈扁圆形
蝇眼	(1) 复眼结构 (2) 大视场 (3) 无调节能力 (4) 视距短

续表

类别	生理结构及功能特点
蛙眼	(1) 晶状体为圆球形 (2) 运动目标感知能力强 (3) 能准确判断目标的位置、运动方向和速度 (4) 对弱小目标及静止目标不敏感
鱼眼	(1) 晶状体为圆球形 (2) 大视场 (3) 视距短，只能看到较近的物体

在所有动物中，鹰的视觉系统首屈一指，具有灵敏度高、视场大、探测距离远以及识别精度高等优点。人眼为球状的单眼，由视网膜、晶状体、睫状肌、角膜等部分组成。光线经过角膜、晶状体等处理后聚焦到视网膜上，在人眼的视网膜中只有一个黄斑区，是视力最敏感区。人视觉系统的各种视觉特性由视网膜上各层神经细胞(如负责视觉和色觉的视锥细胞)的活动及视觉信息处理的机制决定。平行向前的双目结构使得人眼具有双目立体感知特点，视场范围一般为180°。蝇眼为复眼结构，由许多简单的小眼有规律地组成。蝇眼通常由3000多只小眼组成，小眼视觉结构虽然简单，但组成的复眼却能出色地完成各种视觉检测任务。每只小眼都是一个探测器，具有一定的探测角度，组合起来的复眼呈两个半球对称地分布在头部两侧，因此具有较大的视场范围。由于小眼的特殊结构和分布特点，蝇眼不能通过肌肉调节感知方向和实现变焦功能，视距较短。蛙眼具有圆球形结构的晶状体，视野较开阔。同时蛙眼具有独特的视网膜结构，其神经细胞分成多类，具有不同的分工属性，其中一类只对颜色特征有反应，其余则只对运动目标的某个特征有反应并且能分别选取相应的特征响应输送到大脑视觉中枢进行进一步的特征处理。蛙眼的这种生理结构可将复杂的图像信号分解成不同的易于判断的特征信号，从而提高目标检测的准确性和效率。也正是由于这种特殊的结构特点，蛙眼对运动目标感知能力较强，可判断出目标的位置、运动方向和速度等信息，但对静止物体反而不敏感。鱼眼通常位于头的两侧，由于大多没有眼睑而不能闭合，其视觉调节靠晶状体位置的前后移动，而不是靠改变晶状体的凸度。鱼眼的视场范围较大，单眼的视场角可达180°。鱼眼晶状体为圆球形，由于其部分功能退化，视距较短，只能看到较近的物体。

猛禽是鸟类生态类群中的一个重要类群，是传统鸟类分类系统中隼形目(*Falconiformes*)、鹰形目(*Accipitriformes*)和鸮形目(*Strigiformes*)的统称。猛禽包括鹰、雕、鵟、鸢、鹫、鹞、鹗、隼、鸮、鸺鹠等次级生态类群[9]，这些类群均为掠食性鸟类，处于食物链的顶层，个体数量少却扮演十分重要的角色。隼形目主要包括隼(*Falcon*)、鹫等白天活动的猛禽[10]，鹰形目主要有鹰科、蛇鹫科、鹗科与美洲鹫科四科[11]，包括雕(Eagle)、老鹰(Hawk)、秃鹰(Vulture)等，鸮形目则主要包括猫头鹰(Owl)等夜行猛禽[12-14]。由于猛禽具有极其相似的视觉系统结构和特性，尤以鹰最为大众熟知，因此本书中采用“鹰”这一名词泛指所有的猛禽，不再严格区分具体的生物学种类。

1.2　仿生视觉技术与系统

随着现今光机电微系统技术的迅猛发展，人们对光学成像系统的要求越来越高，如导航系统、微型广角监视设备、内视镜等领域，要求整个系统的体积小、重量轻、视场大以及灵敏度高。传统的光学元件微透镜的焦距唯一，限制了光学成像过程中图像信息的获取，只能对单一景深处的目标物清晰成像，严重丢失了不同景深范围内目标物的信息，不利于对未知不同距离处的目标物进行探测。仿生学从诞生之初，就属于生物科学与技术科学之间的交叉学科，涉及生物学、生物物理学、生物化学、物理学、控制论、工程学等多个学科领域。近年来，人工智能技术研究不断深入并在工程应用领域获得诸多突破，高新技术的不断发展正改变着人们的生活方式。国务院2017年发布的《新一代人工智能发展规划》中明确指出，人工智能是引领未来的战略性技术。新一代人工智能相关学科发展、理论建模、技术创新、软硬件升级等整体推进，正在引发链式突破，推动经济社会各领域从数字化、网络化向智能化加速跃升。在移动互联网、大数据、超级计算、传感网、脑科学等新理论新技术以及经济社会发展强烈需求的共同驱动下，人工智能加速发展，呈现出深度学习、跨界融合、人机协同、群智开放、自主操控等新特征。作为人工智能核心基础理论，智能感知是实现智能化的重要基础。

仿生技术主要研究生物系统的结构和性质以为工程技术提供新的设计思想及工作原理，通过对各种生物系统的功能原理和作用机理建立生物模型，最后实现新的技术设计并制造出更好的新型仪器、机械等。仿生感知与信息处理技术作为其中重要的分支，研究和模拟生物体中感觉器官、神经元与神经网络以及高级中枢的智能活动等方面的信息处理过程，进而构造实用的人造硬件系统。对于仿生视觉系统装置的研究，学术界也获得了一定的进展，研制了包括仿人眼、仿鱼眼、仿蛙眼、仿昆虫复眼等的装置和系统。西北工业大学李言俊等通过仿生技术方法，将鲎复眼、蝇复眼和人眼视觉系统的信息处理技术应用于成像制导系统[15]。上海大学郑丽丽等研制了一个嵌入式的基于仿生控制的仿生眼球系统[16]，该系统可识别出运动目标并计算出目标的位置参数，通过串口发送给眼动控制模块。东京工业大学张晓林根据人眼生理解剖结构研制了单眼和双眼实验装置，用两组广角镜和望远镜作为仿生双眼，其中望远镜模拟中央凹视觉、广角镜模拟周边视觉[17]。美国东北大学 Pavel 等和上海大学张丽薇等将仿生视觉系统和技术应用于航空航天领域，实现航天飞机和旋翼无人机等飞行器的着陆任务[18,19]。

根据鱼眼原理制成的鱼眼镜头是一种视场角接近或超过 180°的短焦距超广角镜头，当从镜头到物体的距离较小时，仍然可以提供对物体的完整视图，这种镜头的前镜片直径很短，呈抛物状，向镜头前部凸出，和鱼眼很相似。鱼眼镜头在使用中往往存在镜头畸变，主要分为径向畸变、偏心畸变和薄棱镜畸变[20]。为了将鱼眼镜头的实际成像点恢复为理想像点，要建立理想像点与畸变图像对应像点间的关系，即对畸变进行几何校正。畸变几何校正的主要方法有：映射法、经纬度法、比例缩放法和支持向量机回归算法等。鱼眼镜头能够获得很多特殊的成像效果，在广告中拍摄大场面时有独特应用，特别适用于拍摄圆形景物。基于鱼眼镜头的球幕电影院放映视场接近 180°，使观众感到自己仿佛置身所放映的自然场景中。在重要区域安装鱼眼式摄像机还能完全无盲区地实现监视、摄像和记录。

1963 年美国无线电公司应用研究实验室的 Herscher 和 Kelley 用电子线路研制了由七层部件构成的并联电路组成的蛙的视网膜模型[21]。中国科学院谢剑斌等在研究蛙眼视觉行为的基础上发明了一种电子枪[22]，自动射击向预定方向运动的目标，而当目标反向运动时则不射击。此外，烟雾检测仪也是仿蛙眼原理设计出的一种装置。根据蛙眼分别抽取图像特征识别特定目标的视觉原理，构造蛙眼视觉感知模型[22]。像蛙眼一样，把目标区域分解成几种易于辨认的特征，经过多特征融合快速、准确地识别出视野中的特定目标，有效地预定搜索目标，从而敏锐迅速地定位烟雾区域。

对昆虫复眼视觉研究的早期工作从现象学和行为学两个角度开展，如麻省理工学院 Poggio 等开展的家蝇视觉引导飞行跟踪的视动反应行为实验[23]。近些年，对昆虫复眼的研究则主要从模拟复眼的视觉成像系统和模拟复眼视觉系统所具有的快速定位功能两个方面进行。美国丹佛大学 Öğmen 等根据蝇神经功能提出了运动检测“细胞”模型[24]。德国夫琅禾费应用光学和精密机械研究所 Duparré 等制造了一种厚度仅为 0.4mm、视场角可达 70°×10°的人工复眼成像系统[25]。中国科学院生物物理研究所在贝时璋院士指导下开展了昆虫复眼的仿生学研究，研制出了平板型复眼透镜[26]。西北大学高爱华等设计了基于聚焦平面微透镜阵列和 CCD 器件的多孔径光学仿复眼系统，实现了并列型复眼的图像采集功能，利用平面微透镜阵列的多重成像模拟并列型复眼的“镶嵌像”[27]。天津大学李文元等采用计算机技术与生物科学结合的方法，研制了模拟昆虫复眼的视觉系统[28,29]。北京理工大学王永松等根据复眼大视场的原理，开发了一个由 6 个透镜和 6 个 CCD 组成轴线共面正六边形的环形探测阵列，并实现了探测单元的 360°全视场[30]。

1.3　鹰眼视觉系统特点与发展概况

1.3.1　鹰眼生理结构及功能特点

在所有的动物中，鹰眼观察动物的敏锐程度名列前茅，且以视野宽、目光敏锐著称。实际鹰眼的外形照片如图 1-2 所示，从外形上来看，鹰的眼睛比较圆，晶状体扁平，但睫状肌发达，视觉盲区较小，可进行长短焦距转换，因此鹰的视觉结构有利于其飞行定位和目标捕获。鹰眼的视网膜结构与一般动物不同，鹰眼视网膜有两个高分辨率成像的核心区域，即正中央凹区和侧中央凹区，如图 1-3 所示，而人眼只有一个中央凹。鹰眼视网膜中光感受器十分密集，密度远高于其他生物的视觉系统[31]。鹰眼的双目侧向分布结构使得鹰的视觉系统具有较大的视场范围，而且双中央凹的结构使鹰眼具备多场景系统，双中央凹区域可分别用于不同功能成像和图像处理。鹰眼独特的生理结构和功能特点使其与人眼、蝇眼、蛙眼及鱼眼等生物视觉系统相比具有无可比拟的优势，鹰眼还具有对运动目标敏感、大视角、调节迅速等特点，其滤色系统也有助于识别目标，即便是翱翔在高空的雄鹰也能从复杂动态环境中迅速精准地发现并捕捉目标。

(a) 前视

(b) 侧视

图 1-2　实际鹰眼的外形照片

生理学研究表明，楔尾雕(Wedge-tailed Eagle)的视觉灵敏度最大可达 143 周/度(cycle/degree, cpd)，美洲茶隼(American Kestrel)的视觉灵敏度更达到了惊人的 160 周/度[32-35]，而人眼的视觉灵敏度多为 40～60 周/度，因此鹰眼的视觉灵敏度是人类的两倍以上，有的甚至能达到 3.6 倍[36]。相比其他鸟类，鹰的视觉灵敏度也普遍较高[37]。同时鹰眼具有相当大的视场范围，其睫状肌非常发达，使得鹰眼可快速变焦从而同时具有大视场和分辨率变换的功能，保证鹰眼能对目标由远及近进行持续有效定位。

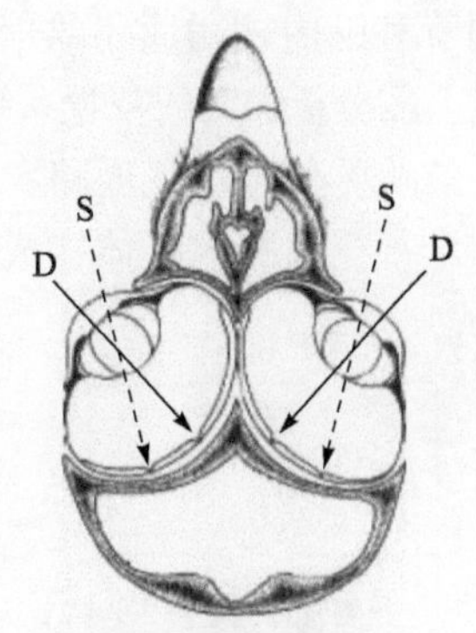

图 1-3 鹰眼双中央凹结构

由于视觉灵敏度与光感受器密度成正比，而正中央凹处光感受器密度最大，因此正中央凹处视觉灵敏度最高。光感受器通常又分为锥状细胞和杆状细胞两种。锥状细胞多分布在中央凹处且向外逐渐减少，其外节膜盘上视色素和油滴能感受光强和颜色。由于锥状细胞光敏感度较低，因此需要强光刺激才能兴奋，主要用于明视觉感知，而杆状细胞在光线较暗时具有较高的灵敏度，可用于对形状和运动的感知，但不能用于做精细的空间分辨[38]。侧中央凹处也具有局部区域内的相对较高的光感受器密度。鹰眼视网膜光感受器的分布规律使得鹰眼的单目视觉灵敏度优于双目视觉灵敏度。

鹰眼视网膜上相对光感受器密度(Relative Receptor Density)与视线角(Angle of Line of Sight)分布曲线如图 1-4 所示，鹰眼的中央凹分别指向不同的视线方向，其中两个正中央凹视线与中心对称参考线夹角为 45°，两个侧中央凹视线与中心对称参考线夹角为 15°[39]。研究结果表明，鹰眼在远处用单目视觉即正中央凹观测猎物，在近处则用双目视觉即两个侧中央凹来跟踪定位猎物[40,41]。由于正中央凹处目光最敏锐，鹰在观察远处目标时，通常用侧向视觉，即将头竖向一侧，用单侧的眼睛观测目标，使目标成像在正中央凹处，从而获得最好的视觉成像效果。侧中央凹视线方向靠近正前方，主要用于双目视觉测量。正中央凹主要观察侧向场景，而侧中央凹观察正向场景，结合起来便可形成较大的视场范围。

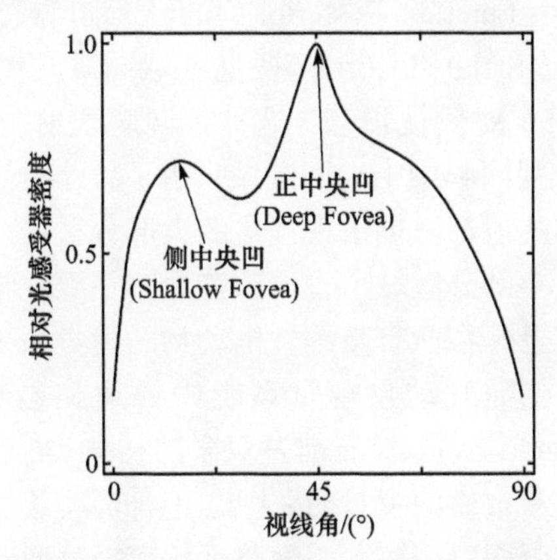

图 1-4 鹰眼视网膜上相对光感受器密度与视线角分布曲线[39]

1.3.2 视觉通路及功能描述

猛禽视觉系统的优异性能由视觉感受器的特殊双凹结构、神经通路间的互相调节和脑内核团通路的信息处理机制共同决定[42]。基于解剖学上的投射关系和功能上的分析，鹰的视觉系统与大部分鸟类的视觉系统构成类似[14]，可以分为四个主要的视觉信息加工通路：离丘脑通路、离顶盖通路、副视系统和离中枢通路[43]。四个视觉通路的具体构成如图 1-5 所示。

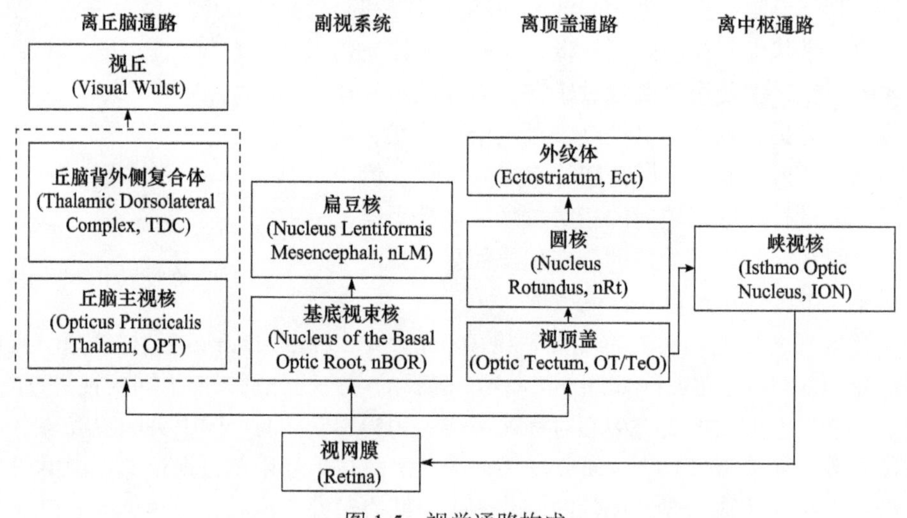

图 1-5　视觉通路构成

如图 1-6 所示，离顶盖通路由视网膜–视顶盖(Optic Tectum, OT/TeO)–圆核(Nucleus Rotundus, nRt)–外纹体(Ectostriatum, Ect)构成。其中鹰中脑的视顶盖和哺乳动物的上丘(Superior Colliculus)同源，鹰间脑的圆核与哺乳动物的丘脑核团背侧复合体(Thalamic Nucleus Lateralis Posterior Complex)同源，鹰端脑的外纹体则与哺乳动物的外纹状皮层(Striated Cortex)视觉区域同源。在美洲茶隼的视觉系统中，整个视网膜均投射至对侧视顶盖，这种视网膜映射与鸡和鸽子的视觉系统相似[14]。此外，尽管在视网膜中中央凹区域只占了较小的一部分，但在视顶盖中正中央凹和侧中央凹的映射却占据了视顶盖的大部分区域，而视网膜其他区域在视顶盖中的映射只占了小部分区域[40]。离顶盖通路在鹰视觉信息加工中是一条非常重要的通路。而事实上，在所有高等脊椎动物的视觉系统中，这条视觉通路都是最重要的，只不过在哺乳动物视觉系统中该通路被称为外膝状皮层通路(Extrageniculocortical Pathway)。对有前置双眼的猛禽类(如仓鸮)而言，离顶盖通路和离丘脑通路都是非常重要的视觉通路[44]。但神经生物学的研究结果表明，对属于单眼视觉的大多数鹰而言，离顶盖通路远比离丘脑通路重要。单独损毁离顶盖通路会导致严重的视觉障碍，而单独损毁离丘脑通路则不然。实际上，编码视觉刺激的大小和位置细节等属于哺乳动物外膝状皮层通路的功能，在单眼视觉的鹰里主要是由离顶盖通路来分担的。

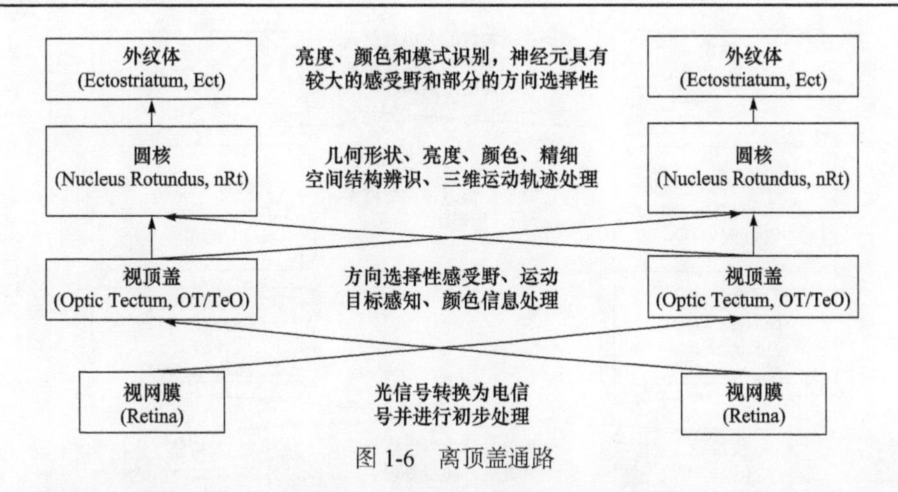

图 1-6　离顶盖通路

如图 1-7 所示，离丘脑通路由视网膜–丘脑主视核(Nucleus Opticus Principalis Thalami, OPT)和丘脑背外侧复合体(Thalamic Dorsolateral Complex, TDC)–视丘(Visual Wulst)构成。视网膜有相当部分视纤维投射到对侧丘脑的外膝核背部(Nucleus Geniculatis Lateralis pars Dorsalis, GLd)或丘脑主视核，并由此投射到双侧端脑的视丘，从而构成离丘脑通路。视丘区域被认为与哺乳动物的初级视皮层(Primary Visual Cortex)同源，且在功能上负责运动分析、空间朝向感知、轮廓感知和双目视觉等。美洲茶隼和黑秃鹫(Black Vultures)视网膜中的非中央凹区在视丘中有投射。此外，美洲茶隼的视丘区域非常发达，有很多双目视觉神经元，该核团与视网膜的映射和仓鸮类似[45]。猛禽类和谷食性鸟类 GLd 接收视网膜区域不同，这表明猛禽类的离丘脑通路可能主要负责双眼视野，而谷食性鸟类的离丘脑通路则主要负责单眼视野。一些电生理实验表明，GLd 神经元的感受野较小，具有中心-外周拮抗的同心圆结构，对运动敏感，偏好较高的速度，部分细胞具有方向选择性等。丘脑背外侧复合体还接收视丘、基底视束核(Nucleus of the Basal Optic Root, nBOR)和扁豆核(Nucleus Lentiformis Mesencephali, nLM)的输入。这些神经联系表明，离丘脑通路可能参与了多种功能，如对自身运动的多重感觉分析及空间认知等。

如图 1-8 所示，副视系统由视网膜–基底视束核和扁豆核构成。电生理学研究表明，基底视束核和扁豆核均对慢速运动的大面积视觉刺激图样敏感，不同之处在于前者倾向于垂直向的运动而后者倾向于水平向的运动。最近的研究表明，基底视束核和扁豆核神经元也对小目标敏感。从解剖学角度来看，副视系统的输入端主要为视网膜，输出端主要为控制眼外肌运动的动眼核团和滑车神经核、控制肢体运动和平衡的前庭–小脑和前庭核，以及控制头部转动的间核。此外，猛禽在运动过程中会利用光流信息感知周围环境的三维结构并分析自身在空间中运动的信息，这些信息也均在副视系统中进行处理。

图 1-7　离丘脑通路

图 1-8　副视系统

如图 1-9 所示，离中枢通路由视顶盖–峡视核(Isthmo Optic Nucleus, ION)-视网膜构成。峡视核接收视顶盖的视觉信息，而视顶盖的视觉输入主要来自视网膜，这样就形成了一个由视网膜到视顶盖，再到峡视核，最后回到视网膜的闭环回路。该通路与多种视觉处理有关，包括注视焦点的转移，以及发现捕食者等[46]。土耳其秃鹰峡视核具有良好的分化[47]，而美洲茶隼和红尾鹰(Red-tailed Hawk)的峡视核分化程度和细胞数目低于鸽子和鸡等的峡视核[48]，这说明不同的猛禽峡视核构成有所不同。此外，研究表明，12 种鸮形目和鹰形目猛禽的峡视核复杂程度和细胞数目均低于在地面觅食的鸟类[49]，由此可推测峡视核与地面觅食、啄食及视觉搜寻等行为有关，同时说明离中枢通路在猛禽视觉系统中所起的作用弱于其在其他鸟类视觉系统中的作用。

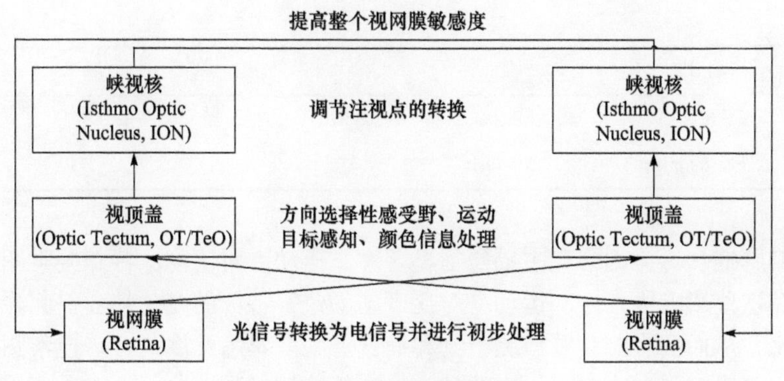

图 1-9　离中枢通路

此外，视顶盖细胞的电生理学特性也受到诸如视丘和峡核(Nucleus Isthmi, NI)等顶盖外输入的调节。峡核位于中脑和小脑之间，是猛禽视觉系统中的一个重要中枢，分化为解剖上和功能上相对独立的三个部分：峡核大细胞部(Nucleus Isthmi pas Magnocellularis, Imc)、峡核小细胞部(Nucleus Isthmi pars Parvocellularis, Ipc)和半月核(Nucleus Semilunaris, Slu)。顶盖–峡核之间的投射是视觉通路中的一个重要组成，该投射与视觉注意机制有着重要关系[50]。Imc 和 Ipc 与视顶盖存在相互投射，它们接收同侧视顶盖的输入，并反馈投射到视顶盖，视顶盖细胞的视觉反应受 Imc 和 Ipc 的调节[51]，这些神经元之间的相互作用与视觉注意过程中的“胜者为王”(Winner-take-all, WTA)机制的形成密切相关[52]。

1.3.3　鹰捕食行为影响因素

鹰在观察和捕食猎物过程中，需要使用视觉特征进行目标识别和定位。大量的行为学实验已经表明，鹰在捕食猎物时，很多视觉因素对其捕食反应起着决定性作用。典型的影响因素如表 1-2 所示。

表 1-2　鹰捕食行为的典型影响因素

影响因素	代表性实验
显著性(Conspicuousness)	Mueller, 1974[53]; Götmark 等, 1994[54]; Hunt 等, 1992[55]
运动(Movement)	Ingles, 1940[56]; Sparrowe, 1972[57]; Snyder, 1975[58]; Snyder 等, 1976[59]; Ruggiero 等, 1979[60, 61]; Davies 等, 1990[62]; Kane 等, 2014[63], 2015[64]
对比度(Contrast)	Sparrowe, 1972[57]
遮挡程度(Cover Density)	Sparrowe, 1972[57]
熟悉程度(Familiarity)	Snyder 等, 1976[59]; Ruggiero 等, 1979[60, 61]
独特性(Oddity)	Mueller, 1971[65], 1974[53], 1977[66]
特殊搜索图(Specific Searching Image)	Mueller, 1971[65], 1974[53], 1977[66]; Leonardi 等, 2011[67]

续表

影响因素	代表性实验
颜色(Color)	Mueller, 1974[53]; Ruggiero 等, 1979[60, 61]; Lind 等, 2013[68]
意外性(Surprise)	Martínez 等, 2014[69]

影响鹰捕食行为的因素主要包括显著性、运动、对比度、特殊搜索图以及颜色等。在这些影响因素中，运动、对比度、颜色等特征的变化都会引起显著性特征的变化，从而会影响到鹰检测猎物和捕食行为。熟悉程度及特殊搜索图等影响因素则主要影响鹰在捕食过程中的种类选择等认知过程。

1.4 仿鹰眼视觉技术研究现状

对于鹰眼视觉系统的研究，学者们早期已利用解剖学和行为学实验等手段获得生理结构和功能数据。随着猛禽类生物被列为保护动物，相关实验难以开展，目前越来越多的研究集中于利用鹰眼的生理结构和功能，建立仿鹰眼视觉信息处理方法，研发相关的器件和系统。

在仿鹰眼视觉信息处理方法方面，北京航空航天大学段海滨团队结合鹰眼生理结构和行为因素，在仿鹰眼视觉信息处理方法和系统方面积累了丰富的创新研究成果[70, 71]。仿鹰眼视觉信息处理框架如图 1-10 所示，鹰眼机制模型与鹰眼视网膜生理结构及信息处理通路密切相关，鹰眼独特的生理结构和机制包括视觉注意、侧抑制、对比敏感度、颜色特征等特性，为改进传统光学系统感知能力提供了可行的技术思路。鹰眼视网膜内的两个中央凹区是视觉敏锐度相对较高的区域，其出色的视觉敏锐度主要由较高的光感受器和神经节细胞密度决定，更高的光感受器密度可增强中央凹的视觉敏锐度，其中视锥细胞的密度相较于其他生物的视网膜的视锥细胞密度更大，因此能产生更高的视觉敏锐度。鹰眼视网膜分布不均匀的特性使其可将大部分视觉信息集中于中央凹区，从而提高中央凹区的目标分辨能力[72]。此外，许多猛禽(例如隼形目)都是双凹的，两个中央凹具有明显分工，形成不同的视觉功能和视野，往往使用更准确的正中央凹进行侧视观察远处目标，而观察近处目标时则牺牲精确度，使用侧中央凹以获取立体的双目视觉。鹰眼双目和视觉盲区的大小与其生理结构和眼动等生理行为均有关联，双中央凹结构和眼动则会影响栖息过程中的搜索和猎物追踪策略。源于这种空间非均匀信息获取和处理模式，鹰眼视网膜实际上是由两个区域焦点形成的空间分辨率可变视觉系统，配合注意力机制，通过有意识的眼动，鹰眼可把中央区对准感兴趣的区域，同时也能保持对整体环境的大致感知，在具有阔视野的同时有局部高分辨能力[73,74]。这种机制是鹰眼视觉信息高效获取和处理能力的保证，为解决大视场、高分辨率和实时性三者之间的矛盾提供了一条有启发的关键技术途径。

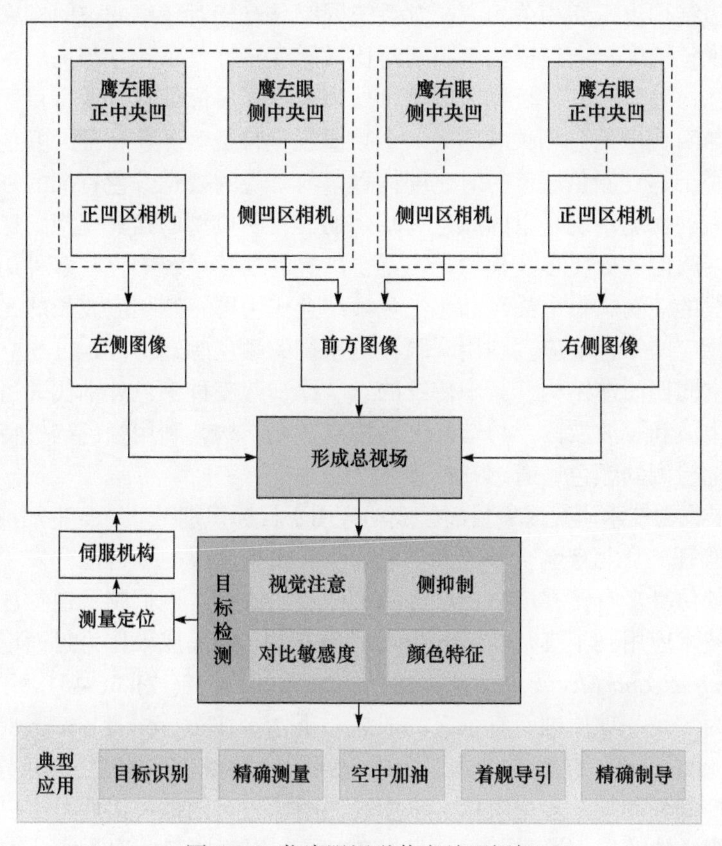

图 1-10　仿鹰眼视觉信息处理框架

鹰眼视觉系统通过独特的凝视和扫视机制实现信息的筛选，将注意力集中于感兴趣区域进行进一步的处理。受鹰眼生理结构和功能特点启发，北京航空航天大学段海滨等模拟鹰眼的视觉注意机制，提出了仿鹰眼视觉注意目标检测算法[75]。仿鹰眼视觉注意目标检测算法可准确地确定目标区域，自适应能力强。一方面模拟凝视和扫视机制实现信息筛选可减轻计算机处理图像的负担，另一方面也可达到更快的处理速度和更理想的处理效果。通过考虑多种初级视觉特征(如亮度、方向、区域对比度等)和显著性特征，利用特征整合理论对不同通道的特征进行整合和分析即可得到最终的显著图，对显著图进行图像分割，从中找出显著度最高的区域即可检测出目标。侧抑制是鹰眼视网膜神经细胞分布不均匀特性所体现的另一种重要功能，它可以增强边缘对比，提高目标的识别效果。利用鹰眼侧抑制机制，可进行边缘提取以及感兴趣目标提取，为目标分辨和巡航导弹的飞行控制提供必要的目标信息[76,77]。

对比敏感度也是鹰隼类生物视觉系统感应的一个重要信息，其与鹰视觉系统的中央周边结构也密切相关。鹰视觉系统同时具有相对较窄的空间频率带宽和相对较高的视觉锐度，通过模拟鹰眼的对比敏感度特性，可建立与局部特征处理相匹配的目标检测算法，对目标区域进行处理可增强目标信息，使得目标更容易被检测[78]。与对比度信息相关联的另一个重要视觉特征为颜色特征，颜色的分量特征处理可用于建立颜色通道的对比度信息。与常规的视觉颜色特征的三原色系统不同，猛禽的视觉系统是以四原色为基础的，表明典型的猛禽视网膜比典型的哺乳动物视网膜能区分更多波长的光线[79]。鸟类的视觉系统中存在多种用于感知不同色彩光线的油滴，每个油滴和感光色素结合作用可感知相应波长的光线，滤波后可得到相应的颜色响应。利用鹰眼视觉系统的颜色感知特性，可建立鹰眼视网膜的颜色空间四面体结构，其中传统的红、绿、蓝三种颜色分别代表可见光谱中的长波、中波和短波波段，与紫外波段构成四元结构，利用颜色拮抗特性即可构建用于目标检测的颜色通道感知模型[80-82]。

仿鹰眼视觉技术研究成果目前已成功应用于目标识别[83,84]、空中加油[85-87]、着舰导引[88]等任务。北京航空航天大学段海滨等模拟鹰眼视觉特性开发了仿鹰眼视觉成像制导仿真平台，并成功地将多中央凹视场拼接、侧抑制、视觉注意机制等鹰眼视觉技术应用到了飞行器制导仿真平台中[89]。相关成果作为封面论文发表在 *IEEE Aerospace and Electronic Systems Magazine*(2013, 28(12): 36-45)，并被该刊在封二评述为“是一项原创而有意义的成果”(原文：The project is a creative and an interesting endeavor)。该制导仿真平台中包括图像拼接、侧抑制、目标分割、视觉注意以及控制和制导等多个模块，多中央凹图像进行图像拼接后可提供大视场，同时利用视觉注意模型可进行局部目标感知，利用侧抑制模型图像分割技术可获得目标具体特征细节，从而为实现无人飞行器系统的自主飞行控制和成像制导提供了技术支撑。此外，该团队还利用鹰眼视觉特性开发了仿鹰眼视觉自主空中加油试验平台，有效解决了空中加油目标识别和定位对接问题[90-93]。空中加油动态任务场景中环境背景、光照、目标光学特征等动态变化。传统目标识别方法往往难以克服多源干扰影响，导致目标特征提取不准确，难以有效识别。鹰眼特殊的生理学结构特点和识别机制可在空中加油任务场景信息中快速准确选取目标区域，为强干扰环境下的空中加油对接装置快速感知和目标识别提供了有效的技术途径。

在仿鹰眼视觉系统研发方面，北京航空航天大学段海滨等通过模拟鹰眼生理学视场结构和双小凹切换机制，提出了仿鹰眼–脑的空间分辨率变换方法，发明了仿鹰眼视觉成像装置[94, 95]，如图 1-11 所示，通过多孔径切换装置的自适应控制，实现大视场和小视场不同分辨率的实时切换。

图 1-11 仿鹰眼视觉成像装置

北京理工大学常军等在模拟矛隼眼睛所具有的双中央凹大视场与高分辨率成像特性的基础上，通过引入液晶空间光调制，发明了双小凹光学成像系统[96,97]，如图 1-12 所示，模拟了矛隼双中央凹高分辨率成像，设计了一套仿矛隼视觉双光路光学系统，进行了结构设计和试验验证。

图 1-12 仿矛隼视觉光学系统[96]

宾夕法尼亚州立大学 Narayanan 等分析了猛禽眼的双凹视觉结构[98]，利用软件进行光路设计，并利用 3D 打印技术进行试验，虽然仍存在缺陷，但一定程度上还原了鹰眼视觉观察目标的情况，侧面印证了猛禽视觉的模拟需要同时考虑脑内信息处理过程才能得到理想的视觉特性。新罕布什尔大学 Messner 等开发了基于鹰眼视觉原理的复合式视觉传感器[99]，如图 1-13 所示，利用一组相机模拟鹰眼形成近视场和远视场，采用对数极坐标整合得到一致的图像坐标空间，并在自动驾驶汽车中进行了验证试验，比传统单相机模式可获得更多的场景信息。利用相似性原理，新加坡国立大学 Ramesh 等开发了仿鹰眼双目目标跟踪和速度检测系统[100]，如图 1-14 所示，利用两个不同焦距的摄像头来模拟鹰眼双中央凹功能同时获取远景和近景，利用对数极坐标空间实现了目标的连续跟踪和速度测量。

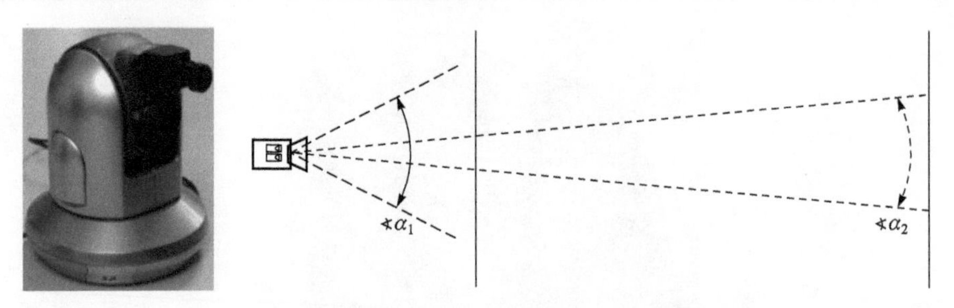

图 1-13　基于鹰眼视觉原理的复合式视觉传感器[99]

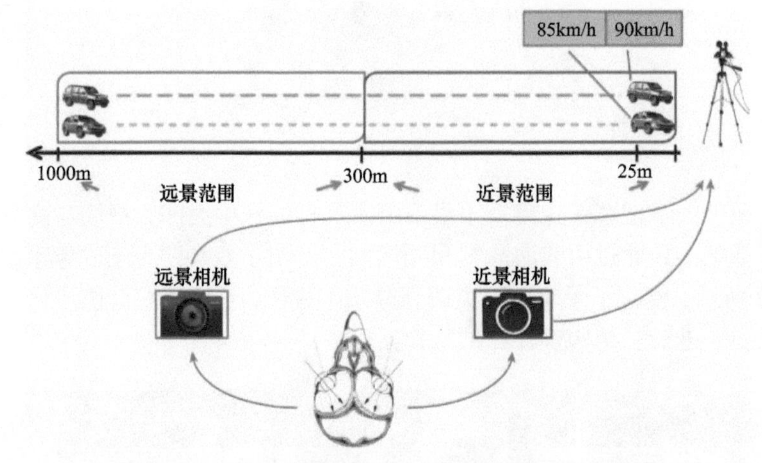

图 1-14　仿鹰眼双目目标跟踪和速度检测系统[100]

1.5　本书体系结构

本书核心内容分为仿鹰眼理论模型(对比度感应机制、颜色拮抗机制、交叉抑制机制)、仿鹰眼硬件装置和仿鹰眼典型应用三大部分，并在第 10 章对该领域的研究前沿进行了分析和展望。本书分别介绍了几种鹰眼视觉机制的生理学机制、基本原理、数学模型和应用实例，按照分析、改进、应用、实现的研究路线展开。

具体来说，**第一部分仿鹰眼理论模型**分别对应第 2 章仿鹰眼对比度感应机制的目标检测、第 3 章仿鹰眼颜色拮抗与感受野轮廓提取、第 4 章仿鹰视顶盖响应的初级视觉注意、第 5 章仿鹰视顶盖-峡核调制显著图提取、第 6 章仿鹰眼交叉抑制的动态目标感知。其中第 2 章在分析鹰视觉系统的中央周边结构以及对比度感应机制基础上，提出了特征提取与目标检测模型；第 3 章分析了仿鹰眼颜色拮抗与神经元感受野机制，提出了轮廓提取方法；第 4 章从鹰视觉系统的视觉注意机制出发，提出了仿鹰视顶盖神经元响应统计特性的初级视觉注意模型；第 5 章在分析视顶盖核团作用的基础上，提出了仿鹰视顶盖细胞响应统计特性的初级视觉注意计算方法；第6章在分析鹰眼运动敏感特性以及交叉抑制机制基础上，建立了动态目标感知方法。**第二部分仿鹰眼硬件装置**对应于第7章仿鹰眼-脑-行为视觉成像，本书在该章中给出了模拟鹰眼生理构造特点设计并建立的仿鹰眼-脑-行为视觉成像装置和仿鹰眼双小凹光学成像系统。**第三部分仿鹰眼典型应用**对应于第8章仿鹰眼视觉的空中加油目标检测、第9章仿鹰眼视觉的自主着舰导引。其中第8章给出了针对空中加油任务背景仿鹰眼视觉技术的应用验证；第9章给出了针对着舰引导任务背景仿鹰眼视觉技术的应用验证。全书共10章，其内容基本构成了一个完整的封闭体系，本书的具体组织结构如图1-15所示。

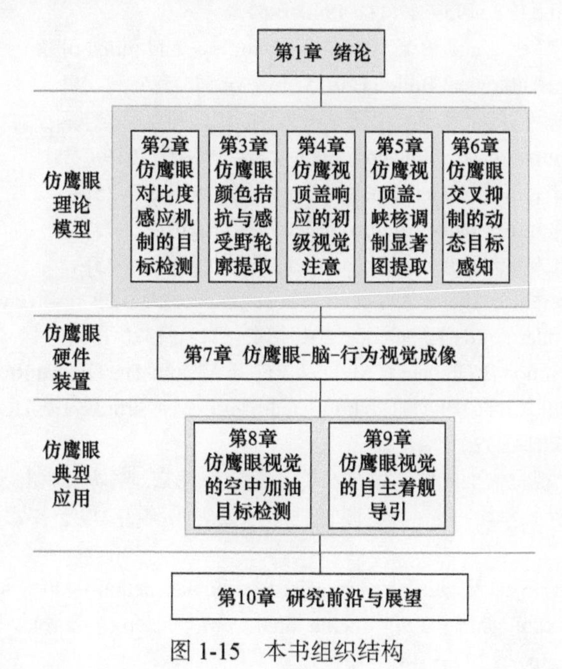

图1-15 本书组织结构

1.6 本章小结

本章作为全书的第1章，阐述了鹰眼视觉系统特点和发展概况，总结了鹰眼视觉系统的机制特点，分析了仿鹰眼视觉技术的研究现状。最后为了便于读者了解本书各章逻辑关系，给出了本书的组织结构。

参考文献

[1] Schoenemann B, Pärnaste H, Euan N K C. Structure and function of a compound eye, more than half a billion years old [J]. Proceedings of the National Academy of Sciences, 2017, 114 (51):13489-13494.

[2] Marr D. Vision: A Computational Investigation into the Human Representation and Processing of Visual Information[M]. New York: W. H. Freeman and Company, 1982.
[3] Hubel D H, Wiesel T N. Receptive fields of single neurones in the cat's striate cortex [J]. The Journal of Physiology, 1959, 148(3): 574-591.
[4] Thorpe S, Fize D, Marlot C. Speed of processing in the human visual system [J]. Nature, 1996, 381(6582): 520-522.
[5] Braitenberg V. Patterns of projection in the visual system of the fly. Ⅰ. Retina-lamina projections [J]. Experimental Brain Research, 1967, 3(3): 271-298.
[6] Lettvin J Y, Maturana H R, McCulloch W S, et al. What the frog's eye tells the frog's brain [J]. Proceedings of the IRE, 1959, 47(11): 1940-1951.
[7] Meyer-Rochow V B, Tiang M K. Visual behavior, eye and retina of the parasitic fish Carapus mourlani [J]. The Biological Bulletin, 1978, 155(3): 576-585.
[8] 赵国治, 段海滨. 仿鹰眼视觉技术研究进展[J]. 中国科学: 技术科学, 2017, 47(5): 514-523.
[9] 猛禽[EB/OL]. https://baike.baidu.com/item/猛禽/7690821[2019-3-25].
[10] 隼形目[EB/OL]. https://baike.baidu.com/item/隼形目[2019-3-25].
[11] 鹰形目[EB/OL]. https://baike.baidu.com/item/鹰形目[2019-3-25].
[12] 鸮形目[EB/OL]. https://baike.baidu.com/item/鸮形目[2019-3-25].
[13] Jarvis E D, Mirarab S, Aberer A J, et al. Whole-genome analyses resolve early branches in the tree of life of modern birds[J]. Science, 2014, 346(6215): 1320-1331.
[14] Mindaugas M, Simon P, Graham R M, et al. Raptor Vision: The Oxford Research Encyclopedia of Neuroscience[OL]. [2018-11-27]. http://neuroscience.oxfordre.com/. DOI: 10.1093/acrefore/9780190264086.013.232.
[15] 李言俊, 张科. 视觉仿生成像制导技术及应用[M]. 北京: 国防工业出版社, 2006.
[16] 郑丽丽, 谢少荣, 罗均, 等. 仿生眼视觉图像处理系统[J]. 电子技术应用, 2010, 36(1): 28-31.
[17] Zhang X L. An object tracking system based on human neural pathways of binocular motor system[C]. Proceedings of the 9th International Conference on Control, Automation, Robotics and Vision, Singapore, 2006: 1-8.
[18] Luk C H, Gao C, Hammerstrom D, et al. Biologically inspired enhanced vision system (EVS) for aircraft landing guidance[C]. Proceedings of the IEEE International Joint Conference on Neural Networks, Budapest, Spain, 2004, 3: 1751-1756.
[19] 张丽薇, 谢少荣, 罗均, 等. 基于仿生双目的无人旋翼机自主着陆方法[J]. 计算机工程, 2010, 36(19): 193-194.
[20] Hughes C, Jones E, Glavin M, et al. Validation of polynomial-based equidistance fish-eye models[C]. Proceedings of the IET Signals and Systems Conference, Dublin, Irish, 2009: 1-6.
[21] Herscher M B, Kelley T P. Functional electronic model of the frog retina[J]. IEEE Transactions on Military Electronics, 1963, MIL-7 (2-3): 98-103.
[22] 谢剑斌, 陈章永, 闫伟, 等. 视觉仿生学原理与应用[M]. 北京: 科学出版社, 2013.
[23] Poggio T, Reichardt W. A theory of the pattern induced flight orientation of the fly Musca domestica[J]. Kybernetik, 1973, 12(4): 185-203.

[24] Öğmen H, Gagné S. Neural network architectures for motion perception and elementary motion detection in the fly visual system[J]. Neural Networks, 1990, 3(5): 487-505.

[25] Duparré J, Schreiber P, Matthes A, et al. Microoptical telescope compound eye[J]. Optics Express, 2005, 13(3): 889-903.

[26] 中国科学院生物物理研究所. 生物的启示:仿生学四十年研究纪实[M]. 北京: 科学出版社, 2008.

[27] 高爱华, 朱传贵. 多孔径光学仿复眼图像采集原理[J]. 西北大学学报(自然科学版), 1997, 27(4): 283-286.

[28] 孙桂华, 花小勇, 李文元, 等. 利用计算机技术实现昆虫复眼功能演示系统[J]. 动物科学与动物医学, 1999, 16(5): 20-21.

[29] 李文元, 高琦, 王红会, 等. 昆虫复眼视觉系统的计算机模拟[J]. 天津大学学报, 2000, 33(2): 259-261.

[30] 宋勇, 郝群, 李翔, 等. 基于环形光电探测器的多目标探测与跟踪研究[J]. 光电工程, 2008, 35(5): 6-11.

[31] Martin G R. Vision: Shortcomings of an eagle's eye [J]. Nature, 1986, 319(6052): 357.

[32] Reymond L, Wolfe J. Behavioural determination of the contrast sensitivity function of the eagle Aquila audax. [J]. Vision Research, 1981, 21(2):263-271.

[33] Reymond L. Spatial visual acuity of the falcon, Falco berigora: A behavioural, optical and anatomical investigation [J]. Vision Research, 1987, 27(10):1859-1874.

[34] Fox R, Lehmkuhle S W, Westendorf D H. Falcon visual acuity [J]. Science, 1976, 192(4236): 263-265.

[35] Dvorak D, Mark R, Reymond L. Factors underlying falcon grating acuity [J]. Nature, 1983, 303(5919):729-730.

[36] Shlaer R. An eagle's eye: Quality of the retinal image [J]. Science, 1972, 176(4037): 920-922.

[37] Gaffney M F, Hodos W. The visual acuity and refractive state of the American kestrel (*Falco sparverius*) [J]. Vision Research, 2003, 43(19): 2053-2059.

[38] Jones M P, Pierce K E Jr, Ward D. Avian vision: A review of form and function with special consideration to birds of prey [J]. Journal of Exotic Pet Medicine, 2007, 16(2): 69-87.

[39] Tucker V A. The deep fovea, sideways vision and spiral flight paths in raptors [J]. Journal of Experimental Biology, 2000, 203(24): 3745-3754.

[40] Frost B J, Wise L Z, Morgan B, et al. Retinotopic representation of the bifoveate eye of the kestrel (*Falco spraverius*) on the optic tectum [J]. Visual Neuroscience, 1990, 5(3): 231-239.

[41] Inzunza O, Bravo H, Smith R L, et al. Topography and morphology of retinal ganglion cells in Falconiforms: A study on predatory and carrion-eating birds [J]. The Anatomical Record, 1991, 229(2): 271-277.

[42] 李晗, 段海滨, 李淑宇, 等. 仿猛禽视顶盖信息中转整合的加油目标跟踪[J]. 智能系统学报, 2019, 14(6): 1084-1091.

[43] 张韬. 鸟类副视系统和离顶盖系统神经元的视觉反应性质[D]. 北京：中国科学院生物物理研究所, 2000.

[44] Gutiérrez-Ibáñez C, Iwaniuk A N, Lisney T J, et al. Comparative study of visual pathways in

owls (Aves: Strigiformes)[J]. Brain Behavior and Evolution, 2013, 81(1): 27-39.
[45] Fox R, Lehmkuhle S W, Bush R C. Stereopsis in the falcon[J]. Science, 1977, 197(4298): 79-81.
[46] Wylie D R, Gutiérrez-Ibáñez C, Iwaniuk A N. Integrating brain, behavior and phylogeny to understand the evolution of sensory systems in birds[J]. Frontiers in Neuroscience, 2015, 9: 281-1-17.
[47] Showers M J C, Lyons P. Avian nucleus isthmi and its relation to hippus[J]. Journal of Comparative Neurology, 1968, 132(4): 589-616.
[48] Shortness G K, Klose E F. The area of the nucleus isthmo-opticus in the American kestrel (*Falco sparverius*) and the red-tailed hawk (*Buteo jamaicensis*)[J]. Brain Research,1975, 88(3): 525-531.
[49] Weidner C, Repérant J, Desroches A M, et al. Nuclear origin of the centrifugal visual pathway in birds of prey[J]. Brain Research, 1987, 436(1): 153-160.
[50] Wang X H, Duan H B. Hierarchical visual attention model for saliency detection inspired by avian visual pathways [J]. IEEE/CAA Journal of Automatica Sinica, 2019, 6(2): 540-552.
[51] 王远. 鸟类视觉中枢之间的相互作用[D]. 北京: 中国科学院生物物理研究所, 2001.
[52] Duan H B, Wang X H. Visual attention model based on statistical properties of neuron responses [J]. Scientific Reports, 2015, 5: 8873-1-10.
[53] Mueller H C. Factors influencing prey selection in the american kestrel [J]. The Auk, 1974, 91(4): 705-721.
[54] Götmark F, Unger U. Are conspicuous birds unprofitable prey? Field experiments with hawks and stuffed prey species [J]. The Auk, 1994, 111(2): 251-262.
[55] Hunt K A, Bird D M, Mineau P, et al. Selective predation of organophosphate-exposed prey by American kestrels [J]. Animal Behaviour, 1992, 43(6): 971-976.
[56] Ingles L C. Some observations and experiments bearing upon the predation of the sparrow hawk [J]. Condor, 1940, 42(2): 104-105.
[57] Sparrowe R D. Prey-catching behavior in the sparrow hawk [J]. Journal of Wildlife Management, 1972, 36(2): 297-308.
[58] Snyder R L. Some prey preference factors for a red-tailed hawk [J]. The Auk, 1975, 92(3): 547-552.
[59] Snyder R L, Jenson W, Cheney C D. Environmental familiarity and activity: Aspects of prey selection for a ferruginous hawk [J]. Condor, 1976, 78(1): 138-139.
[60] Ruggiero L F, Cheney C D, Knowlton F F. Interacting prey characteristic effects on kestrel predatory behavior [J]. The American Naturalist, 1979, 113(5): 749-757.
[61] Ruggiero L F, Cheney C D. Falcons reject unfamiliar prey [J]. Raptor Research, 1979, 15(2): 33-36.
[62] Davies M N O, Green P R. Optic flow-field variables trigger landing in hawk but not in pigeons [J]. Naturwissenschaften, 1990, 77(3): 142-144.
[63] Kane S A, Zamani M. Falcons pursue prey using visual motion cues: new perspectives from animal-borne cameras [J]. The Journal of Experimental Biology, 2014, 217(Pt 2): 225-234.
[64] Kane S A, Fulton A H, Rosenthal L J. When hawks attack: Animal-borne video studies of

goshawk pursuit and prey-evasion strategies [J]. The Journal of Experimental Biology, 2015, 218(2): 212-222.

[65] Mueller H C. Oddity and specific searching image more important than conspicuousness in prey selection [J]. Nature, 1971, 233(5318): 345-346.

[66] Mueller H C. Prey selection in the American kestrel: Experiments with two species of prey [J]. The American Naturalist, 1977, 111(977): 25-29.

[67] Leonardi G, Bird D M. Effects of recent experience and background features on prey detection of foraging American kestrels (*Falco sparverius*) in captivity [J]. Folia Zoologica, 2011, 60(3): 214-220.

[68] Lind O, Mitkus M, Olsson P, et al. Ultraviolet sensitivity and colour vision in raptor foraging [J]. Journal of Experimental Biology, 2013, 216(10): 1819-1826.

[69] Martínez J E, Zuberogoitia I, Gómez G, et al. Attack success in Bonelli's eagle Aquila fasciata [J]. Ornis Fennica, 2014, 91(2): 67-78.

[70] 邓亦敏. 基于仿鹰眼视觉的无人机自主着舰导引技术研究[D]. 北京: 北京航空航天大学, 2017.

[71] 俞佳茜. 基于视觉认知的无人机多目标自主识别[D]. 北京: 北京航空航天大学, 2013.

[72] 段海滨, 邓亦敏, 孙永斌. 一种可分辨率变换的仿鹰眼视觉成像装置及其成像方法: CN105516688A[P]. 2017-4-26.

[73] Harmening W, Orlowski J, Ben-Shahar O, et al. Overt attention toward oriented objects in free-viewing barn owls [J]. Proceedings of the National Academy of Sciences, 2011, 108(20): 8461-8466.

[74] Ohayon S, Harmening W, Wagner H, et al. Through a barn owl's eyes: Interactions between scene content and visual attention [J]. Biological Cybernetics, 2008, 98(2): 115-132.

[75] 王晓华, 张聪, 李聪, 等. 基于仿生视觉注意机制的无人机目标检测[J]. 航空科学技术, 2015, 26(11):78-82.

[76] Duan H B, Deng Y M, Wang X H, et al. Small and dim target detection via lateral inhibition filtering and artificial bee colony based selective visual attention [J]. PLOS ONE, 2013, 8 (8): e72035-1-12.

[77] 刘国琴. 基于仿生视觉原理的巡航导弹制导与控制技术研究[D]. 南京: 南京航空航天大学, 2008.

[78] Deng Y M, Duan H B. Avian contrast sensitivity inspired contour detector for unmanned aerial vehicle landing [J]. Science China Technological Sciences, 2017, 60(12): 1958-1965.

[79] 李晗, 段海滨, 李淑宇. 猛禽视觉研究新进展[J]. 科技导报, 2018, 36(17): 52-67.

[80] Duan H B, Xin L, Xu Y, et al. Eagle-vision-inspired visual measurement algorithm for UAV's autonomous landing[J]. International Journal of Robotics and Automation, 2020, 35(2): 94-100.

[81] Sun Y B, Deng Y M, Duan H B, et al. Bionic visual close-range navigation control system for the docking stage of probe-and-drogue autonomous aerial refueling [J]. Aerospace Science and Technology, 2019, 91: 136-149.

[82] 段海滨, 张奇夫, 邓亦敏, 等. 基于仿鹰眼视觉的无人机自主空中加油[J]. 仪器仪表学报, 2014, 35(7): 1450-1458.

[83] 王晓华. 基于仿鹰眼-脑机制的小目标识别技术研究[D]. 北京: 北京航空航天大学，2018.
[84] 张奇夫. 基于仿生视觉的动态目标测量技术研究[D]. 北京：北京航空航天大学, 2014.
[85] 段海滨，王晓华，张平. 一种用于空中加油的仿鹰眼视觉运动目标检测方法: CN106875403B [P]. 2018-5-11.
[86] 刘芳. 基于仿生智能的无人机自主空中加油技术研究[D]. 北京：北京航空航天大学, 2012.
[87] 陈善军. 基于仿鹰眼视觉的软式自主空中加油导航技术研究[D]. 北京：北京航空航天大学, 2018.
[88] 徐春芳. 基于仿生视觉的无人机自主着舰导引技术研究[D]. 北京：北京航空航天大学, 2012.
[89] Duan H B, Deng Y M, Wang X H, et al. Biological eagle-eye-based visual imaging guidance simulation platform for unmanned flying vehicles [J]. IEEE Aerospace and Electronic Systems Magazine, 2013, 28(12): 36-45.
[90] Duan H B, Xin L, Chen S J. Robust cooperative target detection for a vision-based UAVs autonomous aerial refueling platform via the contrast sensitivity mechanism of eagle's eye [J]. IEEE Aerospace and Electronic Systems Magazine, 2019, 34(3): 18-30.
[91] 段海滨，王晓华，邓亦敏. 一种用于软式自主空中加油的仿鹰眼运动目标定位方法: CN107392963B [P]. 2019-12-6.
[92] Duan H B, Zhang Q F. Visual measurement in simulation environment for vision-based UAV autonomous aerial refueling [J]. IEEE Transactions on Instrumentation and Measurement, 2015, 64(9): 2468-2480.
[93] 李晗. 仿猛禽视觉的自主空中加油技术研究[D]. 北京: 北京航空航天大学, 2019.
[94] Deng Y M, Duan H B. Biological eagle-eye based visual platform for target detection [J]. IEEE Transactions on Aerospace and Electronic Systems, 2018, 54(6): 3125-3236.
[95] 段海滨，邓亦敏，孙永斌. 一种可分辨率变换的仿鹰眼视觉成像装置: CN205336450U [P]. 2016-6-22.
[96] 冯驰. 几种视觉仿生光学系统的研究[D]. 北京: 北京理工大学, 2015.
[97] Du X Y, Chang J, Zhang Y Q, et al. Design of a dynamic dual-foveated imaging system[J]. Optics Express, 2015, 23(20): 26032-1-9.
[98] Long A D, Narayanan R M, Kane T J, et al. Analysis and implementation of the foveated vision of the raptor eye [C]. Proceedings of the Image Sensing Technologies: Materials, Devices, Systems, and Applications Ⅲ. Baltimore, SPIE, Baltimore, Maryland, 2016: 98540T-1-9.
[99] Melnyk P B, Messner R A. Biologically motivated composite image sensor for deep-field target tracking [C]. Proceedings of the Vision Geometry ⅩⅤ, SPIE, San Jose, California, 2007: 649905-1-8.
[100] Lin L, Ramesh B, Xiang C. Biologically inspired composite vision system for multiple depth-of-field vehicle tracking and speed detection [C]. Computer Vision-ACCV 2014 Workshops, 2015: 473-486.

第 2 章 仿鹰眼对比度感应机制的目标检测

2.1 引 言

鹰可在相当远的距离定位猎物,这与其独特的视觉结构和视觉机制密切相关。鹰眼外形结构如图 2-1 所示，鹰眼视网膜上具有两个中央凹，其中央凹区结构及视觉投影如图 2-2 所示，其中正中央凹处具有狭窄的凹陷，侧中央凹具有相对较宽的凹陷[1-3]。视网膜采集图像时正中央凹相当于长焦镜头，在视野中可获得最高的相对分辨率，而侧中央凹具有相对较宽的凹陷，因此也具有局部高分辨率。

图 2-1 鹰眼外形结构

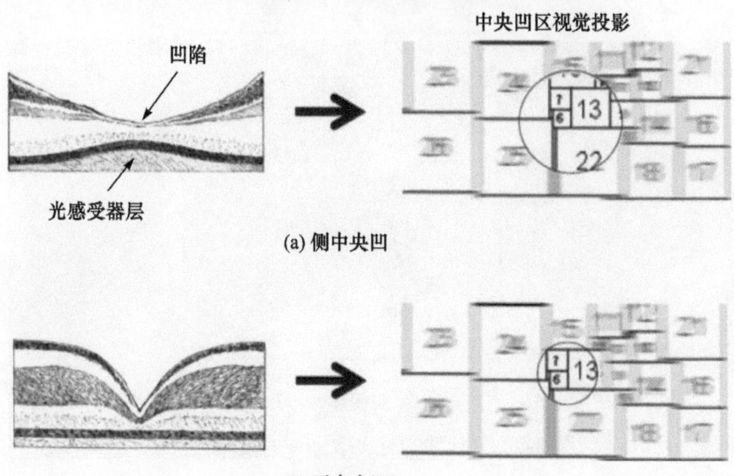

(a) 侧中央凹

(b) 正中央凹

图 2-2 鹰眼中央凹区结构及视觉投影[1]

对比度和显著度等因素是影响鹰视觉系统响应的关键因素[4-6]。研究表明，鹰视觉系统对于对比度信息的依赖程度要明显高于其他信息，如亮度等，同时视网膜感受野的侧向抑制交互作用与其视网膜细胞中央周边分布差异息息相关[7,8]。通过中央周边分布结构和交互抑制作用，鹰视觉系统在观测和捕食过程中更多获取场景的对比度信息而非亮度信息，并体现出侧抑制特性[9,10]和视觉注意机制特性[11-16]。局部对比度是影响视觉系统进行目标区分的关键特征，是区分目标与背景杂波的有效指标。一般而言，目标区域内的像素点与其周边背景区域的像素点存在差异，差异越大则目标相对于背景越突出。因此，可通过建立局部对比度函数对目标区域进行处理，增强目标信息，使得目标更容易被检测。

对比度信息是鹰隼类生物视觉系统感应的一个重要信息，也是影响视觉系统进行目标区分的关键特征[17-19]。生物视觉系统的特性通常用光栅的空间频率大小及对比度来表示。某一空间频率下的对比阈值是指在光栅实验中观察者达到 50%的正确分辨率时对应的空间频率光栅的对比度值。对比阈值倒数为该空间频率下的对比敏感度。对比敏感度函数(Contrast Sensitivity Function, CSF)表征了对比敏感度与空间频率的关系。对比敏感度随着空间频率的改变而改变。当空间频率超过一定值时，不论对比度怎样加大都不能看清栅条，此时对应的空间频率称为截止频率，它是衡量视觉锐度的指标。部分生物的对比敏感度函数曲线如图 2-3 所示，由于不同生物在视觉系统结构和功能上的差异，对比敏感度函数曲线也存在着较大差异[20]。鹰的视觉系统对相对较高的空间频率敏感，高于或低于一定空间频率时对比敏感度都降低。从鹰对比敏感度函数曲线也可以看出，鹰视觉系统同时具有相对较窄的空间频率带宽和相对较高的视觉锐度。

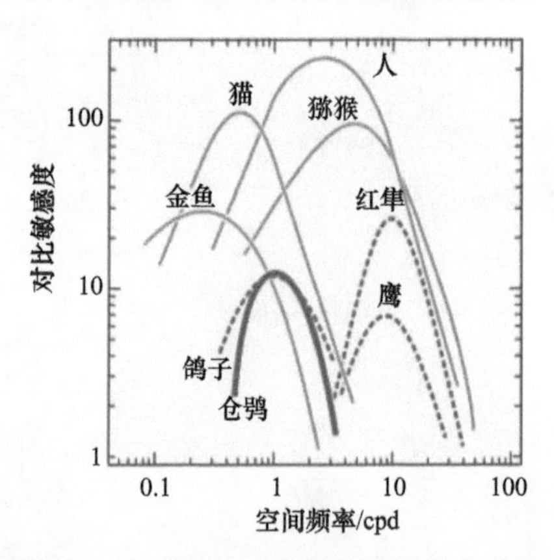

图 2-3　部分动物对比敏感度函数曲线[20]

鹰视觉系统的中央周边结构以及对比度感应机制与目标检测相吻合，本章根据鹰眼对比度感应机制并利用点目标和背景的方向梯度特性，建立仿鹰眼对比敏感度机制的目标检测算法[21]。在此基础上，针对轮廓特征提取问题，通过拟合鹰眼对比敏感度函数建立轮廓特征提取算法。

2.2　鹰眼对比度感应机制与特征计算

2.2.1　鹰眼对比度感应机制

不同鹰眼视网膜光感受器密度分布如图 2-4 所示，视网膜不同区域电子显微成像如图 2-5 所示[22]，鹰眼视网膜上的光感受器呈现非均匀分布的特性。不同鹰眼视网膜中均存在两个光感受器密度较高的区域，即两个中央凹区域，且正中央凹区域的光感受器密度明显高于侧中央凹区域和周边区域。

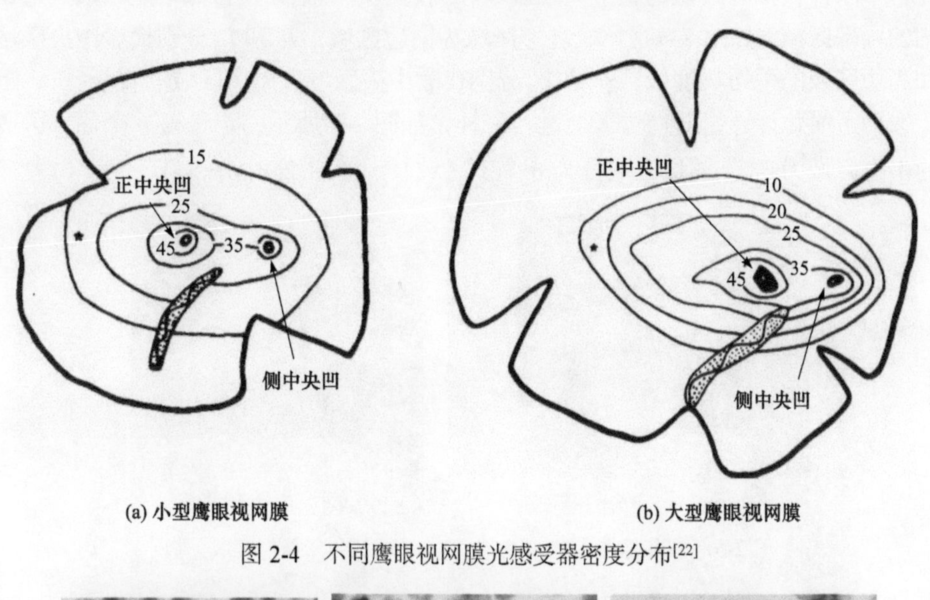

(a) 小型鹰眼视网膜　(b) 大型鹰眼视网膜

图 2-4　不同鹰眼视网膜光感受器密度分布[22]

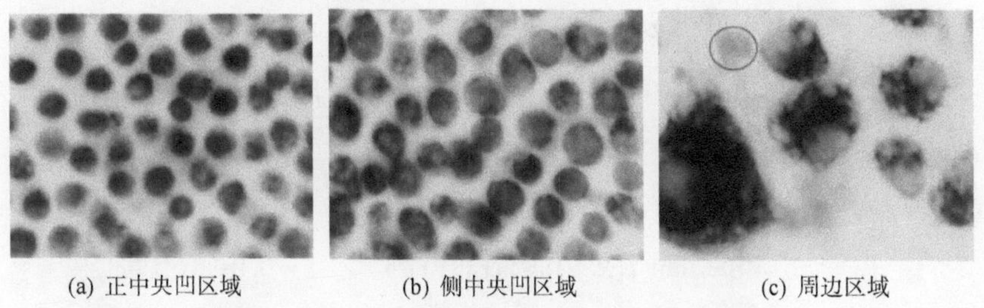

(a) 正中央凹区域　(b) 侧中央凹区域　(c) 周边区域

图 2-5　鹰眼视网膜不同区域电子显微成像[22]

根据鹰眼视网膜不同区域电子显微成像可以看出，中央凹区域与周边区域存在明显的密度差异。中央凹区域细胞高度密集而周边区域稀疏。随着偏离中央凹的角度增大，光感受器相对密度也快速下降，形成尖峰状，正中央凹处和侧中央凹处为局部极大值。由于不同区域细胞密度的差异性，在成像时也会存在不同的视觉投影效果[1]。中央凹区域由于存在高密度的光感受器，可对成像区域进行“精细采样”，形成较高局部分辨率的成像效果。在周边区域则由于光感受器密度相对较低，对成像区域信息采集时较粗略，因此会产生相对的低分辨率。正是由于鹰眼视网膜上细胞的分布差异性，鹰眼视觉系统在图像采集与处理中形成局部反差，从而可以快速对场景变化做出反应。

2.2.2 局部对比度特征计算

根据鹰眼视网膜细胞分布的差异性以及视觉系统对于对比度特征的感应特性，本小节模拟鹰眼视网膜中央凹区域和周边区域细胞分布特点构建中央周边结构的局部区域，如图 2-6 所示，环形区域为周边区域，I_T 和 I_B 分别代表中央区域和周边区域的平均灰度值，ϕ_T 和 ϕ_B 分别代表中央区域和周边区域的直径。

为了简化计算，对周边区域进行采样，如图 2-7 所示，定义第 n 个局部区域的中央区域为 V_0^n，周边区域分为 6 个子区域 $\{V_i^n\}(i=1,2,\cdots,6)$。

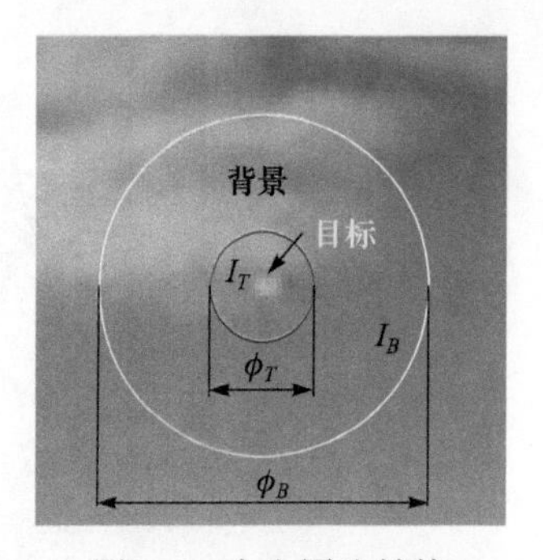

图 2-6　中央周边结构

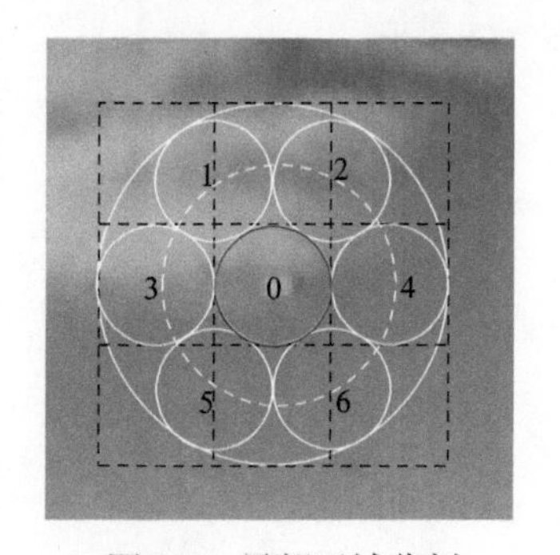

图 2-7　局部区域分割

中央区域的最大灰度值表示为

$$L^n = \max(I(x,y)),\quad I(x,y)\in V_0^n \tag{2.1}$$

其中 $I(x,y)$ 为坐标 (x,y) 处的灰度值。

各个子区域的灰度中值表示为

$$m_i^n = \text{median}(I(x,y)),\quad I(x,y)\in V_i^n,\quad i=0,1,\cdots,6 \tag{2.2}$$

则周边区域的均值可表示为

$$\overline{m}^n = \frac{1}{N_V}\sum_{i=1}^{N_V} m_i^n \tag{2.3}$$

其中 N_V 为周边子区域数量，$N_V = 6$。

根据中央区域和周边区域的信息，局部对比度函数定义为

$$C^n = \frac{L^n m_0^n}{\overline{m}^n} \tag{2.4}$$

从定义可以看出，当中央区域的灰度中值 m_0^n 大于周边区域均值 $\overline{m}^n$ 时，经过局部对比度函数计算，中央区域将得到增强，因此，局部对比度函数计算有利于小目标检测。

该局部对比度函数具有如下特性：

1) 目标增强与背景抑制

假设中央区域包含小目标，且目标中心点坐标为 (x_0, y_0)，则目标区域的局部对比度可表示为

$$C_T = \frac{L_T m_0}{\overline{m}} \tag{2.5}$$

其中 L_T 为目标区域的最大灰度值，m_0 和 $\overline{m}$ 分别为目标区域的灰度中值和背景区域的灰度中值平均值。对于小的亮目标，一般有

$$\frac{m_0}{\overline{m}} \geqslant 1 \tag{2.6}$$

则可得

$$C_T \geqslant L_T \tag{2.7}$$

因此，目标区域得到增强。

同理，假设中央区域为背景区域，一般有

$$\frac{m_0}{\overline{m}} \leqslant 1 \tag{2.8}$$

则可得

$$C_B \leqslant L_B \tag{2.9}$$

即背景区域的局部对比度 C_B 不大于 L_B，因此，背景区域得到抑制。

2) 离散杂点抑制

当周边区域中出现单像素噪声及尖峰脉冲等离散杂点时，其灰度值容易对中央区域的目标形成干扰，不利于目标的检测。局部对比度函数中采用了灰度中值而非灰度均值，而灰度中值可以有效避免离散杂点的干扰作用，因此，分析可知，采用局部对比度函数可以有效减少目标周边区域中离散杂点的影响，降低虚警率，更有利于后续的目标提取。

采用局部对比度函数对输入图像进行处理，得到的对比度图虽然可以增强目

标并抑制背景，但并不能完全抑制背景杂波的信息。因此，为了提取目标，需要进一步抑制背景信息。一般而言，小目标在图像中呈现出各向同性的高斯状特征，而背景往往存在明显的方向特性，如图 2-8 所示。因此，利用小目标和背景在高阶方向梯度上的不同特性可以进行背景抑制，从而有效提取目标。

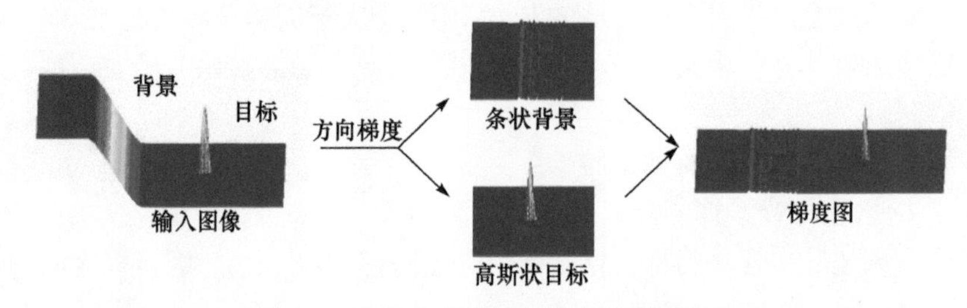

图 2-8　高阶方向梯度特性与梯度图生成

根据图像离散正交多项式[23]，坐标$(r,c)\in R\times C$处的图像灰度值$I(r,c)$可表示为

$$I(r,c)=\sum_{i=1}^{N}K_i\cdot g_i(r,c) \tag{2.10}$$

其中$\{g_i(r,c)\}$为二维区域$R\times C$内的离散正交多项式基底，$\{K_i\}$为多项式系数，N为多项式项数。一般情况下，图像灰度值最高由二元三次多项式组成，因此，取$N=10$，基底可表示为

$$\{g_i(r,c)\}=\{1,r,c,r^2-2,rc,c^2-2,r^3-(17/5)r,(r^2-2)c,r(c^2-2),c^3-(17/5)c\} \tag{2.11}$$

由最小二乘拟合可知，多项式系数$\{K_i\}$可表示为

$$K_i=\frac{\sum_{(r,c)\in R\times C}g_i(r,c)I(r,c)}{\sum_{(r,c)\in R\times C}g_i^2(r,c)}=I(x,y)\otimes W_i \tag{2.12}$$

其中$\otimes$为卷积操作符，W_i为加权核，即

$$W_i=\frac{\sum_{(r,c)\in R\times C}g_i(r,c)}{\sum_{(r,c)\in R\times C}g_i^2(r,c)} \tag{2.13}$$

设$R=\{-2,-1,0,1,2\}$，$C=\{-2,-1,0,1,2\}$，则二次项加权核$\{W_4,W_5,W_6\}$可取为

$$W_4=\begin{bmatrix}2&2&2&2&2\\-1&-1&-1&-1&-1\\-2&-2&-2&-2&-2\\-1&-1&-1&-1&-1\\2&2&2&2&2\end{bmatrix} \tag{2.14}$$

$$W_5 = \begin{bmatrix} 4 & 2 & 0 & -2 & -4 \\ 2 & 1 & 0 & -1 & -2 \\ 0 & 0 & 0 & 0 & 0 \\ -2 & -1 & 0 & 1 & 2 \\ -4 & -2 & 0 & 2 & 4 \end{bmatrix} \tag{2.15}$$

$$W_6 = W_4^{\mathrm{T}} \tag{2.16}$$

对于二维图像，则 (x_0, y_0) 处沿给定方向向量 l 的二阶偏导为

$$\begin{aligned} \left.\frac{\partial^2 I(x,y)}{\partial l^2}\right|_{(x_0,y_0)} &= \left.\left[\frac{\partial^2 I(x,y)}{\partial r^2}\cos^2\theta + 2\frac{\partial^2 I(x,y)}{\partial r \partial c}\cos\theta\sin\theta + \frac{\partial^2 I(x,y)}{\partial c^2}\sin^2\theta\right]\right|_{(x_0,y_0)} \\ &= \left.\left[2K_4\cos^2\theta + 2K_5\cos\theta\sin\theta + 2K_6\sin^2\theta\right]\right|_{(x_0,y_0)} \\ &= 2[(I\otimes W_4)\cos^2\theta + (I\otimes W_5)\cos\theta\sin\theta + (I\otimes W_6)\sin^2\theta]\big|_{(x_0,y_0)} \end{aligned} \tag{2.17}$$

其中 θ 为方向角。

因此，给定输入图像和二次项加权核，梯度图只与方向角有关，即

$$S(\theta) = 2[(I\otimes W_4)\cos^2\theta + (I\otimes W_5)\cos\theta\sin\theta + (I\otimes W_6)\sin^2\theta] \tag{2.18}$$

由于在生成的梯度图中，方向性背景信息会呈现出与方向角相关的条状特征，而目标信息则呈现出高斯状特征，仍具有各向同性，因此可通过多方向通道进行背景抑制，从而提取出目标。给定方向角 $\{\theta_i\} = \{0°, 45°, 90°, 135°\}$，则多通道梯度图计算如下：

$$S = \prod_{\theta_i} S(\theta_i) \tag{2.19}$$

通过多通道计算，生成的梯度图中大部分方向性背景被抑制，更有利于目标提取。此外，图像的相位信息往往包含了显著性目标的位置信息，因此通过相位计算可提取图像中的显著目标[24]：

$$R = F^{-1}[\exp(\mathrm{i}\cdot P(S))] \tag{2.20}$$

其中 $F^{-1}[\cdot]$ 表示傅里叶逆变换，$P(S)$ 表示输入图像的相位谱。由于去除了图像的幅度谱，因此，该操作可视作将图像的幅度谱用统一电平替代。而图像的幅度谱中，低频部分幅值往往比高频部分幅值高，因此该图像变换可抑制低频信息并增强高频部分，从而使高频的显著性目标更加突出。

2.2.3　目标检测算法流程

根据局部对比度特征和方向梯度特性，利用仿鹰眼对比度感应机制的目标检测算法进行目标检测的流程如图 2-9 所示。

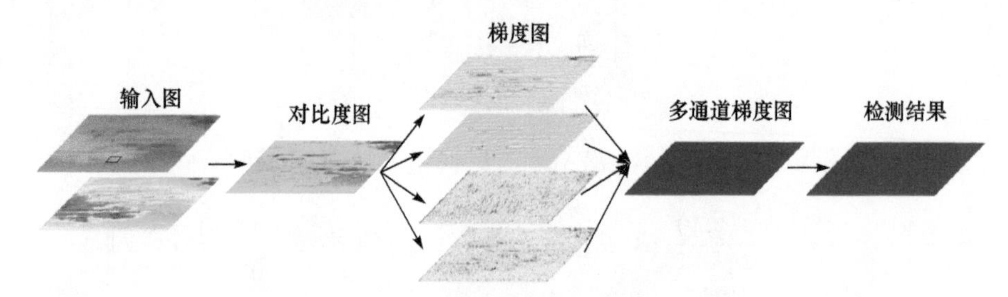

图 2-9　目标检测算法流程

仿鹰眼对比度感应机制的目标检测算法包括局部对比度特征计算、梯度计算与合成以及基于相位信息的目标提取三个主要部分，具体计算步骤如下：

Step 1　参数初始化，设定局部区域大小、方向角 θ_i 和二次项加权核 $\{W_4, W_5, W_6\}$；

Step 2　给定输入图像，根据公式(2.4)中的局部对比度函数计算输入图像的对比度图；

Step 3　根据公式(2.18)针对对比度图计算每个方向角下的高阶方向梯度图；

Step 4　根据公式(2.19)进行多方向角梯度图合成，生成多通道梯度图；

Step 5　根据公式(2.20)利用相位信息从多通道梯度图中提取目标。

2.2.4　仿真实验分析

为了验证本节算法进行目标检测的有效性，本小节给出不同场景下的仿真结果。选择的三个不同场景如图 2-10 所示，具体配置如表 2-1 所示。场景一和场景二为点目标，背景为天空和云层。场景三为航母场景，航母位置距离较远，在图像中呈现出小目标特征，背景为海面、云层和天空。

(a) 场景一

(b) 场景二

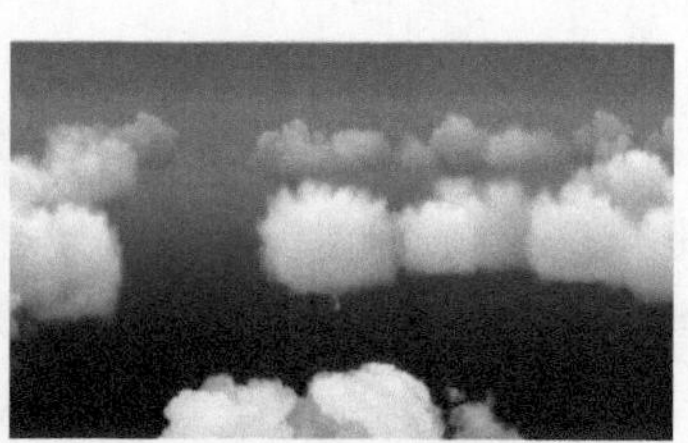

(c) 场景三

图 2-10　仿真场景示例

表 2-1　仿真场景配置列表

场景	图像大小/像素	目标	背景
场景一	宽×高：256×200	亮点目标	天空和云层
场景二	宽×高：512×400	暗点目标	天空和云层
场景三	宽×高：420×240	远距离航母	海面、云层和天空

针对三个仿真场景，采用高阶方向对比度算法检测结果如图 2-11 和图 2-12 所示，其中在原图中目标用红色方框标出。由于场景中目标所占像素较少，因此在局部对比度计算时设置的局部区域直径不超过 5 个像素。

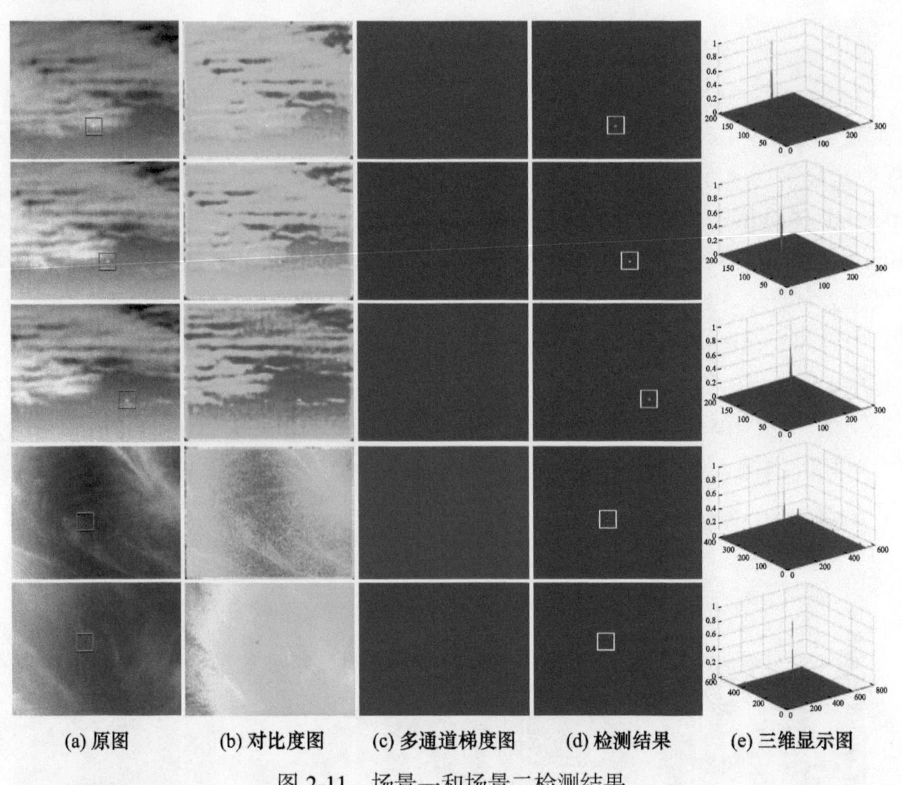

(a) 原图　(b) 对比度图　(c) 多通道梯度图　(d) 检测结果　(e) 三维显示图

图 2-11　场景一和场景二检测结果

检测结果中采用 jet 颜色空间用不同颜色值表示不同的像素亮度值，蓝色和深红色分别表示 0 和 1。从检测结果图 2-11(d)和图 2-12(d)可以看出，采用高阶方向对比度算法可以有效提取出场景中的目标，目标位置用白色方框标出。绘制检测结果的三维显示图，如图 2-11(e)和图 2-12(e)所示，从检测结果的三维显示图中可以看出，检测结果基本上只保留了目标位置处的信息，背景抑制作用明显。即使在背景较复杂的情况下，绝大部分背景信息均被有效滤除，而小目标则得到保留。

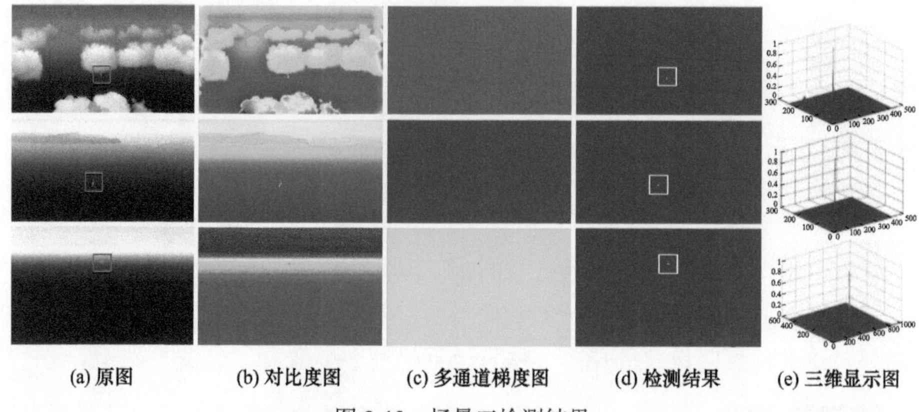

图 2-12　场景三检测结果

为进一步验证本节中目标检测算法性能，针对以上三个场景进行算法对比仿真实验。对比算法包括最大中值滤波(Max-median Filter, 以下用 Max-median 代替)[25]、最大均值滤波(Max-mean Filter, 以下用 Max-mean 代替)[25]、光谱残余法(Spectral Residual, SR)[26]、形态学滤波算法(Top-hat)[27]、巴特沃思高通滤波(Butterworth High-pass Filter, BHP)[28]和平面法(Facet-based Method, FM)[29]。对比仿真结果如图 2-13 和图 2-14 所示，其中图 2-13 和图 2-14 中(a)为原图，(b)为本节算法结果，(c)～(h)分别表示 Max-median、Max-mean、SR、Top-hat、BHP 和 FM 的仿真结果。图 2-13 中第一列至第三列为场景一图像，第四列和第五列为场景二图像。图 2-14 中第一列至第三列均为场景三图像。所有算法均在相同配置环境中对相同的输入图像进行处理，且算法处理后的结果均未进行阈值分割操作。

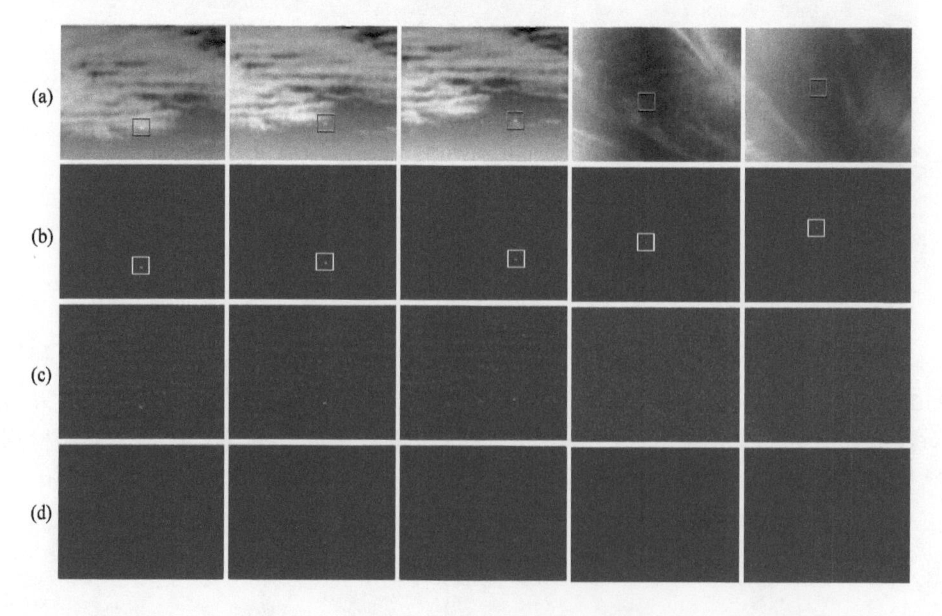

图 2-13　场景一和场景二算法对比仿真结果

(a) 原图；(b) 本节算法；(c) Max-median；(d) Max-mean；(e) SR；(f) Top-hat；(g) BHP；(h) FM

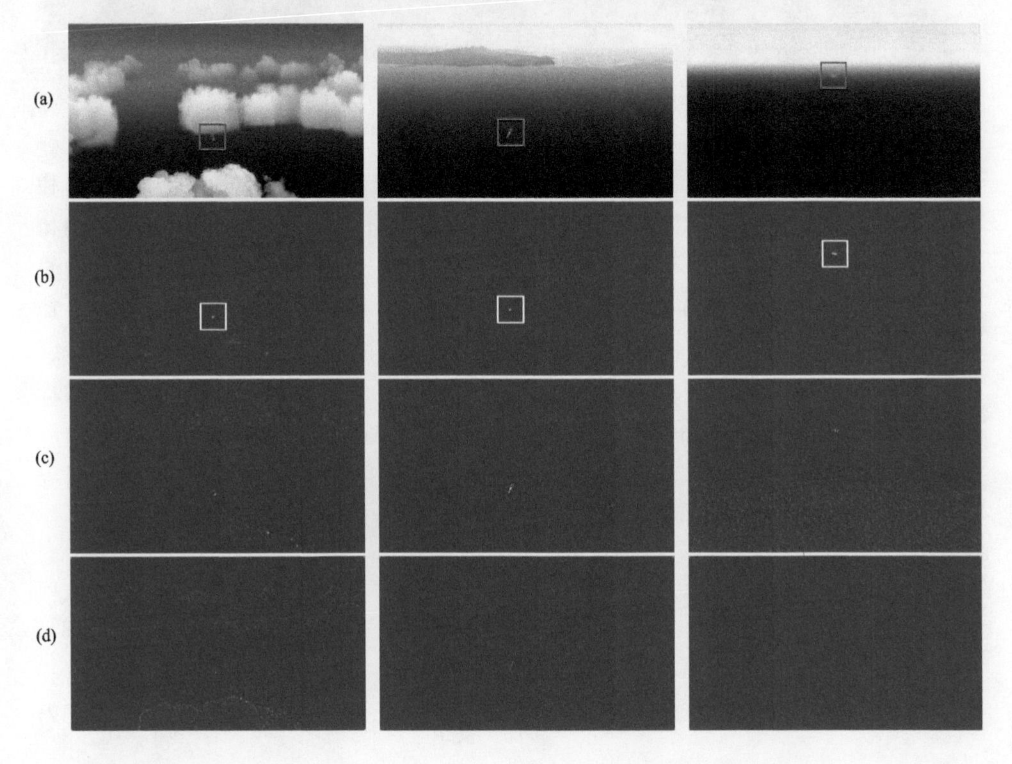

图 2-14　场景三算法对比仿真结果

(a) 原图；(b) 本节算法；(c) Max-median；(d) Max-mean；(e) SR；(f) Top-hat；(g) BHP；(h) FM

从图 2-13 和图 2-14 中的对比仿真结果可以看出，本节算法对于目标检测和背景抑制的效果明显优于其他对比方法。Max-median、Max-mean、Top-hat 及 BHP 四种算法原理较简单，对不同的背景适应性较差，特别是对云层等背景信息的滤除效果不佳。SR 则对小目标的检测能力较弱，难以提取场景二中的目标信息。其他对比算法中 FM 效果相对较好，可在保留目标信息的同时滤除一部分背景信息。

为了进一步比较不同算法的性能，选择两种量化评价指标[30]即信杂比增益(Signal-to-clutter Ratio Gain, SCR Gain)和变化量度(Variation Metric, VM)进行定量分析。SCR Gain 可同时表征目标保留和背景抑制的效果，SCR Gain 值越大则背景抑制效果越好。VM 则可间接反映虚警率情况，VM 值越大则虚警率越低。具体计算公式如下：

$$\mathrm{SCR}=\frac{|I_T-I_B|}{\sigma_C} \tag{2.21}$$

$$\mathrm{SCR\ Gain}=\frac{\mathrm{SCR}_{\mathrm{out}}}{\mathrm{SCR}_{\mathrm{in}}} \tag{2.22}$$

$$\mathrm{VM} = \frac{(S_p / C_p)_{\mathrm{out}}}{(S_p / C_p)_{\mathrm{in}}} \tag{2.23}$$

其中I_B和I_T分别表示目标区域和背景区域的平均灰度值，S_p和C_p分别表示目标区域和背景区域的峰值信号强度，σ_C为背景区域标准差，下标 in 和 out 分别表示原图和检测结果图。采用上述两种量化评价指标对三个场景中的示例图进行测试，示例图与图 2-13 和图 2-14 中相同，结果如表 2-2～表 2-4 所示。

表 2-2　场景一对比结果

算法	Seq.1a (SCR = 2.6433)		Seq.1b (SCR = 0.5925)		Seq.1c (SCR = 0.6102)	
	SCR Gain	VM	SCR Gain	VM	SCR Gain	VM
本节算法	140.9070	9.1770	565.9446	9.3131	458.8494	7.7685
Max-median	1.2733	2.3692	48.4522	4.9212	38.9084	2.8941
Max-mean	0.1813	0.2255	8.3011	0.3202	7.8001	0.4190
SR	1.2116	0.3896	25.5875	1.3397	24.0457	0.9876
Top-hat	2.5024	1.5727	26.1698	3.7593	21.0984	2.6192
BHP	0.9123	1.1754	5.2379	1.7001	5.0593	1.9399
FM	14.1298	3.6692	181.4553	8.9798	148.8469	6.6354

表 2-3　场景二对比结果

算法	Seq.2a (SCR = 1.7224)		Seq.2b (SCR = 1.5393)	
	SCR Gain	VM	SCR Gain	VM
本节算法	1105.9855	28.4749	788.8931	53.9692
Max-median	0.0795	0.3094	0.2397	0.0661
Max-mean	0.0803	0.0479	0.1184	0.0756
SR	1.7409	0.4872	5.3267	1.2502
Top-hat	0.3182	0.3864	0.4662	0.2790
BHP	0.6042	0.4818	1.0193	0.3812
FM	20.4876	6.2560	75.9563	10.3894

表 2-4　场景三对比结果

算法	Seq.3a (SCR = 0.5598)		Seq.3b (SCR = 0.2841)		Seq.3c (SCR = 0.4212)	
	SCR Gain	VM	SCR Gain	VM	SCR Gain	VM
本节算法	87.3529	4.4764	4666.2764	664.0692	1246.5787	42.2366
Max-median	28.0707	2.8520	69.3218	1.1402	14.3507	3.8264
Max-mean	5.2455	0.8265	12.2556	0.5362	3.1273	0.1641
SR	15.1468	0.9235	80.3671	1.0205	79.9082	6.1660
Top-hat	15.7059	1.8641	64.5708	1.3518	15.5150	2.1228
BHP	1.1905	1.4559	4.3566	1.1115	2.2895	2.3711
FM	6.6914	0.6178	162.3712	5.9534	195.2985	4.8029

从表 2-2～表 2-4 所示的对比结果可以看出，本节算法的检测结果中 SCR Gain 和 VM 两项指标均明显大于其他对比算法。在背景干扰信息相对较少的原图中，如场景二中的 Seq.2a 和 Seq.2b 以及场景三中的 Seq.3b 和 Seq.3c，本节算法得到的 SCR Gain 值比其他方法均高出一个量级以上，体现了优异的目标检测性能。从表 2-3 和表 2-4 所示对比结果看出，FM 和 SR 算法性能相对较好，两项指标结果优于其他对比算法。传统的滤波算法对场景中的干扰信息较敏感，得到的 SCR Gain 值较低。

为测试本节算法在计算速度上的性能，在相同计算条件下对不同算法在三个场景中进行测试，计算机配置为 2.5GHz CPU，4GB 内存，软件为 Matlab 2012b。针对每个测试场景分别对每种算法进行 10 次独立运算，统计计算时间平均值，得到的对比结果如表 2-5 所示。

表 2-5 计算时间对比结果 (单位：s)

算法	场景一	场景二	场景三
本节算法	0.0732	0.1102	0.0808
Max-median	0.0614	0.1705	0.0878
Max-mean	0.0101	0.0215	0.0136
SR	0.0155	0.0335	0.0205
Top-hat	0.0645	0.0665	0.0654
BHP	0.0062	0.0206	0.0105
FM	0.0036	0.0084	0.0046

从测试结果可看出，本节算法的计算时间虽总体上稍大于其他对比算法，但所需时间约为 0.1s，FM 在所有算法中所需计算时间最少。本节算法的时间主要消耗在局部对比度计算操作上，该操作需要循环计算局部中值、局部均值等，在 Matlab 软件环境中耗时较长，如采用更高效的计算方式(如并行计算等)将可减少计算时间，满足更高的实时性要求。

2.3 鹰眼对比敏感度函数与特征提取

2.3.1 对比敏感度函数

鹰眼的对比敏感度函数曲线呈现倒 U 形，高频部分和低频部分都较陡，衰减较快。由于视网膜神经细胞的感受野是中央区域和周边区域拮抗的，同心圆拮抗式感受野由起到相互拮抗作用的中央和周边两个作用区域构成，中央起兴奋性作用而周边起抑制性作用，而这些生理学特性也与其功能特性(如视觉注意机制、侧抑制机制)息息相关[13, 21, 31]。两个作用区域的刺激反应都具有高斯分布性质且相互抵消，因此同心圆拮抗式感受野的两个区域作用效果是差值关系，可用两个高斯型函数的差来表示。通过对鹰眼对比敏感度函数曲线数据进行拟合，可得到如下所示的对比敏感度函数[32]：

$$\begin{aligned}\mathrm{CSF}(x,y) &= f(\text{center}) - f(\text{surround}) \\ &= K_c \exp(-\alpha\pi(x^2+y^2)) - K_s \exp(-\beta\pi(x^2+y^2))\end{aligned} \tag{2.24}$$

其中拟合参数分别为 $K_c = 16.99$，$K_s = 33.73$，$\alpha = 0.02630$，$\beta = 0.1076$。

从拟合曲线(图 2-15)和二维拟合曲面(图 2-16)可以看出，鹰眼对比敏感度函数可用一个高斯差分形式的函数来进行拟合，拟合得到的高斯差分函数曲线在空间分布及形状上与鹰眼对比敏感度函数曲线吻合。同时，这种高斯差分形式与感受野的中央区域和周边区域特性相似，第一项对应于中央区域的响应，第二项则对应于周边区域的响应，中央区域对频率衰减较慢，即对一定的高频信息依然产生响应，周边区域则随频率衰减较快。因此，在低频部分，整个感受野的响应是中央区域和周边区域共同作用的结果，周边区域对中央区域产生抑制作用；而在高频部分，由于周边区域响应衰减快，感受野的响应与中央区域响应重合，从而产生如图 2-15 所示的倒 U 形结果，这也间接阐释了鹰眼的对比敏感度特性是由这种同心圆拮抗式感受野所决定的。

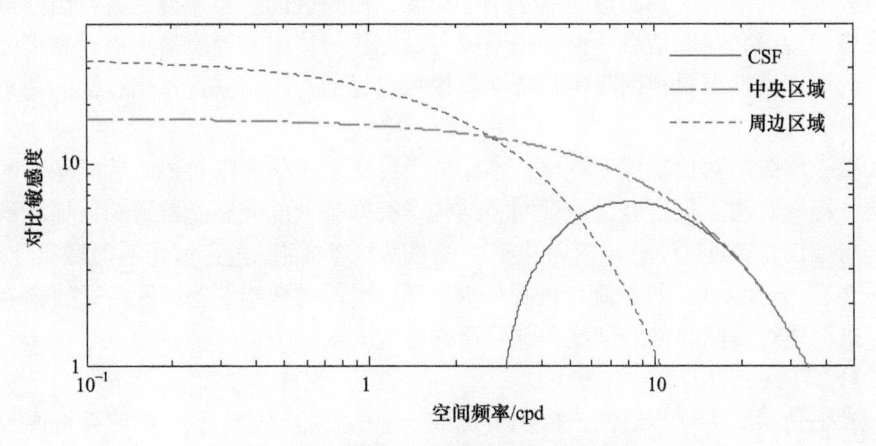

图 2-15　鹰眼对比敏感度函数拟合曲线

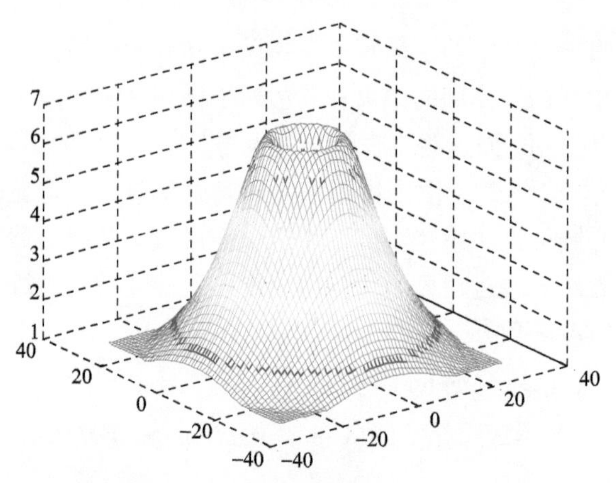

图 2-16　鹰眼对比敏感度函数二维拟合曲面

2.3.2　轮廓特征提取算法流程

视网膜位于鹰眼视觉信息处理系统最前端，将感受到的刺激信号进行初步处理，并通过神经元连接传递给脑皮层进行进一步的处理。视网膜自身也构成了一个复杂的细胞网络，具有初步的信息处理功能，因此也通常被认为是脑组织的一部分，被称为外周脑。生理学研究发现，视网膜中的大量视觉细胞以及相互作用关系，使得视网膜能精确提取图像的边缘和轮廓信息，进而使视觉系统完成识别任务。视网膜上的神经细胞并不是单独存在的，细胞存在着相互刺激与抑制作用。刺激作用产生信息的传递，而抑制作用则可以凸显特殊细节。如细胞的抑制作用会使来自亮区一侧的抑制能量大于来自暗区一侧的抑制能量，使暗区的边界显得更暗，或来自暗区一侧的抑制能量小于亮区，使亮区的边界显得更亮，因此可凸显图像的边缘和轮廓信息。由于视网膜可对图像的边缘和轮廓信息进行高精度的特征提取，模拟鹰眼视网膜生理特性来提取目标的边缘是获得理想边缘的一个好途径。

基于鹰眼的对比敏感度特性，本小节设计了基于仿鹰眼对比敏感度函数的轮廓特征提取算法。根据鹰眼的视网膜结构，视网膜上的光感受器感知目标场景的局部特征信息，通过信息传递通路到达视网膜神经细胞，进行信息的汇聚和处理，如图 2-17 所示。在进行轮廓特征提取时，光感受器的视锥细胞提取到边缘梯度信息，进而通过视网膜神经细胞得到对比敏感度响应。

1) 方向感应层

光感受器的生理学特性，特别是视锥细胞的细胞特性，直接影响着视网膜的整体功能特性。对此，生理学研究人员对鹰类的视网膜进行研究，发现光感受器中存在着对方向性信息能产生特定感应的神经细胞，对不同方向的梯度信息有响

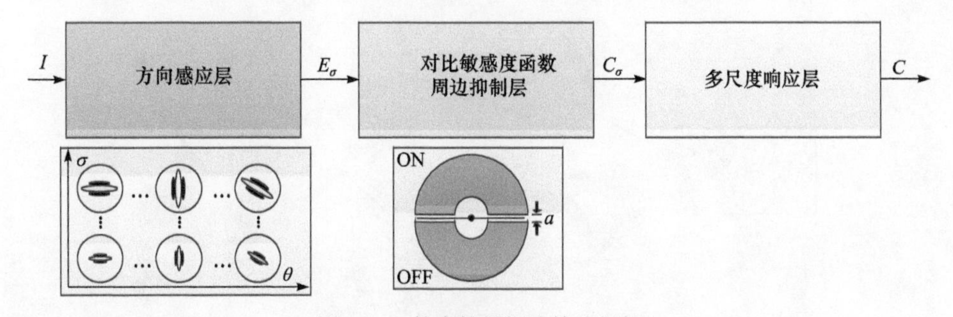

图 2-17 轮廓特征提取算法框架

应，因此鹰眼能对边缘信息敏感。神经细胞的这种方向敏感性与 Gabor 函数的响应特性惊人地相似[33]。Gabor 滤波核具有优良的空间局部性、空间频率及方向选择性等，能够提取图像局部区域的多尺度、多方向的显著特征。因此可以用 Gabor 函数来模拟方向感应细胞的梯度信息提取机制。Gabor 函数如下所示：

$$G(x,y)=\exp\left(-\frac{X^2+\gamma^2Y^2}{2\sigma^2}\right)\times\cos\left(\frac{2\pi}{\lambda}X+\varphi\right) \tag{2.25}$$

其中 $X=x\cos\theta+y\sin\theta$，$Y=-x\sin\theta+y\cos\theta$，滤波器可调参数包括方向参数 θ、高斯包络面参数 σ、纹线波长参数 λ、相位偏移参数 φ 以及方向系数 γ。本小节中设定 γ 为 0.5，σ/λ 为 0.56，通过调整 σ 可以控制感受野的大小。改变方向参数 θ，通过坐标系旋转，可以得到不同方向的滤波核，而这正是细胞感受野对方向选择性敏感的特性。通过设置不同的感应方向、相位偏移量和感受野大小，可得到一组方向感应细胞的响应输出：

$$R_{\sigma,\theta,\varphi}(x,y)=(I\otimes G_{\sigma,\theta,\varphi})(x,y) \tag{2.26}$$

其中操作符 $\otimes$ 为卷积操作符，I 为输入图像。由于 Gabor 函数对相位特征敏感，因此为了得到非相位敏感的细胞响应，采用正交相位差进行能量操作(图 2-18)，如下所示：

$$E_{\sigma,\theta}(x,y)=\sqrt{R^2_{\sigma,\theta,0}(x,y)+R^2_{\sigma,\theta,\pi/2}(x,y)} \tag{2.27}$$

其中 $R_{\sigma,\theta,0}(x,y)$ 和 $R_{\sigma,\theta,\pi/2}(x,y)$ 分别表示相位为 $\varphi=0$ 和 $\varphi=\pi/2$ 的滤波器响应。

为了得到完整的方向响应，模拟细胞间的抑制作用，采用 MAX 操作(图 2-19)，对同一位置不同方向的细胞响应取最大值，方向参数 θ 在 0°～180°之间均匀选择，即

$$\theta_i=\frac{(i-1)\pi}{N},\quad i=1,2,\cdots,N \tag{2.28}$$

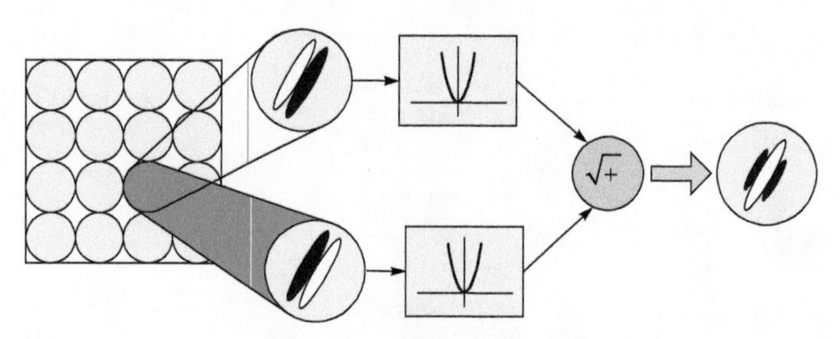

图 2-18　能量操作示意图

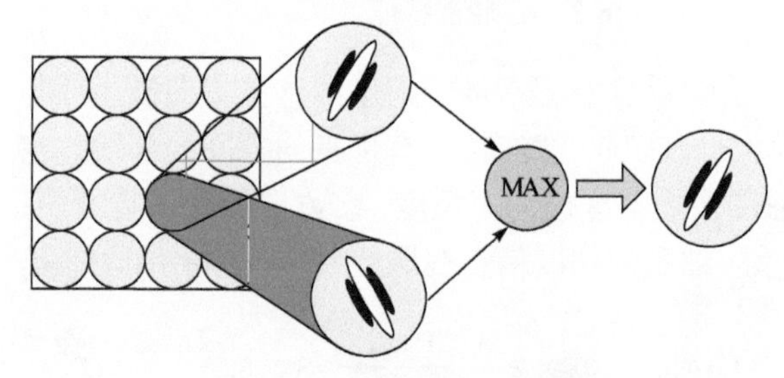

图 2-19　MAX 操作示意图

本小节中，取 $N=8$，因此最终的综合方向响应计算如下：

$$E_{\sigma}(x,y)=\max\{E_{\sigma,\theta_i}(x,y)\mid i=1,2,\cdots,8\} \tag{2.29}$$

最优朝向方向则为

$$\theta(x,y)=\arg\max\{E_{\sigma,\theta_i}(x,y)\} \tag{2.30}$$

2) 对比敏感度函数周边抑制层

对比敏感度特性与中央周边效应密切相关，即周边区域对中央区域产生抑制作用。抑制作用可使得复杂场景中的纹理信息得到一定抑制，而轮廓信息得到增强。对比敏感度函数中，环形区域内的所有点均会对中央区域构成抑制作用，而这种周边抑制作用会导致很强的轮廓自抑制，不利于轮廓特征的提取，特别是复杂背景中的弱轮廓。因此，为了取得较好的轮廓特征提取效果，本小节基于对比敏感度函数构建周边抑制层，考虑轮廓自抑制作用，进行轮廓特征的提取。为了消除轮廓自抑制的作用，构建对称的半环形对比敏感度函数，如图 2-20 所示。

半环形对比敏感度函数计算如下：

$$\begin{cases}\mathrm{CSF}_1^{\theta}(x,y)=\mathrm{CSF}(x,y)\cdot|x\cos\theta+y\sin\theta-a|^{+}\\ \mathrm{CSF}_2^{\theta}(x,y)=\mathrm{CSF}(x,y)\cdot|a-x\cos\theta-y\sin\theta|^{+}\end{cases} \tag{2.31}$$

其中 a 为分隔带宽度；θ 为分割方向，取值与最优朝向方向相同；操作符 $|\cdot|^{+}$ 定义为

$$|\delta|^{+}=\begin{cases}\delta, & \delta>0\\ 0, & \delta\leqslant 0\end{cases} \tag{2.32}$$

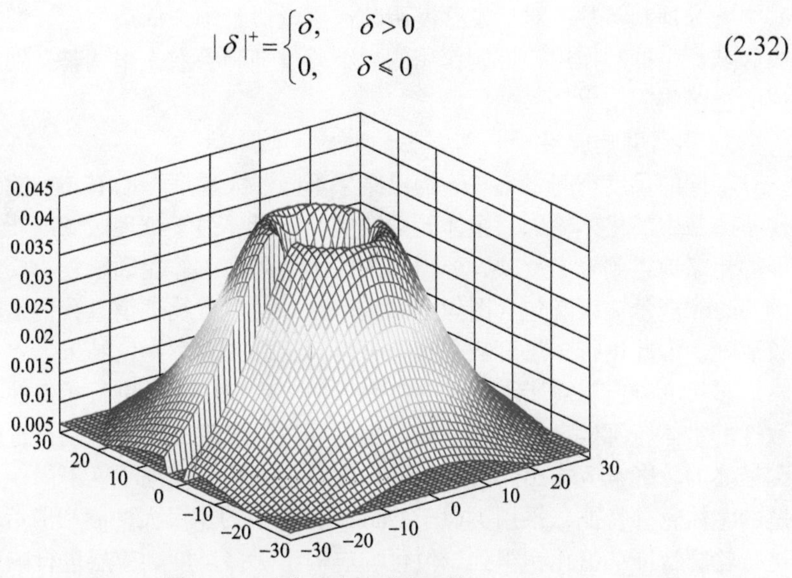

图 2-20　对称对比敏感度函数

根据半环形对比敏感度函数，轮廓自抑制项定义如下：

$$\mathrm{SI}(x,y)=\min\left\{E_{\sigma}\otimes \mathrm{CSF}_{1}^{\theta}, E_{\sigma}\otimes \mathrm{CSF}_{2}^{\theta}\right\} \tag{2.33}$$

如图 2-21 所示，假设所提取的轮廓位于中间分隔带，则当一个半区中无其他轮廓信息时(如图 2-21(b)和(c)所示)，SI = 0，即此时轮廓自抑制项为零，所提取的轮廓得到保留。当所提取的轮廓周边存在其他纹理信息时(如图 2-21(d)和(e)所示)，所提取的轮廓被认为是纹理特征，从而得到抑制。因此，轮廓自抑制项可以在有效保留轮廓信息的同时去除纹理信息的影响。

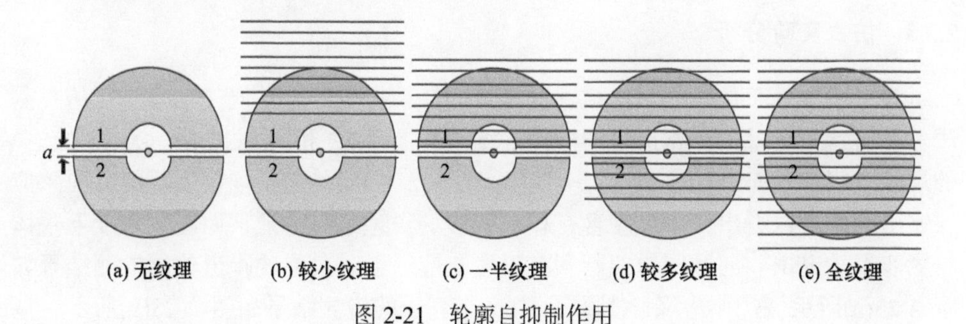

图 2-21　轮廓自抑制作用

因此，基于轮廓自抑制项，边缘响应结果计算如下所示：

$$c_{\sigma}(x,y)=\left|E_{\sigma}(x,y)-k\cdot \mathrm{SI}(x,y)\right|^{+} \tag{2.34}$$

其中 k 为抑制参数。对比敏感度函数作用近似于中央周边效应，即周边区域对中央区域产生抑制作用，抑制作用的大小通过抑制参数 k 来调整，处理后可得到相应的边缘响应结果。

3) 多尺度响应层

不同的尺度空间下 Gabor 输出结果不同。大尺度下的 Gabor 能量输出主要体现了图像中的主体轮廓，主体轮廓区域的能量要强于纹理区域的能量，主体轮廓能够粗略地得到输出反映，但得到的输出结果中主体轮廓线较为模糊。小尺度下的 Gabor 能量输出既包含图像中的主体轮廓又包含纹理信息，但是轮廓线相对比较清晰。因此进行多尺度响应综合可得到更好的轮廓提取结果。

多尺度响应层对于不同尺度空间下的边缘响应结果进行相似性计算，使得一致性的主体轮廓信息被保留下来，而不一致的纹理细节信息则被过滤掉，从而得到最终的轮廓响应输出。由于不同尺度下轮廓特征模糊程度不同，为了得到更清楚的主体轮廓特征，采用类似于 Canny 算法中的非极大抑制和滞后阈值操作[34]，进行轮廓特征二值化，得到二值化响应输出。多尺度响应层进行响应综合的具体计算公式如下：

$$C_{\text{out}}(x,y)=b_{\sigma_1}(x,y)\prod(b_{\sigma_i}\oplus D_{\sigma_i})(x,y) \tag{2.35}$$

其中 $\oplus$ 为膨胀运算符，b_{σ_i} 为二值化响应输出，D_{σ_i} 为膨胀算子，i=1,2,⋯,m, m 为选取的尺度个数。由于不同尺度空间下的轮廓感应输出存在差异，即使是在相同位置不同尺度空间下的响应也存在着输出空间位置上的一些偏差。因此，为了消除位置偏差的影响，对高尺度空间下的边缘感应输出进行膨胀处理，以扩展轮廓感应输出结果，保证在相同位置不同尺度空间下的二值化响应输出有重叠，从而可使最终的轮廓响应更加完整。

2.3.3 仿真实验分析

为了验证基于仿鹰眼对比敏感度函数的特征提取算法性能，本节进行仿真测试。针对跑道场景进行跑道轮廓检测的结果如图 2-22 和图 2-23 所示，其中选择的尺度空间为 $\sigma=\{1.4,1.6,1.8,2\}$，抑制参数为 $k=0.3$。从不同尺度下的方向感应层输出结果可以看出，小尺度含有相对较多的纹理细节特征，而在大尺度下主体轮廓能量较突出。通过周边抑制和多尺度响应综合，最终的跑道轮廓检测结果如图 2-23(a)所示。经典边缘检测算子 Canny 算子的检测结果如图 2-23(b)所示，从对比结果可以看出，本节算法和 Canny 算子均可以提取出主体跑道轮廓。本节算法通过周边抑制作用，在保留了大部分主体跑道轮廓的同时，去除了部分背景干扰信息，使得提取结果优于 Canny 算子处理结果。

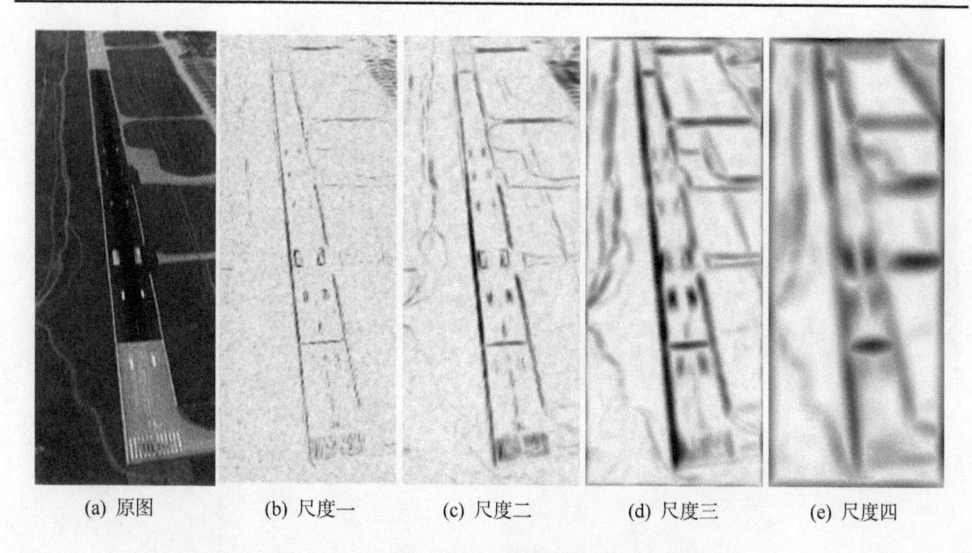

(a) 原图　(b) 尺度一　(c) 尺度二　(d) 尺度三　(e) 尺度四

图 2-22　不同尺度下的方向感应层输出结果

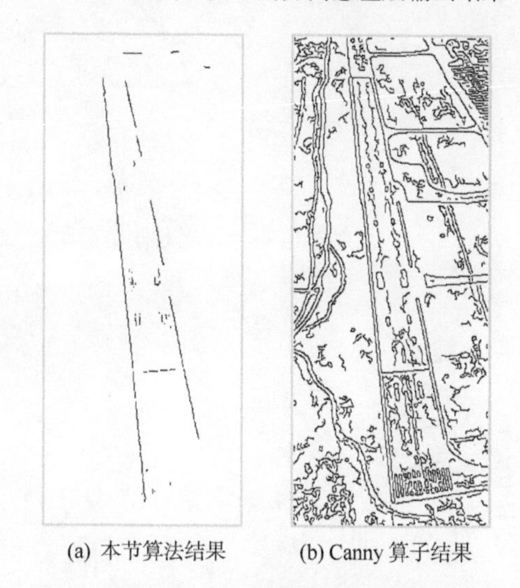

(a) 本节算法结果　(b) Canny 算子结果

图 2-23　轮廓检测对比结果

针对航母甲板上的着舰跑道进行轮廓检测的结果如图 2-24 和图 2-25 所示。其中算例一(图 2-24)中选择的尺度空间为 $\sigma=\{1.8,2,2.2,2.4\}$，抑制参数为 $k=4$。算例二(图 2-25)中选择的尺度空间为 $\sigma=\{1.4,1.6,1.8,2\}$，抑制参数为 $k=1.8$。针对提取的跑道轮廓，采用 Hough 变换[35]可提取相应的直线，通过在 Hough 变换空间中选择 5 个有意义的 Hough 变换的峰值，进一步提取与这些峰值相关的有意义的线段，作为提取的直线轮廓特征。

Hough 变换直线提取结果如图 2-24(d)和图 2-25(d)所示，提取的直线用红色线段标注。

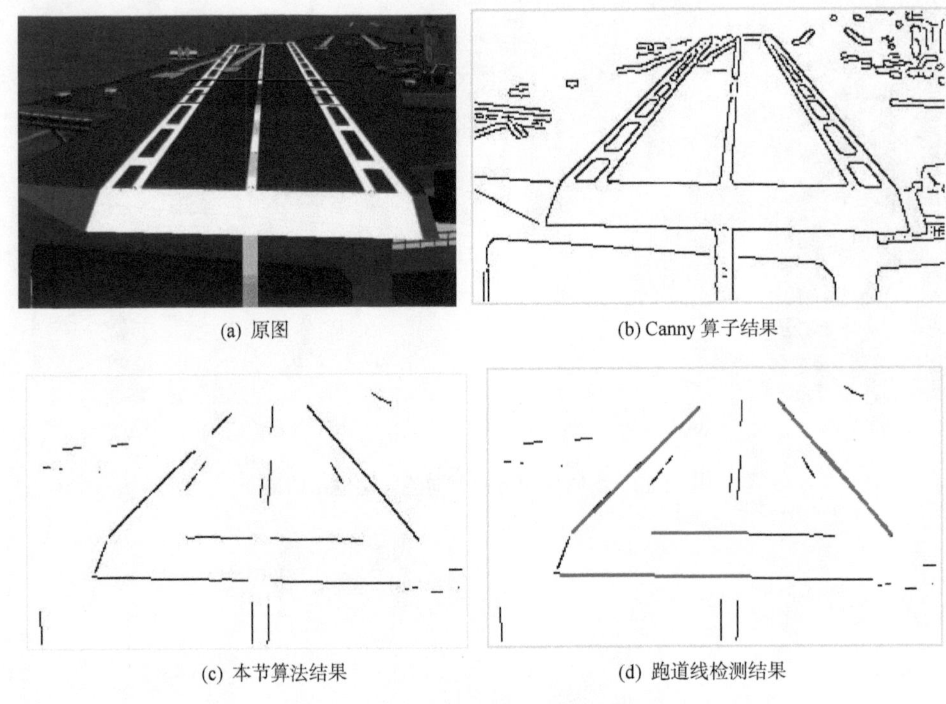

(a) 原图　　(b) Canny 算子结果

(c) 本节算法结果　　(d) 跑道线检测结果

图 2-24　着舰跑道轮廓检测对比结果 1

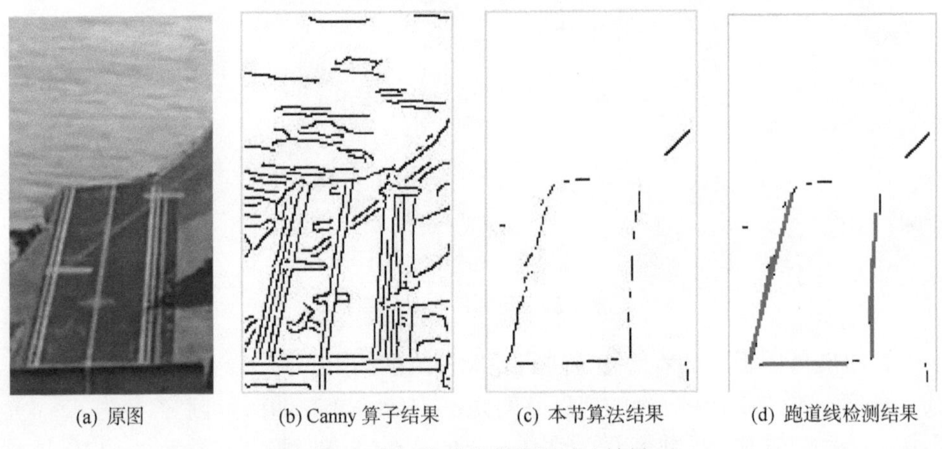

(a) 原图　　(b) Canny 算子结果　　(c) 本节算法结果　　(d) 跑道线检测结果

图 2-25　着舰跑道轮廓检测对比结果 2

从以上检测对比结果可以看出，本节算法可以提取出着舰跑道区域的主要边缘轮廓信息。虽然场景中包含较多干扰轮廓，如航母边缘、舰上物体轮廓等，但本节算法可有效滤除干扰信息，提取出对比度信息更丰富的主要的跑道轮廓信息。

与经典的边缘检测算子 Canny 算子相比，本节算法在抑制背景干扰信息方面优势明显。采用 Hough 变换进行直线提取后可获取场景中的跑道线大致位置信息，用于后续的位姿解算。

2.4 本章小结

鹰眼视网膜上的光感受器呈现非均匀分布的特性，中央凹区域与周边区域存在明显的密度差异，中央凹区域细胞高度密集而周边区域稀疏，从而导致鹰眼在成像时中央凹区域和周边区域存在不同的信息采样结果，体现出场景信息对比度的差异。

本章根据鹰眼视网膜细胞分布差异特点以及对比度感应机制，利用中央周边结构建立了局部对比度函数，可有效进行目标增强和背景抑制。在此基础上，利用图像场景中点目标和背景的方向梯度特性差异，计算多个不同方向通道下的高阶梯度图，并进行多通道合成。针对合成后的梯度图，利用图像相位信息直接提取目标。此外，本章通过模拟鹰眼对比敏感度特性，拟合出对比敏感度函数，进而建立基于仿鹰眼对比敏感度函数的轮廓提取算法，以获取边缘轮廓数据。基于仿鹰眼对比敏感度函数的轮廓提取算法由三层构成：方向感应层、对比敏感度函数周边抑制层和多尺度响应层。方向感应层获取图像中的综合方向特征信息，对比敏感度函数周边抑制层用于背景和干扰抑制，多尺度响应层则进行不同尺度下轮廓能量的汇聚。仿真对比实验结果表明，仿鹰眼对比度感应机制的目标检测算法可快速准确地提取复杂背景下的小目标和主要边缘轮廓信息，抑制背景干扰信息的效果明显。

参考文献

[1] Fernández-Juricic E. Sensory basis of vigilance behavior in birds: Synthesis and future prospects [J]. Behavioural Processes, 2012, 89(2): 143-152.

[2] 段海滨, 邓亦敏, 孙永斌. 一种可分辨率变换的仿鹰眼视觉成像装置及其成像方法: CN105516688A[P]. 2017-4-26.

[3] 李晗, 段海滨, 李淑宇, 等. 仿猛禽视顶盖信息中转整合的加油目标跟踪[J]. 智能系统学报, 2019, 14(6): 1084-1091.

[4] Ruggiero L F, Cheney C D, Knowlton F F. Interacting prey characteristic effects on kestrel predatory behavior [J]. The American Naturalist, 1979, 113(5): 749-757.

[5] 赵国治, 段海滨. 仿鹰眼视觉技术研究进展[J]. 中国科学: 技术科学, 2017, 47(5): 514-523.

[6] 李晗, 段海滨, 李淑宇. 猛禽视觉研究新进展[J]. 科技导报, 2018, 36(17): 52-67.

[7] Ingles L C. Some observations and experiments bearing upon the predation of the sparrow hawk [J]. Condor, 1940, 42(2): 104-105.

[8] Reymond L, Wolfe J. Behavioural determination of the contrast sensitivity function of the eagle

Aquila audax [J]. Vision Research, 1981, 21(2): 263-271.

[9] 徐春芳. 基于仿生视觉的无人机自主着舰导引技术研究[D]. 北京：北京航空航天大学, 2012.

[10] 刘芳. 基于仿生智能的无人机自主空中加油技术研究[D]. 北京：北京航空航天大学, 2012.

[11] Sparrowe R D. Prey-catching behavior in the sparrow hawk [J]. Journal of Wildlife Management, 1972, 36(2): 297-308.

[12] Leonardi G, Bird D M. Effects of recent experience and background features on prey detection of foraging American kestrels (*Falco sparverius*) in captivity [J]. Folia Zoologica, 2011, 60(3): 214-220.

[13] 王晓华. 基于仿鹰眼–脑机制的小目标识别技术研究[D]. 北京: 北京航空航天大学, 2018.

[14] Duan H B, Deng Y M, Wang X H, et al. Biological eagle-eye-based visual imaging guidance simulation platform for unmanned flying vehicles [J]. IEEE Aerospace and Electronic Systems Magazine, 2013, 28(12): 36-45.

[15] Wang X H, Duan H B. Hierarchical visual attention model for saliency detection inspired by avian visual pathways [J]. IEEE/CAA Journal of Automatica Sinica, 2019, 6(2): 540-552.

[16] 王晓华, 张聪, 李聪, 等. 基于仿生视觉注意机制的无人机目标检测[J]. 航空科学技术, 2015, 26(11): 78-82.

[17] Sun Y B, Deng Y M, Duan H B, et al. Bionic visual close-range navigation control system for the docking stage of probe-and-drogue autonomous aerial refueling [J]. Aerospace Science and Technology, 2019, 91: 136-149.

[18] Duan H B, Xin L, Chen S J. Robust cooperative target detection for a vision-based UAVs autonomous aerial refueling platform via the contrast sensitivity mechanism of eagle's eye [J]. IEEE Aerospace and Electronic Systems Magazine, 2019, 34(3): 18-30.

[19] Duan H B, Xin L, Xu Y, et al. Eagle-vision-inspired visual measurement algorithm for UAV's autonomous landing[J]. International Journal of Robotics and Automation, 2020, 35(2): 94-100.

[20] Harmening W M, Wagner H. From optics to attention: visual perception in barn owls [J]. Journal of Comparative Physiology A, 2011, 197(11): 1031-1042.

[21] 邓亦敏. 基于仿鹰眼视觉的无人机自主着舰导引技术研究[D]. 北京: 北京航空航天大学, 2017.

[22] Inzunza O, Bravo H, Smith R L, et al. Topography and morphology of retinal ganglion cells in Falconiforms: A study on predatory and carrion-eating birds [J]. The Anatomical Record, 1991, 229(2): 271-277.

[23] Haralick R M. Digital step edges from zero crossing of second directional derivatives [J]. IEEE Transactions on Pattern Analysis and Machine Intelligence, 1984, PAMI-6(1): 58-68.

[24] Guo C L, Ma Q, Zhang L M. Spatio-temporal saliency detection using phase spectrum of quaternion fourier transform[C]. Proceedings of the 26th IEEE Conference on Computer Vision and Pattern Recognition, Anchorage, Alaska, 2008: 1-8.

[25] Deshpande S D, Er M H, Venkateswarlu R, et al. Max-mean and max-median filters for detection of small targets[C]. Proceedings of Signal and Data Processing of Small Targets, SPIE, Denver, Colorado, 1999: 74-83.

[26] Hou X D, Zhang L Q. Saliency detection: A spectral residual approach [C]. Proceedings of the 25th IEEE Conference on Computer Vision and Pattern Recognition, Minneapolis, Minnesota, 2007:1-8.

[27] Tom V T, Peli T, Leung M, et al. Morphology-based algorithm for point target detection in infrared backgrounds [C]. Proceedings of Signal and Data Processing of Small Targets, SPIE, Orlando, Florida, 1993: 2-11.

[28] Yang L, Yang J, Yang K. Adaptive detection for infrared small target under sea-sky complex background [J]. Electronics Letters, 2004, 40(17): 1083-1085.

[29] Wang G D, Chen C Y, Shen X B. Facet-based infrared small target detection method [J]. Electronics Letters, 2005, 41(22): 1244-1246.

[30] Hilliard C I. Selection of a clutter rejection algorithm for real-time target detection from an airborne platform [C]. Proceedings of Signal and Data Processing of Small Targets, SPIE, Orlando, Florida, 2000: 74-84.

[31] 李晗. 仿猛禽视觉的自主空中加油技术研究[D]. 北京: 北京航空航天大学, 2019.

[32] Deng Y M, Duan H B. Avian contrast sensitivity inspired contour detector for unmanned aerial vehicle landing [J]. Science China Technological Sciences, 2017, 60(12): 1958-1965.

[33] Jones J P, Palmer L A. An evaluation of the two-dimensional Gabor filter model of simple receptive fields in cat striate cortex [J]. Journal of Neurophysiology, 1987, 58(6): 1233-1258.

[34] Canny J. A computational approach to edge detection [J]. IEEE Transactions on Pattern Analysis and Machine Intelligence, 1986, PAMI-8(6): 679-698.

[35] Ballard D H. Generalizing the Hough transform to detect arbitrary shapes [J]. Pattern Recognition, 1981, 13(2): 111-122.

第 3 章　仿鹰眼颜色拮抗与感受野轮廓提取

3.1　引　　言

猛禽包含了鸟类传统分类系统中的隼形目(如老鹰、秃鹫等)和鸮形目(如仓鸮等)。鹰捕食兔子的场景如图 3-1 所示，自然进化和捕食习性造就了其发达的视觉器官和卓越的飞翔能力。鹰眼具有完善的颜色感知系统，其视锥细胞中有负责不同波长光谱感知的油滴，能够准确获得颜色信息[1, 2]。鹰眼视网膜中视锥细胞和神经节细胞构成了一种颜色拮抗机制，但是颜色拮抗只能检测颜色变化形成的轮廓，需要和其他特征如亮度、纹理等进行融合以获得完整的轮廓信息，提高方法的鲁棒性[3]。鹰的视网膜光感受器细胞接收光信号并将转换后的信号通过双极细胞发送到视网膜神经节细胞，同时水平细胞和无长突细胞在视网膜内产生相互作用[4]。猛禽拥有四元色视觉系统，特别是美洲隼对紫外光谱敏感，这种紫外光谱敏感性可帮助其发现目标痕迹，辅助其捕猎过程[5-7]。

图 3-1　鹰捕食兔子的场景

鹰的视网膜细胞中的光感受器细胞大致可以分为三类：视杆细胞、单锥细胞和双锥细胞。在这三类细胞中，单锥细胞负责颜色感知，双锥细胞负责亮度分辨和运动检测，视杆细胞负责低光照下的视觉感知。根据单锥细胞峰值敏感波长不同可将光感受器细胞分为紫光敏感型、短波敏感型、中波敏感型和长波敏感型四类。由于人类视网膜中只有三种单锥细胞，而鹰眼视网膜中有四种单锥细胞，可推断鹰眼的颜色感知能力优于人眼[8]。从生理学实验可知，不同猛禽的颜色感知模型大致相同[9]。鹰眼视锥细胞中存在一种特殊结构——油滴，不同类型的油滴对不同波长的光敏感[10]。油滴使得鹰眼能够在光谱不同光照下保持颜色感知稳定，即颜色恒常性。视杆细胞、四种单锥细胞、双锥细胞及其中的油滴如图 3-2 所示，其中单锥细胞中的油滴类型大致可以分为透明油滴(T)、无色油滴(C)、黄色油滴(Y)和红色油滴(R)四类，分别对应紫外敏感、短波敏感、中波敏感和长波敏感，而双锥细胞中主要含有淡黄色油滴(P)[11, 12]。

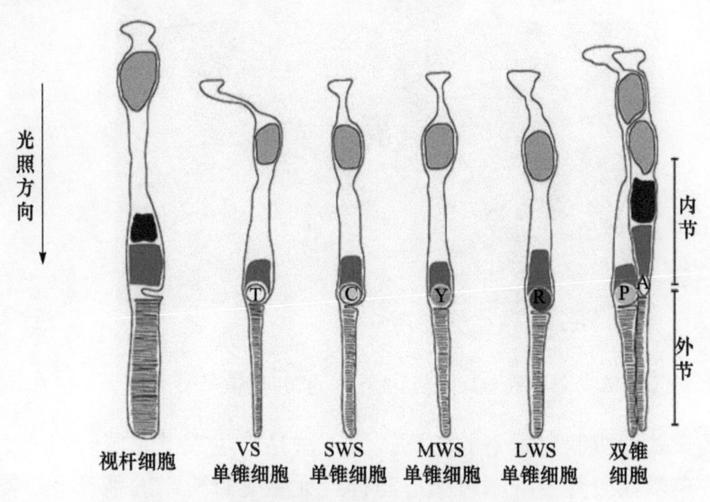

图 3-2　昼行性猛禽视网膜中的光感受器[11]

研究表明，鸟类既能够感知错觉轮廓也能够感知真实轮廓，鹰和仓鸮分别作为昼行和夜行的典型猛禽，其视觉系统也同样具有感知轮廓的功能[13-15]。猛禽视觉系统能够感知错觉轮廓和主观轮廓并对其做出响应，视顶盖前区神经元对视野中的真实轮廓和错觉轮廓有着相似的响应触发[16]。针对仓鸮视觉系统的研究表明，视丘结构对主观轮廓的感知有着重要作用，仓鸮视丘细胞响应和哺乳动物纹状视皮层类似，哺乳动物纹状视皮层和纹外视皮层同样具有感知轮廓功能[17]。此外，生理学研究表明，在仓鸮视丘核团中存在具有方向选择性的神经元，以对轮廓刺激产生显著响应，同时存在对朝向感知的朝向矩阵结构[18]。通过本征信号光学成像技术，研究者发现视丘中部分区域呈现出围绕奇异点风车式排列的块状结构，如图 3-3 所示，体现其具有方向感知能力[18]。此外，对仓鸮视丘核团的 579 个细胞的方向选择性的研究结果表明，其中 90%的细胞具有方向选择性[19]。

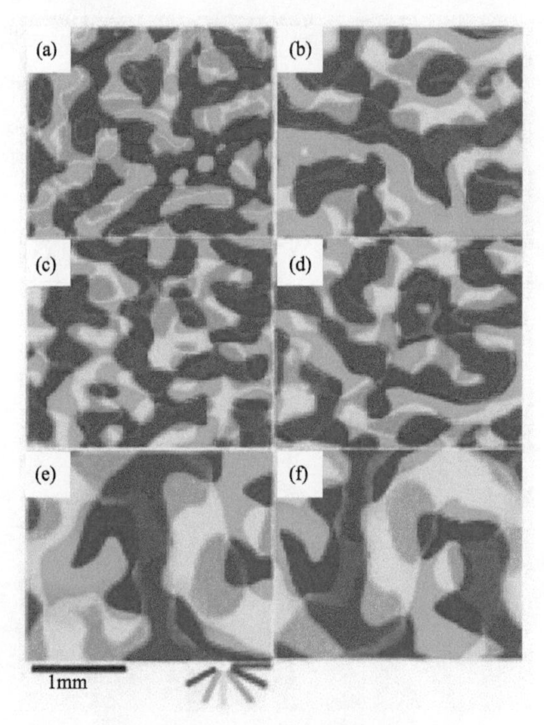

图 3-3　仓鸮视丘中的朝向矩阵[18]

生物视觉处理机制启发下的轮廓提取方法是仿生视觉领域内的一个重要研究方向[20-25]。本章在研究鹰眼颜色拮抗与神经元感受野机制的基础上，提出了一种仿鹰眼轮廓提取方法[3]。根据鹰视网膜光感受器细胞类型及作用，借鉴鹰眼颜色感知中的颜色拮抗机制计算颜色拮抗信息，可得到四个颜色拮抗通道。考虑鹰脑视丘区域的细胞感受野特性及方向感知能力，使用各向同性高斯差分滤波核和各向异性高斯差分滤波核相结合模拟视丘核团的神经元感受野，在四个颜色拮抗通道上分别计算不同滤波器的轮廓响应，进行合并和非极大值抑制可得到最终轮廓响应。在仿真实验中分别使用基础图像和航拍图像对本章提出的轮廓提取算法和其他轮廓提取方法进行了对比分析，并在公开图库上使用多种指标对轮廓提取结果进行了量化分析，仿真结果表明了仿鹰眼颜色拮抗与感受野轮廓提取方法的优越性。

3.2　鹰眼颜色感知与轮廓提取

3.2.1　鹰眼颜色感知

鹰眼识别处理颜色信息一般分为四个阶段，如图 3-4 所示，在第一阶段视网膜的四种光感受器细胞进行信号转换和初步处理，在第二个阶段进行颜色拮抗处理并输出颜色拮抗信息，在第三阶段计算当前输入与参照颜色的颜色差异，第四阶段则利用该颜色差异信息做出行为反应[8]。

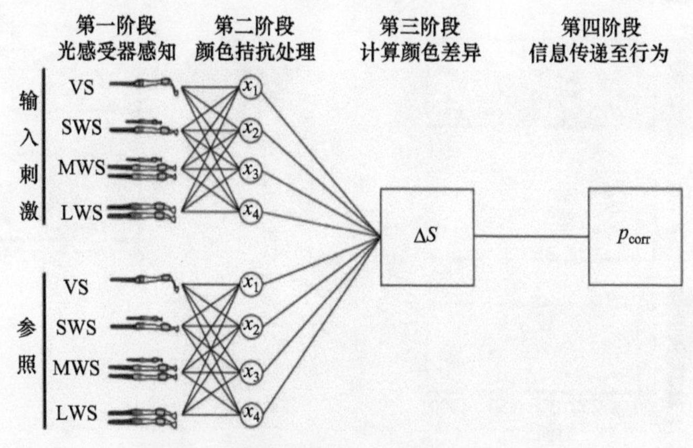

图 3-4　鹰眼颜色识别处理的四个阶段

虽然不同生物的颜色感知机制存在一定差异，但昆虫、人类、鸟类等生物的视觉系统中均存在颜色拮抗机制[26-28]。鸟类视网膜中存在两种颜色信息传递方式，一种是求和方式，另外一种是拮抗方式，这与人类视网膜中的颜色信息处理机制类似[29]。因此可通过借鉴鹰眼视网膜的颜色感知过程，推断其颜色拮抗机制的实现方式，计算颜色拮抗信息以用于目标轮廓感知[30, 31]。

3.2.2　鹰眼轮廓提取

研究者使用两只经过视觉定位任务训练的仓鸮进行轮廓感知实验，研究结果表明仓鸮的视觉系统具有轮廓感知能力[16]。实验过程中对仓鸮进行随机奖赏而不加任何强迫措施，即仓鸮没有对输入刺激进行学习的过程。实验的基准刺激分别为在同样栅格上绘制的正方形和三角形轮廓线，设定任务为：①区分由栅格缺口构成的正方形和三角形主观轮廓；②区分由栅格局部转动错位形成的正方形和三角形主观轮廓。实验结果表明，两只仓鸮均能够将真实绘制的轮廓线和两种方式形成的错觉轮廓刺激对应起来。这说明仓鸮能够准确感知真实轮廓和错觉轮廓，并将其几何形状进行对应。研究者在仓鸮体内植入微电极，使用无线电遥测记录并分析其视丘神经元的响应，结果如图 3-5 所示。对比不同刺激对应的神经元响应发现，当视觉刺激中包含轮廓时，91%的视丘神经元响应强度远高于无轮廓刺激时的响应。在以猫为对象的实验中，只有 42%的 V1 细胞和 60%的 V2 细胞传递了主动轮廓信息。

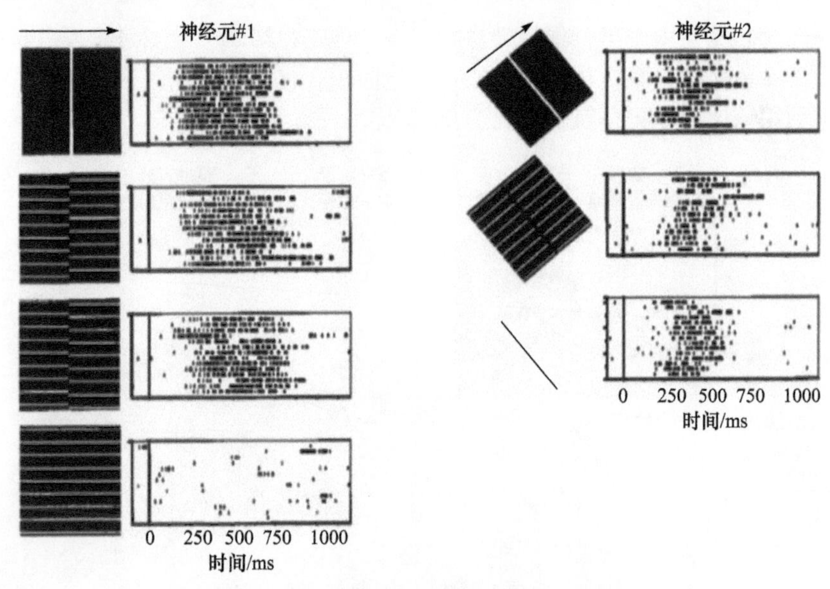

图 3-5 不同刺激下的神经元响应[16]

3.3 颜色拮抗与感受野特性模拟

3.3.1 颜色拮抗机制

鹰眼视网膜中的单锥细胞能够感知四种不同频段的光，其对颜色的感知和视网膜中的油滴有关，鹰眼视网膜单锥细胞中的油滴主要有 T 类、C 类、Y 类和 R 类四种[32, 33]。鉴于目前的图像传感器所获得的彩色图像多为 RGB 图像，为获得颜色拮抗信息，可使用红色、绿色、蓝色、黄色四种颜色进行计算，其中黄色通道使用红色通道和绿色通道合成，计算过程如下：

$$I_{\mathrm{Y}}(x,y)=\frac{I_{\mathrm{R}}(x,y)+I_{\mathrm{G}}(x,y)}{2} \tag{3.1}$$

其中 $I_{\mathrm{Y}}(x,y)$ 、$I_{\mathrm{R}}(x,y)$ 和 $I_{\mathrm{G}}(x,y)$ 分别是图像 $I\ (x,y)$ 中黄色、红色和绿色通道的值。使用二维各向同性高斯滤波器模拟视锥细胞的滤波作用，其计算如下：

$$G(x,y;\sigma)=\frac{1}{2\pi\sigma^2}\exp\left(-\frac{x^2+y^2}{2\sigma^2}\right) \tag{3.2}$$

其中 σ 是高斯滤波核的标准差，它定义了视锥细胞感受野的大小。使用各向同性高斯滤波核能够抑制噪声从而使得轮廓提取更加鲁棒。各个颜色通道的视锥细胞输出计算如下：

$$C_k(x,y;\sigma_c)=I_k(x,y)\otimes G(x,y;\sigma_c) \tag{3.3}$$

其中 $k\in\{\mathrm{R,G,B,Y}\}$ 表示颜色通道，σ_c 是视锥细胞感受野大小。模拟视网膜神经节细胞的颜色拮抗作用可得到细胞响应[24]：

$$O_{\mathrm{RG}}(x,y)=w_{\mathrm{R}}C_{\mathrm{R}}(x,y;\sigma_c)+w_{\mathrm{G}}C_{\mathrm{G}}(x,y;\sigma_c) \tag{3.4}$$

式中 w_{R} 和 w_{G} 分别表示红色通道和绿色通道的权重。$w_{\mathrm{R}}\cdot w_{\mathrm{G}}<0$，$|w_{\mathrm{R}}|\in(0,1]$，$|w_{\mathrm{G}}|\in(0,1]$。当 $0<w_{\mathrm{R}}<1$ 且 $-1<w_{\mathrm{G}}<0$ 时，$O_{\mathrm{RG}}(x,y)$ 表示 R+/G–拮抗神经节细胞的响应；当 $-1<w_{\mathrm{R}}<0$ 且 $0<w_{\mathrm{G}}<1$ 时，$O_{\mathrm{RG}}(x,y)$ 表示 R–/G+拮抗神经节细胞的响应。本章使用 $O_{\mathrm{R+G-}}(x,y)$ 表示 R+/G–拮抗神经节细胞的响应，$O_{\mathrm{R-G+}}(x,y)$ 表示 R–/G+拮抗神经节细胞的响应。使用 $O_{\mathrm{B+Y-}}(x,y)$ 和 $O_{\mathrm{B-Y+}}(x,y)$ 分别表示 B+/Y–和 B–/Y+神经节细胞的响应，计算如下[24]：

$$O_{\mathrm{BY}}(x,y)=w_{\mathrm{B}}C_{\mathrm{B}}(x,y;\sigma_c)+w_{\mathrm{Y}}C_{\mathrm{Y}}(x,y;\sigma_c) \tag{3.5}$$

3.3.2　核团感受野模拟

鹰的视觉系统中与轮廓提取相关的视丘神经元感受野具有方向选择性，视丘作为离丘脑通路的中枢环节，方向选择性是其轮廓感知能力的基础[34, 35]。为模拟鹰脑视丘核团对轮廓的感知能力，本章中使用各向同性高斯差分滤波核与各向异性高斯差分滤波核相结合进行轮廓提取[36, 37]。不同的滤波核分别与 $O_{\mathrm{R+G-}}(x,y)$，$O_{\mathrm{R-G+}}(x,y)$，$O_{\mathrm{B+Y-}}(x,y)$ 和 $O_{\mathrm{B-Y+}}(x,y)$ 四个颜色拮抗通道的图像进行卷积计算得到轮廓响应。

各向同性高斯差分滤波核与各颜色拮抗通道的卷积按照式(3.6)进行计算：

$$\nabla O(x,y;\sigma_c)=\left[\frac{\partial}{\partial x}O(x,y;\sigma_c)\ \frac{\partial}{\partial y}O(x,y;\sigma_c)\right]^{\mathrm{T}}=O(x,y)\otimes\nabla G(x,y;\sigma_c) \tag{3.6}$$

$$\nabla G(x,y;\sigma_c)=\left[-\frac{x}{{\sigma_c}^2}G(x,y;\sigma_c)\ -\frac{y}{\sigma_c^2}G(x,y;\sigma_c)\right]^{\mathrm{T}} \tag{3.7}$$

其中 T 表示转置操作；$O(x,y;\sigma_c)$ 表示颜色拮抗通道，包括 $O_{\mathrm{R+G-}}(x,y)$，$O_{\mathrm{R-G+}}(x,y)$，$O_{\mathrm{B+Y-}}(x,y)$ 和 $O_{\mathrm{B-Y+}}(x,y)$。

各向同性高斯滤波核在 x,y 平面上的投影为圆形，将其进行扩展，扩展滤波核在 x,y 平面上的投影为椭圆，在 x 和 y 方向上取不同的尺度，可得

$$G(x,y;\sigma,\rho)=\frac{1}{2\pi\sigma^2}\exp\left(-\frac{1}{2\sigma^2}[x\ y]\begin{bmatrix}\rho^2 & 0\\ 0 & \rho^{-2}\end{bmatrix}[x\ y]^{\mathrm{T}}\right)$$
$$=\frac{1}{2\pi\sigma^2}\exp\left(-\frac{\rho^2x^2+\rho^{-2}y^2}{2\sigma^2}\right) \tag{3.8}$$

其中标准差 σ $(\sigma>0)$ 定义了滤波器的大小；$\rho\geqslant1$ 是异向因子，当 $\rho=1$ 时扩展高斯滤波核退化为各向同性高斯滤波核。在扩展高斯滤波核的基础上将其按照逆时针方向旋转 θ 角度可得各向异性高斯滤波核，其计算如下：

$$G(x,y;\sigma,\rho,\theta)=\frac{1}{2\pi\sigma^2}\exp\left(-\frac{1}{2\sigma^2}[x\ y]R_{-\theta}\begin{bmatrix}\rho^2 & 0\\ 0 & \rho^2\end{bmatrix}R_{\theta}[x\ y]^{\mathrm{T}}\right) \tag{3.9}$$

其中 $R_\theta=\begin{bmatrix}\cos\theta & \sin\theta\\ -\sin\theta & \cos\theta\end{bmatrix}$。$G(x,y;\sigma,\rho,\theta)$ 中 σ^2/ρ^2 决定了轮廓感知时边缘的分辨能力。

各向异性高斯滤波核对于高斯白噪声有一定的抑制作用[36]，方差为 υ_W^2 的高斯白噪声 $W(x,y)$ 经各向异性高斯滤波核作用之后方差为 $\upsilon_{\tilde{W}}^2$，计算如下：

$$\upsilon_{\tilde{W}}^2=E\left\{\left(W\otimes G(x,y;\sigma,\rho,\theta)\right)^2\right\}=\frac{\upsilon_W^2}{4\pi\sigma^2} \tag{3.10}$$

由此可见，各向异性高斯滤波核对噪声的抑制作用取决于其尺度 σ，而与 ρ 和 θ 无关。相比于在垂直或水平方向上计算图像轮廓，使用各向异性高斯差分滤波核能够获得更多的方向信息，得到的轮廓更加准确。使用各向异性高斯差分滤波核和颜色拮抗空间相结合之后的滤波作用类似鹰视觉系统的双拮抗机制。

使用各向异性高斯差分滤波核对图像沿 θ 方向进行滤波可以计算如下[36]：

$$\frac{\partial}{\partial\theta}I_G(x,y)\equiv\frac{\partial}{\partial\theta}\left(I(x,y)\otimes G(x,y;\sigma,\rho,\theta)\right)=I(x,y)\otimes\frac{\partial}{\partial\theta}G(x,y;\sigma,\rho,\theta)$$
$$=I(x,y)\otimes G'(x,y;\sigma,\rho,\theta) \tag{3.11}$$

$$G'(x,y;\sigma,\rho,\theta)=\frac{\partial}{\partial\theta}G(x,y;\sigma,\rho,\theta)=-\frac{\rho^2}{\sigma^2}\left[\cos\theta\sin\theta\right][x\ y]^{\mathrm{T}}G(x,y;\sigma,\rho,\theta)$$
$$=\frac{\partial}{\partial x}G(x,y;\sigma,\rho)\left(R_\theta[x\ y]^{\mathrm{T}}\right) \tag{3.12}$$

其中 $G'(x,y;\sigma,\rho,\theta)$ 是沿 θ 方向的各向异性高斯差分滤波核，该滤波核作用在灰度图像上或者颜色拮抗通道上，得到相应的轮廓响应。由于 $\frac{\partial}{\partial\theta}I_G(x,y)=-\frac{\partial}{\partial(\theta+\pi)}I_G(x,y)$，$\left|\frac{\partial}{\partial\theta}I_G(x,y)\right|=\left|\frac{\partial}{\partial(\theta+\pi)}I_G(x,y)\right|$，各向异性高斯差分滤波核只

需要作用在$\theta \in [0,\pi)$上。图 3-6 中给出了 8 个各向异性高斯滤波核，图 3-7 中给出了与之对应的各向异性高斯差分滤波核。

图 3-6　各向异性高斯滤波核

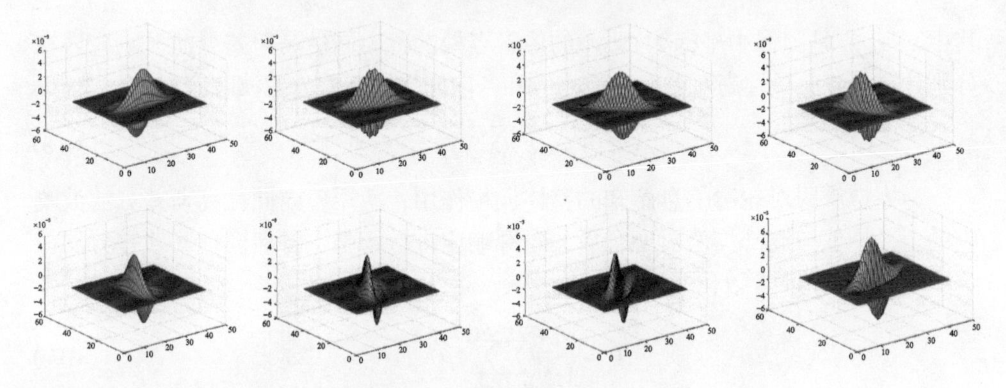

图 3-7　各向异性高斯差分滤波核

各向异性高斯差分滤波核对均值为 0、方差为υ_W^2的高斯白噪声$W(x,y)$的响应为

$$\upsilon_{\hat{W}}^2 = E\left\{\left(W \otimes G'(x,y;\sigma,\rho,\theta)\right)^2\right\} = \frac{\rho^2 \upsilon_W^2}{8\pi\sigma^4} = \frac{\upsilon_W^2}{8\pi\sigma^2(\sigma/\rho)^2} \tag{3.13}$$

其中$\upsilon_{\hat{W}}^2$为滤波调制后的高斯噪声方差，可知各向异性高斯滤波核对高斯白噪声的滤波作用与方差和各向异性因子有关，即调制后的噪声方差反比于σ^2和$(\sigma/\rho)^2$。

设置各向异性高斯差分滤波核方向为$\theta_n = n\pi/N, n \in \{0,1,\cdots,N-1\}$，其中$N$是方向个数。使用离散各向异性高斯差分滤波核对图像中的各个像素点进行N个方向的滤波，取N=8，可得 8 个方向的轮廓响应，将这 8 个方向的最大值作为该像素点的轮廓响应，如下所示：

$$\varepsilon_A(x,y) = \max_{n=0,1,\cdots,N-1}\left\{I(x,y) \otimes G'(x,y;\sigma,\rho,\theta_n)\right\} \tag{3.14}$$

此外，各向同性滤波核在水平方向和垂直方向上的两个差分分量亦构成两个边缘检测滤波核。将各向同性高斯差分滤波核的尺度设置为$\sigma' = \sigma/\rho$，则其在水平方向和垂直方向的差分分量计算如下：

$$K_x(x,y;\sigma') = -\frac{\rho^4 x}{2\pi\sigma^4}\exp\left(-\frac{\rho^2(x^2+y^2)}{2\sigma^2}\right) \tag{3.15}$$

$$K_y(x,y;\sigma') = -\frac{\rho^4 y}{2\pi\sigma^4}\exp\left(-\frac{\rho^2(x^2+y^2)}{2\sigma^2}\right) \tag{3.16}$$

使用以上两个滤波核计算轮廓响应如下：

$$\varepsilon_I(x,y) = \sqrt{\left(I(x,y)\otimes K_x(x,y;\sigma')\right)^2 + \left(I(x,y)\otimes K_y(x,y;\sigma')\right)^2} \tag{3.17}$$

其中$\varepsilon_I(x,y)$是图像中坐标为(x,y)的像素点处的各向同性高斯差分滤波响应。在分别计算出各向异性高斯差分滤波响应和各向同性高斯差分滤波响应后进行融合：

$$\varepsilon_C(x,y) = \sqrt{\varepsilon_A(x,y)\times\varepsilon_I(x,y)} \tag{3.18}$$

为模拟鹰眼对轮廓信息感知的整体调控作用，使用各向同性高斯差分滤波响应的全局均值与局部均值对融合后的轮廓响应进行调整。各向同性高斯差分滤波响应的全局均值计算如下：

$$v = \frac{1}{MN}\sum_{i=1}^{M}\sum_{j=1}^{N}\varepsilon_I(i,j) \tag{3.19}$$

其中M和N分别为图像的宽和高。为进行对比度调整，需考虑像素周围的局部均值，其计算如下：

$$v_{\text{local}}(x,y) = \frac{1}{(2K+1)^2}\sum_{i=-K}^{K}\sum_{j=-K}^{K}\varepsilon_I(x+i,y+j) \tag{3.20}$$

其中$(2K+1)^2$是在像素(x,y)的$K\times K$邻域窗口内的所有像素个数。调整后的融合轮廓响应计算如下：

$$\tilde{\varepsilon}_C(x,y) = \frac{\varepsilon_C(x,y)}{v+\alpha v_{\text{local}}(x,y)} \tag{3.21}$$

其中α是局部均值与全局均值合并时的系数，在本章中取$\alpha = 0.5$。上述轮廓响应计算过程分别在$O_{\text{R+G-}}(x,y;\sigma_c)$，$O_{\text{R-G+}}(x,y;\sigma_c)$，$O_{\text{B+Y-}}(x,y;\sigma_c)$和$O_{\text{B-Y+}}(x,y;\sigma_c)$四个颜色拮抗通道上进行，从而得到$\tilde{\varepsilon}_C^{\text{R+G-}}(x,y)$，$\tilde{\varepsilon}_C^{\text{R-G+}}(x,y)$，$\tilde{\varepsilon}_C^{\text{B+Y-}}(x,y)$，$\tilde{\varepsilon}_C^{\text{B-Y+}}(x,y)$四个通道的轮廓响应。对上述四个颜色拮抗通道的轮廓响应进行合并

可以得到最后的目标轮廓响应。

3.3.3　轮廓提取算法

本章提出的仿鹰眼颜色拮抗与感受野轮廓提取方法整体计算流程如图 3-8 所示，具体计算流程如下：

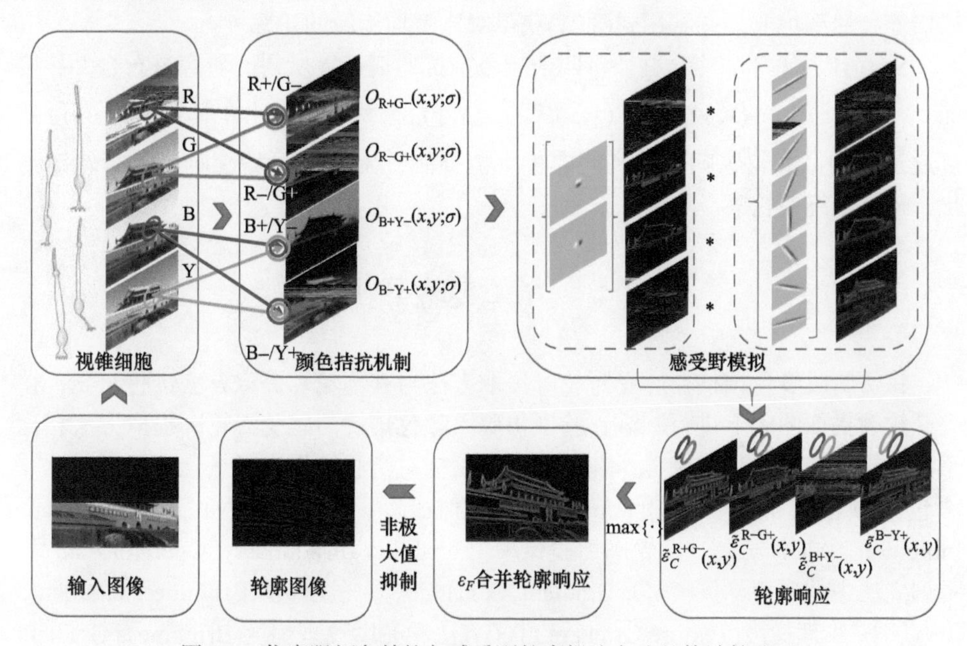

图 3-8　仿鹰眼颜色拮抗与感受野轮廓提取方法整体计算流程

Step 1　参数初始化。设置视锥细胞感受野范围 σ_c，各向异性高斯滤波核感受野范围 σ，各向异性因子 ρ 和滤波方向个数 N。

Step 2　黄色通道计算。对于输入的 RGB 图像 $I(x,y)$，考虑鹰视网膜细胞中油滴的作用，使用式(3.1)计算其黄色通道。

Step 3　颜色拮抗计算。利用式(3.3)计算四个颜色通道的视锥细胞响应，并利用式(3.4)和(3.5)计算四个通道的颜色拮抗输出。

Step 4　各向异性高斯差分滤波核计算。使用式(3.12)计算离散各向异性高斯差分滤波核 $G'(x,y;\sigma,\rho,\theta_n)$，$n=0,1,\cdots,N-1$。

Step 5　各向异性高斯差分滤波响应计算。对于各个颜色拮抗通道的输出，使用式(3.14)计算 N 个方向的离散各向异性高斯差分滤波响应，并记录具有最大滤波响应的方向及滤波响应值。

Step 6　各向同性高斯差分滤波核计算。利用式(3.15)和(3.16)分别计算水平方向和垂直方向的各向同性高斯差分滤波核 K_x 和 K_y。

Step 7 各向同性高斯差分滤波响应计算。对于每个颜色拮抗通道，利用式 (3.17)计算两个各向同性高斯差分滤波核的滤波响应。

Step 8 轮廓响应融合。对每个颜色拮抗通道，利用式(3.18)对各向同性轮廓响应与各向异性轮廓响应进行融合。

Step 9 对比度均衡。对每个颜色拮抗通道，利用式(3.19)和(3.20)分别计算全局均值和局部均值，并利用式(3.21)获得对比度均衡后的轮廓。

Step 10 轮廓响应合并。将四个颜色拮抗通道计算所得的轮廓进行合并，按照 $\varepsilon_F = \max\left\{\tilde{\varepsilon}_C^{\mathrm{R+G-}}(x,y), \tilde{\varepsilon}_C^{\mathrm{R-G+}}(x,y), \tilde{\varepsilon}_C^{\mathrm{B+Y-}}(x,y), \tilde{\varepsilon}_C^{\mathrm{B-Y+}}(x,y)\right\}$ 计算其在四个颜色拮抗通道上的最大轮廓响应，利用非极大值抑制[38]对该最大轮廓响应进行轮廓细化，得到最终的轮廓。

3.4 仿真实验分析

将仿鹰眼颜色拮抗与感受野轮廓提取方法与其他轮廓提取方法进行对比，在公开轮廓提取图库上进行测试，验证仿鹰眼颜色拮抗与感受野轮廓提取方法相比于其他轮廓提取方法的优势，并使用多种指标对实验结果进行量化分析。对比方法包括颜色拮抗(Color Opponent，CO)方法[38]，多重线索抑制(Multiple-cue Inhibition，MCI)方法[39]，轮廓后验概率(Probability-of-boundary Operator，Pb)[40]系列方法中的颜色梯度(Color Gradient，CG)方法、亮度梯度(Brightness Gradient，BG)方法、纹理梯度(Texture Gradient，TG)方法和亮度纹理梯度(Brightness Gradient Texture Gradient，BGTG)方法。

CO 方法是一种仿生轮廓提取方法，该方法使用颜色拮抗计算颜色梯度形成的轮廓，其中的颜色拮抗分为单拮抗与双拮抗[38]。首先使用高斯滤波器对图像进行滤波，并计算黄色通道值，将颜色差值称为单拮抗细胞响应。在此基础上使用二维高斯函数的一阶导数模拟具有朝向选择性的 V1 层神经元感受野空间结构，并称其为双拮抗细胞响应，最后使用归一化和细化操作得到最终轮廓图像。

MCI 方法也是一种仿生轮廓提取方法，该方法模拟非经典感受野的周边抑制机理，综合考虑不同尺度和多种特征在轮廓提取中的作用，整合亮度、朝向和亮度对比度视觉特征调节外周抑制[39]。使用多种特征更加准确地判断图像纹理区域和非纹理区域，从而对纹理区域产生的边缘加以抑制并对非纹理区域的边缘加以增强。此外，该方法中使用一种多尺度信息引导的方法进行特征整合，在两个尺度下计算经典感受野响应的差别，并选择合适的合并方式对图像中各个空间位置处的特征进行合并，最终使得算法能够更好地提取真实轮廓。

Pb 系列方法的核心思想是将轮廓提取问题转化为一个监督学习问题，使用轮廓后验概率预测在各个像素位置处存在轮廓的后验概率[40]。该方法使用多种局部特征信息差异得到后验概率值。多人手动标记图像中各个像素点是否为轮廓点，将手动标记后的图像作为训练样本，建立各个像素点为轮廓点的后验概率函数，并训练分类器以获得精确的轮廓提取结果。CG、BG 和 TG 方法分别按照上述 Pb 方法的计算流程单独使用颜色梯度特征、亮度梯度特征和纹理梯度特征计算轮廓信息。BGTG 方法同时使用亮度梯度和纹理梯度信息，并对两类特征进行融合，然后按照 Pb 方法的计算流程预测轮廓。

本章使用的公开图库为伯克利分割数据集 BSDS300[41]和 BSDS500[42]，这是两个在轮廓提取领域广泛使用的公开图库。在图库中给出了原图像及其对应的标注图像(Ground-truth，GT)。其中，每幅图像的标注均为综合多名人员标注的结果所得，每个像素点按照是否为轮廓像素点分别被标注为 0 或 1。将每种轮廓提取方法检测出的轮廓值作为该像素点是轮廓像素点的概率值，则可以利用检测出的轮廓图像与真实轮廓图像计算精度-召回率(P-R)曲线。对于一幅轮廓图像而言，其中的轮廓值是从 0 到 1 的连续值，使用一个固定阈值对其进行二值化可得到一幅具有 0 和 1 两种值的轮廓图。将轮廓图中的每个像素作为一个样本，将轮廓检测问题视为一个二分类问题，则有以下四种分类情况：

(1) 真正(True Positive，TP)：真实轮廓标签为 1，预测轮廓值为 1；

(2) 真负(True Negative，TN)：真实轮廓标签为 0，预测轮廓值为 0；

(3) 假正(False Positive，FP)：真实轮廓标签为 0，预测轮廓值为 1；

(4) 假负(False Negative，FN)：真实轮廓标签为 1，预测轮廓值为 0。

统计整幅图像中分类的四种情况，并分别按照式(3.22)和式(3.23)计算精度 P 和召回率 R：

$$P = \frac{\mathrm{TP}}{\mathrm{TP} + \mathrm{FP}} \tag{3.22}$$

$$R = \frac{\mathrm{TP}}{\mathrm{TP} + \mathrm{FN}} \tag{3.23}$$

其中 TP 、FP 、FN 均为对整幅图像中的各个像素点的分类情况进行统计的结果。在此基础上可按照式(3.24)计算 F 值：

$$F = 2PR/(P + R) \tag{3.24}$$

P-R 曲线的横轴表示召回率，纵轴表示精度。通过设置 0 到 1 之间的一系列阈值对轮廓图像进行二值化则可以得到一系列的分类结果，并能够计算一组精度和召回率，从而绘制出一条 P-R 曲线。每张图像均可得到一条 P-R 曲线，为综合考虑轮廓检测方法在整个图库上的效果，需要对整个图库中所有图像对应同一个阈值的精度与召回率分别求平均值，从而得到一条平均 P-R 曲线。对图库中每个图像得到的 F 值求平均值可得到整个图库的 F 值。本实验所给出的实验结果均为整个图库中所有图像量化指标的均值。

将仿鹰眼颜色拮抗与感受野轮廓提取方法的参数设置为各向异性高斯差分滤波核尺度$\sigma=60$，各向异性因子$\rho=8$，方向个数$N=8$，视锥细胞感受野大小σ_c=1.5时，仿鹰眼颜色拮抗与感受野轮廓提取方法在BSDS300图库上的轮廓提取结果与其他方法的对比如图3-9所示，第1列为原图，第3列至第9列分别为使用CO、MCI、BG、CG、TG、BGTG和仿鹰眼颜色拮抗与感受野轮廓提取(EVIC)方法获得的轮廓图像。

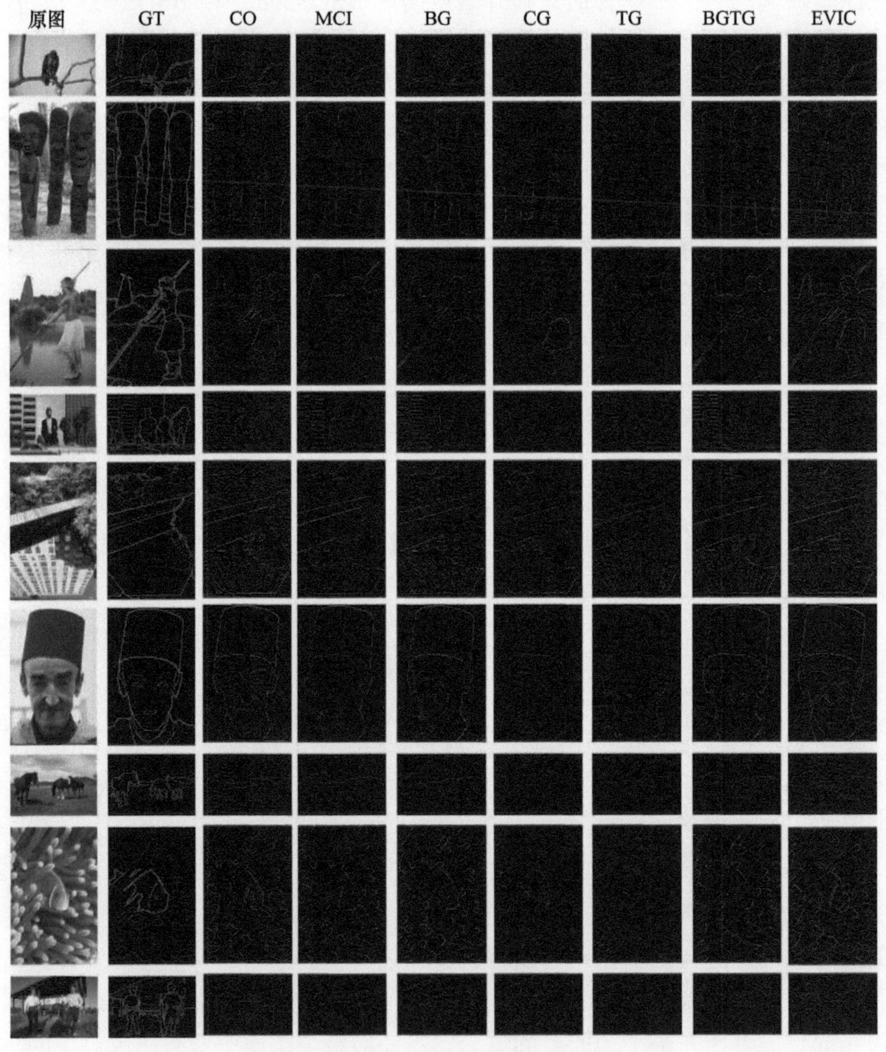

图3-9　BSDS300图库轮廓提取结果

从仿真结果可以看出，仿鹰眼颜色拮抗与感受野轮廓提取方法能够准确提取轮廓信息，同时抑制背景信息。在对比方法中，BGTG 方法的综合效果较好，但是其对颜色信息利用较不充分。其他方法亦存在细节损失较多的问题，例如，使用 MCI、BG、CG、TG、BGTG 方法对第 3 张测试图的轮廓检测结果中，水面处的轮廓信息均丢失较多。此外，在第 3 张测试图中的木棍上半截的轮廓提取结果中，BG、CG、TG、BGTG 方法均未能将棍子的两侧分开，而是检测为同一个轮廓线，这意味其轮廓定位不准确。而本章提出的仿鹰眼颜色拮抗与感受野轮廓提取方法则能够成功地将两侧的轮廓分别提取出来，这说明该方法对距离较近的轮廓的分辨能力较强。

不同轮廓提取方法在 BSDS300 图库上所得 *P*-*R* 曲线对比如图 3-10 所示。图例中给出了各个方法对应的最大 *F* 值及取得该值时对应的精度和召回率。*P*-*R* 曲线越高，且其下方与坐标轴围成的面积越大，则表示该方法轮廓提取效果越好。本章所提仿鹰眼颜色拮抗与感受野轮廓提取(EVIC)方法在 BSDS300 图库上的最大 *F* 值为 0.6517，该值在精度为 0.71，召回率为 0.60 时取得。如图 3-10 所示，在与文献方法的对比实验中，仿鹰眼颜色拮抗与感受野轮廓提取方法亦取得最佳效果，其次是 CO 方法，该方法在精度为 0.70，召回率为 0.59 时取得最大 *F* 值 0.6385。

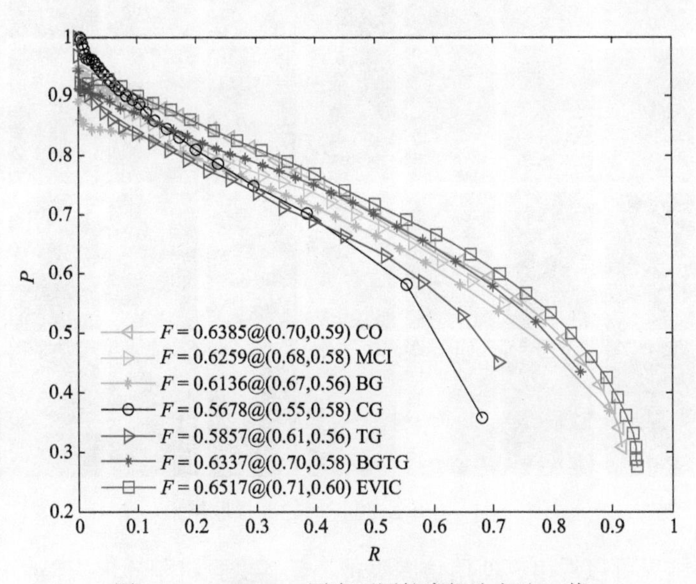

图 3-10　BSDS300 图库不同轮廓提取方法 *F* 值

将仿鹰眼颜色拮抗与感受野轮廓提取方法的参数设置为各向异性高斯差分核尺度 $\sigma = 80$，各向异性因子 $\rho = 10$，方向个数 $N = 6$，视锥细胞感受野大小 σ_c=1.5

时，在 BSDS500 图库上的轮廓提取结果与其他方法的对比如图 3-11 所示，第 1 列为原图，第 3 列到第 9 列分别为使用 CO、MCI、BG、CG、TG、BGTG 和仿鹰眼颜色拮抗与感受野轮廓提取(EVIC)方法获得的轮廓图像。

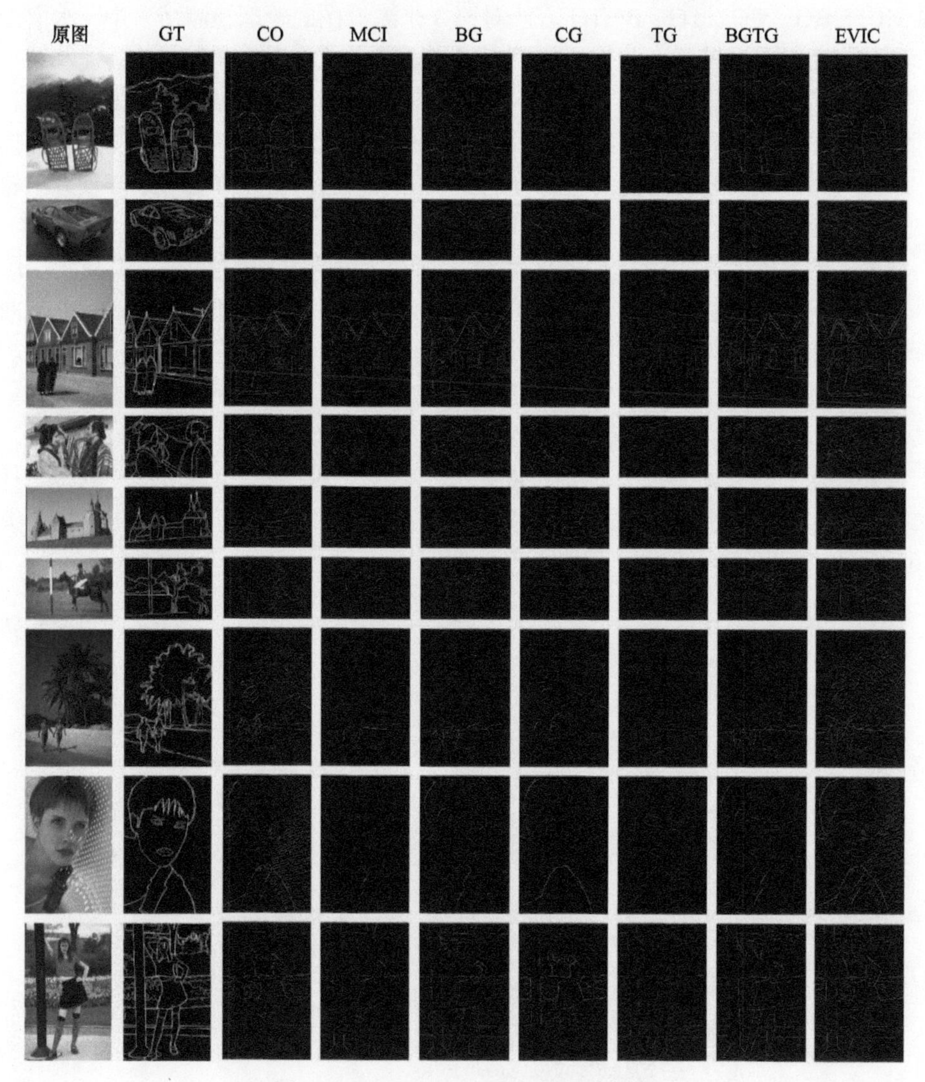

图 3-11　BSDS500 图库轮廓提取结果

从仿真结果可以看出，使用仿鹰眼神经元感受野机制计算流程所得轮廓均保留了较多细节，其中使用仿鹰眼颜色拮抗与感受野轮廓提取方法提取出的轮廓信息更加准确。对比方法中，CG 方法的检测效果较差，丢失了部分轮廓信息。MCI 方法和 TG 方法的检测结果中亦存在部分轮廓未检测成功的情况。例如，在第 7

张测试图中，MCI、BG、CG、TG 及 BGTG 方法提取的轮廓图像中树冠的轮廓信息均丢失。

不同方法的 *P-R* 曲线对比图 3-12 所示。图例中给出了各个方法对应的最大 *F* 值及取得该值时对应的精度和召回率。仿鹰眼颜色拮抗与感受野轮廓提取(EVIC)方法在 BSDS500 图库上的最大 *F* 值为 0.6665，对应的精度和召回率分别为 0.72 和 0.61。

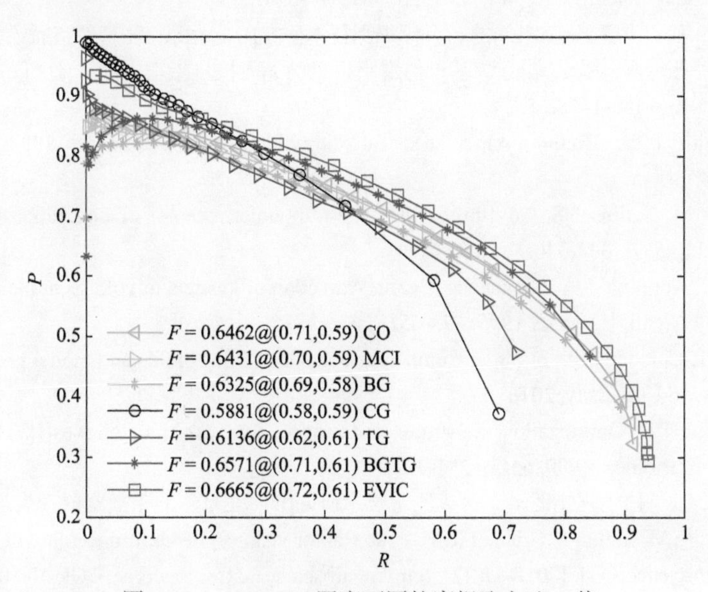

图 3-12　BSDS500 图库不同轮廓提取方法 *F* 值

3.5　本章小结

鹰眼的颜色拮抗机制和视网膜感受野特性使其能在复杂环境中准确辨别目标。本章借鉴鹰眼视网膜的颜色感知与颜色拮抗作用，建立了颜色拮抗模型，利用四种不同的颜色拮抗通道获得更加有效的颜色信息，提出了一种仿鹰眼颜色拮抗与感受野机制的轮廓提取方法。在分析仓鸮对真实轮廓、主观轮廓和错觉轮廓的感知机制的基础上，模拟其视丘核团中的具有方向感知能力的神经元感受野，使用各向同性高斯差分滤波核和各向异性高斯差分滤波核相结合共同模拟神经元感受野的方向选择性。在四个颜色拮抗通道上分别计算各向同性高斯差分滤波核的轮廓响应和各向异性高斯差分滤波核的轮廓响应，并对两种滤波核所得轮廓进行合并和对比度均衡，得到各个颜色拮抗通道的轮廓，最后对四个颜色拮抗通道的轮廓进行合并，得到最终的轮廓。实验结果表明，使用颜色拮抗机制能够更充分地利用颜色信息，从而提取到更多的细节信息，在轮廓提取时能保留更多细节，同时在一定程度上抑制背景纹理。

参考文献

[1] 李晗, 段海滨, 李淑宇. 猛禽视觉研究新进展[J]. 科技导报, 2018, 36(17): 52-67.

[2] Duan H B, Wang X H. A visual attention model based on statistical properties of neuron responses [J]. Scientific Reports, 2015, 5: 8873-1-10.

[3] 王晓华. 基于仿鹰眼–脑机制的小目标识别技术研究[D]. 北京: 北京航空航天大学, 2018.

[4] 段海滨, 张奇夫, 邓亦敏, 等. 基于仿鹰眼视觉的无人机自主空中加油[J]. 仪器仪表学报, 2014, 35(7): 1450-1458.

[5] Goldsmith T H. Hummingbirds see near ultraviolet light[J]. Science, 1980, 207(4432): 786-788.

[6] Chen D M, Collins J S, Goldsmith T H. The ultraviolet receptor of bird retinas[J]. Science, 1984, 225(4659): 337-340.

[7] Viitala J, Korplmäki E, Palokangas P, et al. Attraction of kestrels to vole scent marks visible in ultraviolet light[J]. Nature, 1995, 373(6513):425-427.

[8] Olsson P. Colour vision in birds: Comparing behavioural thresholds and model predictions[D]. Lund: Lund University, 2016.

[9] Goldsmith T H. Optimization, constraint, and history in the evolution of eyes[J]. The Quarterly Review of Biology, 1990, 65(3): 281-322.

[10] 张奇夫. 基于仿生视觉的动态目标测量技术研究[D]. 北京：北京航空航天大学, 2014.

[11] Mindaugas M, Simon P, Graham R M, et al. Raptor vision: The Oxford Research Encyclopedia of Neuroscience[OL]. [2018-11-27]. http://neuroscience.oxfordre.com/. DOI: 10.1093/acrefore/9780190264086.013.232.

[12] Hunt D M, Carvalho L S, Cowing J A, et al. Evolution and spectral tuning of visual pigments in birds and mammals[J]. Philosophical Transactions of the Royal Society B, 2009, 364(1531):2941-2955.

[13] Niu Y Q, Xiao Q, Liu R F, et al. Response characteristics of the pigeon's pretectal neurons to illusory contours and motion[J]. The Journal of Physiology, 2006, 577(3): 805-813.

[14] Duan H B, Deng Y M, Wang X H, et al. Biological eagle-eye-based visual imaging guidance simulation platform for unmanned flying vehicles [J]. IEEE Aerospace and Electronic Systems Magazine, 2013, 28(12): 36-45.

[15] Deng Y M, Duan H B. Avian contrast sensitivity inspired contour detector for unmanned aerial vehicle landing [J]. Science China Technological Sciences, 2017, 60(12): 1958-1965.

[16] Nieder A, Wagner H. Perception and neuronal coding of subjective contours in the owl[J]. Nature Neuroscience, 1999, 2(7): 660-663.

[17] Pettigrew J D. Binocular visual processing in the owl's telencephalon[J]. Proceedings of the Royal Society of London. Series B, Biological Sciences, 1979, 204(1157): 435-454.

[18] Liu G B, Pettigrew J D. Orientation mosaic in barn owl's visual Wulst revealed by optical imaging: Comparison with cat and monkey striate and extra-striate areas[J]. Brain Research,

2003, 961(1): 153-158.

[19] Baron J, Pinto L, Dias M O, et al. Directional responses of visual wulst neurones to grating and plaid patterns in the awake owl[J]. European Journal of Neuroscience, 2007, 26(7):1950-1968.

[20] Grigorescu C, Petkov N, Westenberg M A. Contour detection based on nonclassical receptive field inhibition[J]. IEEE Transactions on Image Processing, 2003, 12(7): 729-739.

[21] Zeng C, Li Y J, Li C Y. Center-surround interaction with adaptive inhibition: A computational model for contour detection[J]. Neuroimage, 2011, 55(1):49-66.

[22] Sun X, Shang K, Ming D L, et al. A biologically-inspired framework for contour detection using superpixel-based candidates and hierarchical visual cues[J]. Sensors, 2015, 15(10): 26654-26674.

[23] Zhou C H, Mel B W. Cue combination and color edge detection in natural scenes[J]. Journal of Vision, 2008, 8(4): 1-25.

[24] Yang K F, Gao S B, Guo C F, et al. Boundary detection using double-opponency and spatial sparseness constraint[J]. IEEE Transactions on Image Processing, 2015, 24(8): 2565-2578.

[25] Duan H B, Deng Y M, Wang X H, et al. Small and dim target detection via lateral inhibition filtering and artificial bee colony based selective visual attention [J]. PLOS ONE, 2013, 8 (8): e72035-1-12.

[26] Chittka L. The colour hexagon: A chromaticity diagram based on photoreceptor excitations as a generalized representation of colour opponency[J]. Journal of Comparative Physiology A, 1992, 170(5): 533-543.

[27] Koenderink J J, Grind W A, Bouman M A. Opponent color coding: A mechanistic model and a new metric for color space[J]. Kybernetik, 1972, 10(2): 78-98.

[28] Endler J A, Mielke P W Jr. Comparing entire colour patterns as birds see them[J]. Biological Journal of the Linnean Society, 2005, 86(4): 405-431.

[29] Lythgoe J N, Partridge J C. Visual pigments and the acquisition of visual information[J]. Journal of Experimental Biology, 1989, 146(1): 1-20.

[30] 李晗. 仿猛禽视觉的自主空中加油技术研究[D]. 北京: 北京航空航天大学, 2019.

[31] Duan H B, Xin L, Xu Y, et al. Eagle-vision-inspired visual measurement algorithm for UAV's autonomous landing[J]. International Journal of Robotics and Automation, 2020, 35(2): 94-100.

[32] Sun Y B, Deng Y M, Duan H B, et al. Bionic visual close-range navigation control system for the docking stage of probe-and-drogue autonomous aerial refueling [J]. Aerospace Science and Technology, 2019, 91: 136-149.

[33] Duan H B, Xin L, Chen S J. Robust cooperative target detection for a vision-based UAVs autonomous aerial refueling platform via the contrast sensitivity mechanism of eagle's eye [J]. IEEE Aerospace and Electronic Systems Magazine, 2019, 34(3): 18-30.

[34] 李晗, 段海滨, 李淑宇, 等. 仿猛禽视顶盖信息中转整合的加油目标跟踪[J]. 智能系统学报, 2019, 14(6): 1084-1091.

[35] 段海滨, 王晓华, 邓亦敏. 一种用于软式自主空中加油的仿鹰眼运动目标定位方法: CN107392963B[P]. 2019-12-6.

[36] Wang F P, Shui P L. Noise-robust color edge detector using gradient matrix and anisotropic

Gaussian directional derivative matrix[J]. Pattern Recognition, 2016, 52: 346-357.

[37] Shui P L, Zhang W C. Noise-robust edge detector combining isotropic and anisotropic Gaussian kernels[J]. Pattern Recognition, 2012 , 45 (2) :806-820.

[38] Yang K F, Gao S B, Li C Y, et al. Efficient color boundary detection with color-opponent mechanisms[C]. Proceedings of the IEEE Conference on Computer Vision and Pattern Recognition, Portland, USA, 2013: 2810-2817.

[39] Yang K F, Li C Y, Li Y J. Multifeature-based surround inhibition improves contour detection in natural images[J]. IEEE Transactions on Image Processing, 2014, 23(12): 5020-5032.

[40] Martin D R, Fowlkes C C, Malik J. Learning to detect natural image boundaries using local brightness, color, and texture cues[J]. IEEE Transactions on Pattern Analysis and Machine Intelligence, 2004, 26(5): 530-549.

[41] Martin D, Fowlkes C, Tal D, et al. A database of human segmented natural images and its application to evaluating segmentation algorithms and measuring ecological statistics[C]. Proceedings of IEEE International Conference on Computer Vision, Vancouver, Canada, 2001, 2: 416-423.

[42] Arbeláez P, Maire M, Fowlkes C, et al. Contour detection and hierarchical image segmentation[J]. IEEE Transactions on Pattern Analysis and Machine Intelligence, 2011, 33(5):898-916.

第 4 章　仿鹰视顶盖响应的初级视觉注意

4.1　引　　言

面对一个复杂场景时，视觉系统会关注少数几个特殊的区域，并对这些区域进行优先处理，即存在视觉注意现象[1, 2]。视觉注意现象在自然界中普遍存在，是一个非常常见但又经常被忽略的事实，比如天空中一只鸟飞过去的时候，视觉系统往往会将注意力追随着鸟儿，而天空及云朵在视觉系统中自然成了被忽略的背景信息。鹰的视觉系统正是通过视觉注意机制，对周围环境信息做出分析，选取感兴趣的特定区域，为该区域分配更多的视觉处理资源进行精细分析处理，确保视觉系统能在处理大量信息的同时对周围环境做出准确反应[3, 4]。利用仿鹰眼视觉注意机制能够快速预定位目标，为后续处理提供指导，在提高目标感知概率的同时减少计算时间。使用视觉注意机制能够得到输入图像的显著图，显著图中各个像素显著值的大小描述了对应位置为目标区域的可能性[5-7]。若能将其用于目标检测与识别，则能够滤除背景信息，初步锁定目标可能存在的区域，从而在后续处理中将更多计算资源集中在目标潜在区域，提高处理效率[8, 9]。

研究者针对仓鸮开展了视觉注意行为实验，如图 4-1 所示，视觉注意机制能帮助仓鸮更准确地对目标进行锁定，并将更多的后续视觉处理资源分配到目标区域[10, 11]。仓鸮视觉系统中具有目标凸显机制和前景–背景分辨机制，对视觉注意中显著目标的确定有着重要作用[12, 13]。仓鸮视顶盖核团对视觉注意机制起着重要作用，视顶盖与空间显著值和时间显著值的感知均有关系，其中空间显著值是由当前输入刺激中某个区域与其周围区域的差别所决定的，时间显著值是由当前输入刺激与仓鸮过往生活环境及习性等差异所决定的[14, 15]。视顶盖能够利用方向特异性和位置特异性实现目标凸显机制，同时场景中的亮度对比度、边缘、颜色、方向等不同图像特征均可对视觉注意产生影响[16-18]。

由于鹰隼类的生活环境及捕食环境复杂多变，且存在各种不同的因素，这些因素会影响视网膜接收到的图像的亮度、光谱分布、对比度等。在缺乏任务指导的情况下，视觉注意主要由自底向上的信息处理引导，而各个区域的显著值主要由该区域与其他区域在当前场景中的差异性决定。自底向上的视觉注意主要是输入刺激驱动的，该机制主要关注场景中的特异性特征。本章从仓鸮视觉系统的视

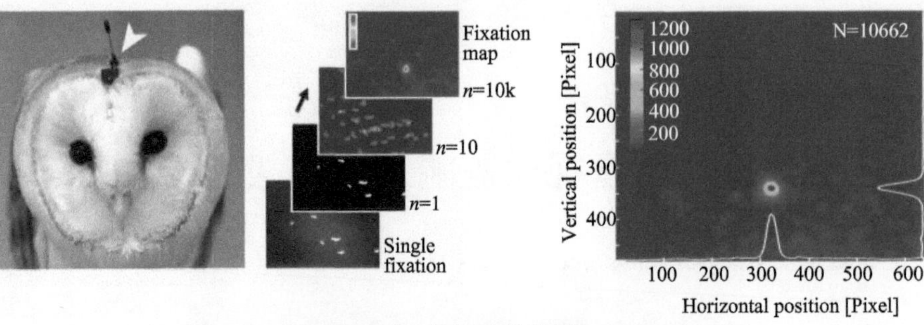

(a) 仓鸮注意焦点转移统计结果

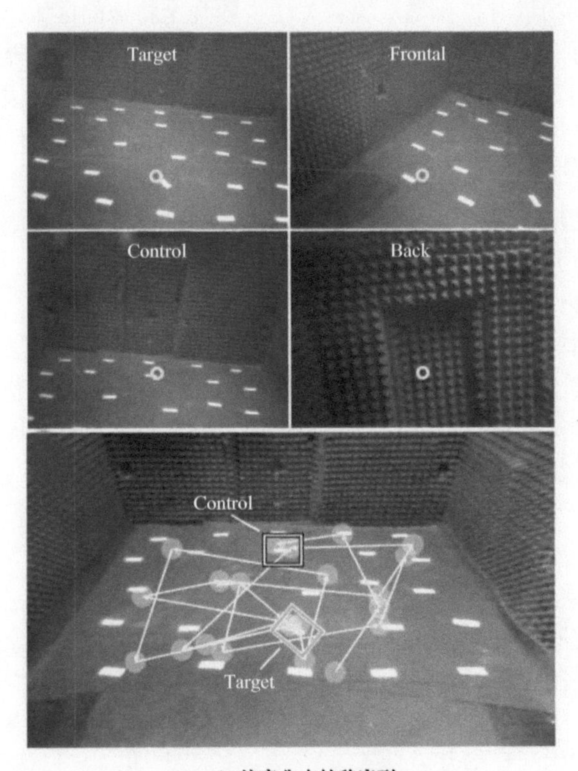

(b) 注意焦点转移序列

图 4-1　仓鸮视觉注意行为实验[10]

觉注意机制出发，提出了一种仿鹰视顶盖神经元响应统计特性(Statistical Property of Neuron Responses，SPNR)的初级视觉注意模型[19]。结合视顶盖神经元感受野的中央兴奋-周边抑制性和方向选择性，使用稀疏编码模型模拟其神经元响应的计算，得到目标图像对应的视顶盖神经元响应。视顶盖神经元响应的统计特性表明，显著区域对应的视顶盖神经元响应出现的概率较小，背景区域对应的视顶盖神经元响应出现的概率较大。因此，本章提出的初级视觉注意模型从信息论角度出发计算图像显著值[20]。为充分考虑图像中的颜色信息，在多个颜色空间上计算显著值并对其进行加权合并，得到最终的显著图。

4.2　鹰视顶盖信息处理机理

4.2.1　视顶盖生理结构

离顶盖通路是鸟类视觉系统中最为重要的一条视觉通路，在鹰脑中亦是如此[21]。离顶盖通路中的信息首先由视网膜投射至视顶盖区域进行逐层处理，然后依次传递至丘脑和端脑区域，其具体构成为视网膜–视顶盖–圆核–外纹体[22]。中脑区域的视顶盖是离顶盖通路中至关重要的核团,关于该核团的研究也最为广泛。仓鸮行为学实验表明，视觉注意效应能够使用视顶盖核团和前脑的部分区域进行表达[23]。在鹰眼视网膜与鹰脑视顶盖中存在非常完善的区域对应投射关系，且鹰和鸽子视觉系统中的视顶盖与视网膜之间的映射关系类似。鹰脑中的视顶盖核团与哺乳动物视觉系统中的上丘为同源组织，该核团从对侧视网膜接收视觉信息，并处理后将其传递至丘脑圆核区域。除了圆核之外，峡核、峡视核及离丘脑通路中的侧膝体核和视丘等核团均与视顶盖区域存在信息交互。

视顶盖核团解剖学示意图如图 4-2 所示，在视顶盖中对视觉信息进行由浅到深的逐步整合[24]。图中的黑色线段表示 1mm 的长度,图中所示 TeO 区域为视顶盖核团,Imc 表示峡核大细胞部，Ipc 表示峡核小细胞部，PT 表示顶盖前核，MLd 表示中脑背外侧核。视顶盖神经元和纤维呈现交替排列的结构特征，基于该特征可将视顶盖核团分为不同的层次[25, 26]。典型的鸟类视顶盖核团可由浅到深分为 5 层[26]：第一层为视纤维层，该层主要由来自视网膜神经节细胞的信息输入的轴突构成；第二层为表面灰质纤维层，该层又可分为 10 层，其中第 1～6 层为视网膜节细胞轴突、本层细胞和位于深层细胞的树突，第 7～10 层由中等大小的神经细胞构成；第三层为中央灰质层，主要由大的多极神经元构成，其树突分支较大且分散；第四层为中央白质层，该层由顶盖输入输出系统轴突和多极细胞构成；第五层为室周灰质层，该层主要由位于视叶背侧区顶盖脑室边缘的细胞及少数中等大小细胞构成。视顶盖浅层神经元感受野大小约为 2°～3°，且感受野大小随深度增加而增大，最大可超过 40°，从而对视觉信息进行逐级处理。

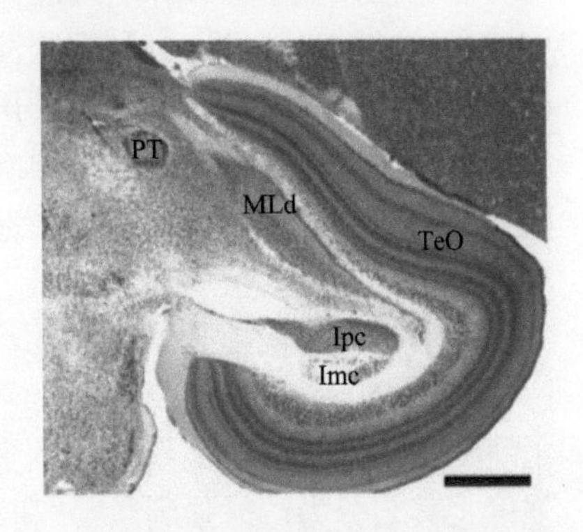

图 4-2　视顶盖核团解剖学示意图[24]

视顶盖中的神经元感受野多呈现为中央周边结构，即小面积兴奋性中央区和大面积抑制性周边区。视觉信息从视顶盖浅层神经元向视顶盖深层神经元逐层传递，在视顶盖中由浅层到深层的同一信息传递通道内，神经元感受野在视野中的中心位置能够基本重合，而神经元感受野由浅层到深层逐渐变大，其信息整合能力也逐渐增强，使视顶盖细胞具有较强的朝向选择特性。视顶盖神经元响应对相似视觉刺激的响应也类似，而对不同类别的刺激响应则差别较大[27]。

4.2.2 视顶盖与视觉注意的关系

关于仓鸮视顶盖神经元感知机制与视觉显著性之间的关系已有诸多研究。Zahar 等通过设计电生理学实验研究了仓鸮视顶盖区域的神经元响应与目标凸显感知机制之间的关系，测试了运动对比、朝向对比和隐现对比特征与视觉注意之间的关系[12]。通过比较具有运动对比的刺激和一致运动的刺激所引起的视顶盖神经元响应实验结果可见，仓鸮视顶盖神经元能够感知运动对比刺激，且视顶盖细胞中存在运动目标凸显。当背景中某个区域的特征与周围背景处的特征存在较大差异时会产生目标凸显，但是在结合刺激情况下，目标与背景不同但是并没有引起目标凸显效应。因此，相比于结合刺激和一致性刺激，差别刺激更能够使神经元产生目标凸显效应。

仓鸮视顶盖中层和深层神经元与视觉注意和视觉凝视之间存在关联，视顶盖中除了传统的兴奋性中心和抑制性周边感受野外，其中层和深层神经元中存在多模态(视觉和听觉)交叉的全局竞争作用[14]。在仓鸮视顶盖中，某个神经元感受野之外的视觉或听觉刺激能够抑制或者消除在该细胞感受野内的视觉刺激所产生的响应，而产生这种刺激竞争的关键机制是全局的区分性抑制作用。与传统的抑制性周边不同的是，全局抑制作用于整个空间并调节多个刺激的响应，这种自下而上的调节机制与视顶盖中刺激显著图的形成密切相关。

Mysore 等对仓鸮视顶盖神经元与视觉注意之间的关系和灵活分类机制进行了研究[27, 28]。在视觉系统接收到多种刺激时，灵活分类机制能够根据刺激的相对强度将其划分为“最强刺激”“和“其他刺激”。其研究结果表明这种分类机制与刺激的强度或显著性有关，且视顶盖区域的神经元响应的集成能够调节凝视和视觉注意机制中自下而上的刺激选择。此外，视觉注意和视觉凝视机制相关的刺激选择神经机理与负责分类识别甚至是决策的神经机理一致。视顶盖神经元存在一个“类开关”响应，当视顶盖某个子集神经元感受野内的刺激通过竞争变为最强刺激时，其“类开关”响应会突然增强。这种响应不是由单一刺激引起的，当没有竞争性刺激存在时，该响应会消失。这种对最强刺激进行二分类表示的信号与视觉注意和视觉凝视中的目标选择有关。

4.2.3　鹰视顶盖神经元响应模拟计算

鹰视顶盖的浅层神经元感受野呈现为中心兴奋、周边抑制的同心圆分布。在视觉信息由浅入深传递的过程中，视顶盖深层神经元会对浅层神经元提取到的信息进行进一步的加工和抽取，对视觉刺激的响应模式呈现方向、位置和空间频率等的选择性，即不同的深层视顶盖神经元具有不同的特征偏好。当出现在某个深层视顶盖神经元的感受野中的条形刺激具有其偏好的朝向和宽度时，该神经元会产生较强的响应，反之，当刺激偏离该朝向时，该神经元的响应会极大减小甚至消失。视顶盖的浅层神经元主要对某一个朝向的边缘或者栅格具有强烈的响应，但由于其感受野较小，故对于大面积的均匀刺激不产生响应。

为了保证视觉系统处理信息的实时性和有效性，需要保证神经元输出的稀疏性和图像复原的准确性，以此为主要原则进行训练可以得到一组感受野。本章基于线性生成模型模拟鹰视顶盖神经元响应特性，将自然图像数据看作由基函数线性组合而成：

$$x = As = \sum_{i=1}^{n} a_i s_i \tag{4.1}$$

其中 x 是观测数据向量，对应输入图像；A 是混合矩阵；a_i 是混合矩阵 A 的第 i 列，称为基函数或基向量；s 是基函数系数向量，由分量 s_i 组成。编码假设 s_i 之间是独立且稀疏的，这样可以学习到超完备的基底，也就是独立成分数目大于观测到的变量数目，且稀疏性约束可以避免超完备而带来的退化问题。利用基函数系数向量 s 将基函数线性组合起来以精确地表示输入向量 x。

模型的实现过程主要包括两个任务：第一个任务是找到一组基函数 a_i，使得输入向量 x 能够使用该基函数进行精确的表示,同时基函数系数满足稀疏性要求；另一个任务是对于给定的输入向量 x 和当前已得到模型数据 A，找到基函数系数 s 的最优值，这可以通过定义表示精度和稀疏度的代价函数来得到，代价函数中要确定精度与稀疏度的组合，在表示输入 x 时，选择最优化代价函数的分量 s_i。鹰视顶盖神经元响应通过 Sparsenet 模型计算得到，从 10 幅白化后的图像提取固定大小的块进行训练，通过学习得到感受野描述子[29]。本章使用的感受野大小为 8×8，训练得到的感受野共有 64 个，因此得到的视顶盖神经元响应共有 64 维。训练得到的 64 个神经元感受野如图 4-3 所示，可见大部分的神经元感受野呈现出一定的朝向。将目标检测的测试图输入该编码模型中计算可得到该图像中每个图像块的神经元响应，且响应组数与感受野数目相同。

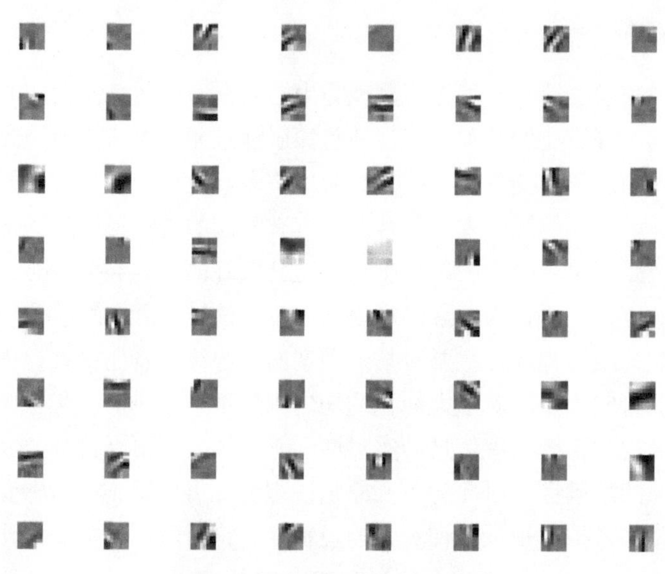

图 4-3 视顶盖神经元感受野模拟

4.3 仿鹰视顶盖响应的初级显著图提取

4.3.1 鹰视顶盖响应统计特性分析

鹰视顶盖神经元响应具有较强的稀疏性和独立性，将一张图像输入训练好的视顶盖神经元感受野集合中会得到一系列神经元响应，相同的图像刺激会产生相同的视顶盖神经元响应，而不同的图像刺激则会产生不同的响应。此外，响应的组数与感受野的个数相同,每组中的响应个数与从原图中所采样的块的个数相同,可以使用不同的规则进行采样。一种采样规则是在图像中按照感受野的大小依次采样，得到相互没有重叠的块，然后将各个块的响应按照原图中像素的坐标位置拼接起来即可得到最终的神经元响应图。另外一种采样规则是在图像中按照 50%的重复度进行采样，即每个像素点同时被采样到两个块中，然后将这两个块所对应的神经元响应取平均值，得到此像素点所对应的神经元响应。这种方法得到的复原精度较高，但计算量有所增加。此外，可以通过在图像中的每个像素点周围取和感受野同样大小的块，然后输入感受野中得到该块的神经元响应，把中心点取出即为该像素点的神经元响应。这种方法复原效果最好，但是计算量较大。神经元响应计算流程如图 4-4 所示，对于边缘区域的像素点，为了得到其响应，按照以图像外缘为基准取图像块的方法得到包含该像素点在内的最外沿的图像块，然后将其输入神经元感受野计算得到该图像块的神经元响应，将对应于该像素坐标点的神经元响应替换即可。

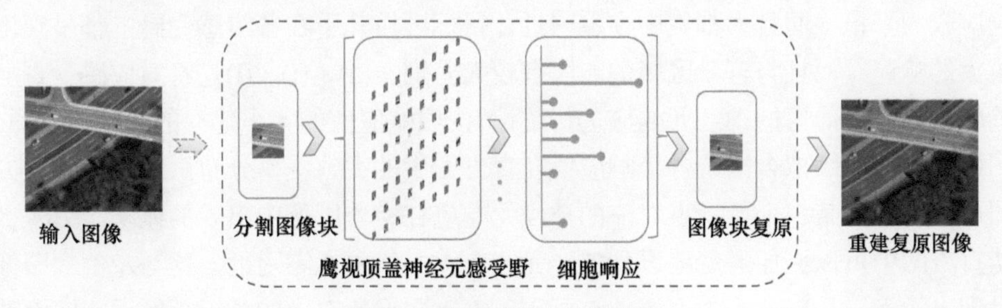

图 4-4 神经元响应计算流程

对图像按照感受野大小进行无重叠采样,然后计算各个图像块的神经元响应，同一图像块中的所有像素点对应的响应相同。将神经元响应与感受野组相乘得到的矩阵乘积即为图像块的复原图，把各个图像块按对应位置拼接可得最终的复原图像。神经元响应之后得到的图像复原的结果如图 4-5 所示，感受野大小为 8×8，训练得到的感受野共有 64 个，因此得到的神经元响应共有 64 组，抽取其中的 5 组对应到原图坐标系。

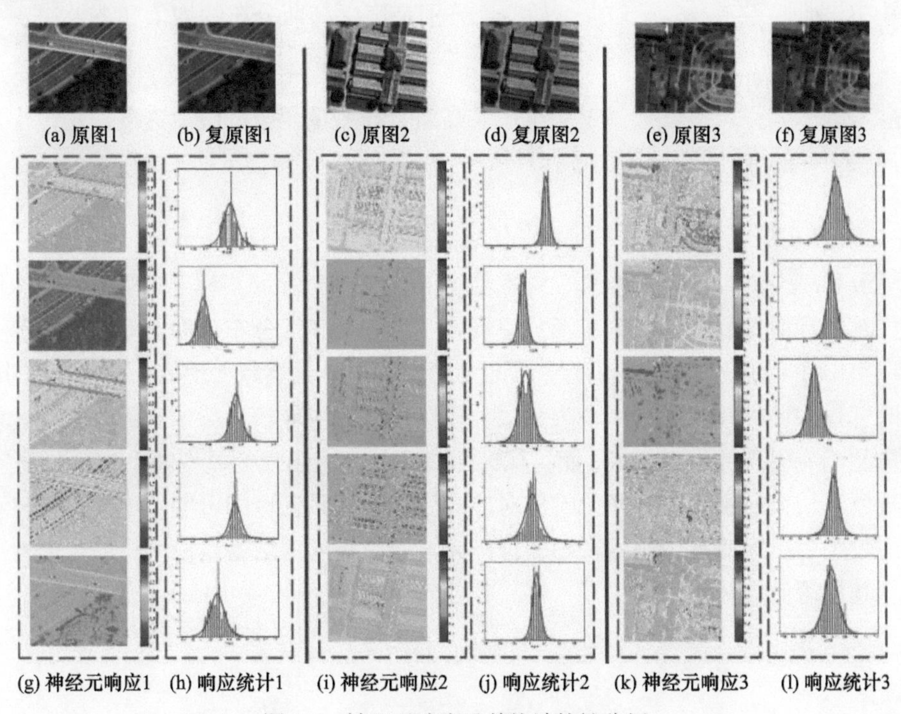

图 4-5 神经元响应及其统计特性分析

在图 4-5 中，(a)、(c)、(e)是原图，(b)、(d)、(f)是对应的复原图，(g)、(i)、(k)是将神经元响应对应到原图相同位置处的值，由图可知，图像背景区域的神经元响应较为平稳，而且大都集中在零附近；目标区域几乎在各组感受野上都呈现出较大的响应，而且与背景区域的响应有较大差别。(h)、(j)、(l)是将对应感受野上整幅图像所有像素的神经元响应进行统计，按照响应值的大小建立的统计直方图，图中的红色曲线拟合出了各个响应值在直方图中的大致概率分布。利用统计直方图可以计算出某一个像素点对应的神经元响应在整个图像中出现的概率。另外，从直方图中可以更加清楚地看到神经元响应大多集中在零附近，这与左侧的图像呈现出的信息是一致的。由图 4-5 可知，输入图像所对应的各组神经元响应大致呈现一种广义高斯分布，其方程如下：

$$f(x;\alpha,\beta,\mu)=\left(\frac{\alpha}{2\beta\Gamma\left(\frac{1}{\alpha}\right)}\right)\mathrm{e}^{-\left|\frac{x-\mu}{\beta}\right|^{\alpha}} \tag{4.2}$$

其中 $\beta=\sigma\sqrt{\dfrac{\Gamma\left(\frac{1}{\alpha}\right)}{\Gamma\left(\frac{3}{\alpha}\right)}}$ ，$\sigma>0$；μ 和 σ^2 分别是广义高斯分布的均值和方差；α 是形状参数，β 是尺度参数，α 决定广义高斯分布密度函数的衰减速度，α 越小衰减越快。Gamma 函数计算如下：

$$\Gamma(\alpha)=\int_0^{\infty}\mathrm{e}^{-t}t^{\alpha-1}\mathrm{d}t \tag{4.3}$$

μ=0, σ=10, α=0.8 时的广义高斯分布如图 4-6 所示。对于一幅输入图像而言，其视顶盖神经元响应分布形式呈现出一种广义高斯分布，即大多数的神经元响应集中在零附近，当响应值远离零时，对应的神经元响应出现的个数迅速减小。同时背景区域的神经元响应较为一致，目标区域的响应较为特殊。因此背景区域对应的响应出现的概率较大，而目标区域对应的响应出现的概率较小。由此可得，出现概率较大的视顶盖神经元响应对应的区域为背景区域的可能性更大，其显著值应较小；出现概率较小的视顶盖神经元响应对应的区域为目标区域的可能性更大，其显著值应较大。

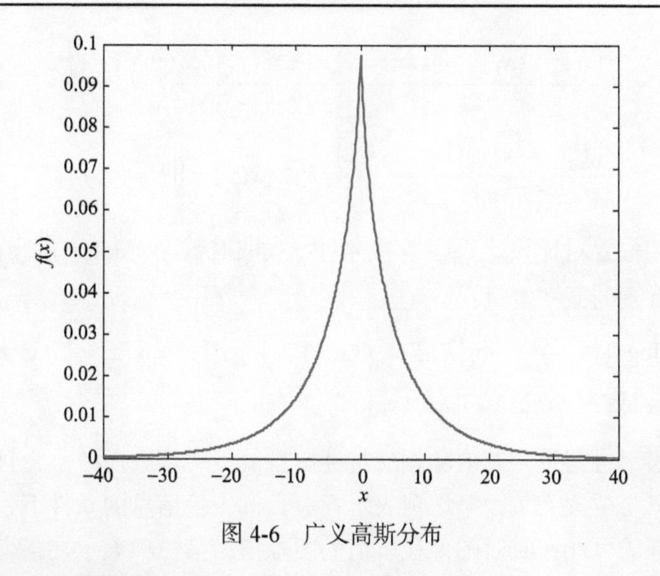

图 4-6　广义高斯分布

4.3.2　多颜色空间显著值计算

由于鹰视顶盖神经元感受野训练时使用的图像是灰度图，忽略了其中的颜色信息，而颜色信息是鹰获取的所有视觉信息中的重要部分[30-32]。因此本章在多种颜色空间的不同通道分别进行显著值计算，然后将各个通道的显著值按照信息熵进行融合。本章采用的四个颜色空间分别为 RGB，LMS，HSI 和 YIQ。YIQ 中的 Y 代表颜色的明视度，携带亮度信息；I、Q 分量描述图像的色彩及饱和度的属性，I 分量表示从橙色到青色的变化而 Q 分量表示从紫色到黄绿色的变化。图像保存格式即为 RGB，而其他几个颜色通道需要由 RGB 通道进行转换得到。

鹰在自由观察自然场景时，对某个物体的显著值感知与其呈现出的特征及出现的位置有关。某个像素点处引起视觉注意的概率可以基于贝叶斯理论进行计算：

$$P_s(x,y)=P\left(S(x,y)=1\middle|F=f(x,y),L=(x,y)\right) \tag{4.4}$$

其中 $S(x,y)=1$ 表示像素点 (x,y) 为显著像素点， F 表示像素点 (x,y) 处的特征向量，L 表示 (x,y) 出现在图像中的位置。由于各个像素点处的特征值不受其所在位置的影响，即特征与位置具有独立性，可得

$$\begin{aligned}
P_s(x,y)&=P\left(S(x,y)=1\middle|F=f(x,y),L=(x,y)\right)\\
&=\frac{P\left(F=f(x,y),L=(x,y)\middle|S(x,y)=1\right)P\left(S(x,y)=1\right)}{P\left(F=f(x,y),L=(x,y)\right)}\\
&=\frac{P\left(F=f(x,y)\middle|S(x,y)=1\right)P\left(L=(x,y)\middle|S(x,y)=1\right)P\left(S(x,y)=1\right)}{P\left(F=f(x,y)\right)P\left(L=(x,y)\right)}
\end{aligned}$$

$$= \frac{P\left(F=f(x,y)\middle|S(x,y)=1\right)P\left(L=(x,y),S(x,y)=1\right)}{P\left(F=f(x,y)\right)P\left(L=(x,y)\right)}$$

$$= \frac{P\left(F=f(x,y)\middle|S(x,y)=1\right)}{P\left(F=f(x,y)\right)}\cdot P\left(S(x,y)=1\middle|L=(x,y)\right) \tag{4.5}$$

为了跨越位置对比该感兴趣概率，对上式取对数，将 $\log P_s\left(x,y\right)$ 作为某个像素点是显著像素的概率度量：

$$S(x,y)=\log P_s(x,y)=-\log P\left(F=f(x,y)\right)+\log P\left(F=f(x,y)\middle|S(x,y)=1\right) + \log P\left(S(x,y)=1\middle|L=(x,y)\right) \tag{4.6}$$

其中第一项表示自信息，其值随相应特征出现的概率变大而减小，且仅取决于输入图像特征，与位置无关；第二项表示在有目标先验信息的条件下，图像中出现先验目标特征的可能性时对图像显著值的贡献值；第三项表示在某个位置上出现目标的可能性对图像显著值的贡献值，比如在大部分摄影师拍摄的图像中，目标出现在图像中心区域的概率远高于其出现在图像边缘区域的概率，因此大部分图像中心处的显著值大于边缘区域的显著值。在本章的初级视觉注意模型中，不考虑目标先验信息且假设目标可能出现的位置是随机的。因此，式(4.6)中的第二项和第三项可以略去，图像显著值只与输入图像的特征相关。本章使用鹰视顶盖神经元响应作为特征的衡量，而各维视顶盖神经元响应是相互独立的，某个特征出现的概率为

$$\begin{aligned} P\left(F=f(x,y)\right) &= P\left(R=r(x,y)\right) \\ &= P\left(R_1=r_1(x,y),R_2=r_2(x,y),\cdots,R_n=r_n(x,y)\right) \\ &= P\left(R_1=r_1(x,y)\right)P\left(R_2=r_2(x,y)\right)\cdots P\left(R_n=r_n(x,y)\right) \end{aligned} \tag{4.7}$$

其中 R 表示视顶盖神经元响应矩阵，$r(x,y)$ 表示在像素点 (x,y) 处的神经元响应，$r_k(x,y)$ 表示 $r(x,y)$ 的第 k 维，n 是 $r(x,y)$ 的总维数，故 $k\in\left[1,2,\cdots,n\right]$。因此，灰度图像及各个颜色通道的子显著值为

$$S_{\mathrm{I}}(x,y)=\sum_k -\log P\left(R_k^{\mathrm{I}}=r_k^{\mathrm{I}}(x,y)\right) \tag{4.8}$$

其中 $S_{\mathrm{I}}(x,y)$ 是灰度图或单个颜色通道图像(代号为 I)中 (x,y) 像素处的显著值，$r_k^{\mathrm{I}}(x,y)$ 是灰度图或单个颜色通道图像(代号为 I)中 (x,y) 像素处对应的神经元响应的第 k 维。

4.3.3　多颜色空间显著值融合

根据信息论中熵的定义，每个子显著图的信息熵计算如下：

$$E(S) = -\sum_{i=1}^{m} p_i \log p_i \tag{4.9}$$

其中 $i \in \{1,2,\cdots,m\}$ 是显著图中所有的显著值，m 是该显著图中的最大值，p_i 为在该显著图中对应显著值 i 出现的概率。这样，当图像中的显著值在[0,255]上均匀分布时图像的熵最大，而当显著值集中在几个数值附近时图像的熵会大大减小。极端的情况是整幅显著图中的显著值都相同，此时的熵为零。因此，本章计算每个颜色空间的不同颜色通道的显著图对应的信息熵，然后按照信息熵的大小先选出信息熵最小的通道作为该颜色空间的显著图。

经过上述操作可以得到五个子显著图，分别对应灰度图、RGB、LMS、HSI 和 YIQ 颜色空间。对这五个子显著图的合并过程有多种方式。首先，可以将信息熵最小的子显著图作为最终的显著图，当该子显著图中的最显著区域即为目标区域时，这种方法得到的显著图将能够很好地突出目标同时抑制背景。但是该合并方法的鲁棒性较差，当非目标区域在某个颜色通道上与其他区域差别较大时，其对应的显著值会较高，即该颜色通道对应的子显著图中误将非目标的区域赋以较高的显著值，如果这个通道具有最小的信息熵，则它将被作为最终的显著图。因此，为了提高合并方法的鲁棒性，可将各个子显著图对应信息熵的倒数进行归一化，并将其作为对应于该子显著图的合并系数，然后对五个子显著图进行线性加权即可得到最终的显著图，计算如下：

$$O_j = \frac{T_j}{\sum_{i=1}^{5} T_i}, \quad T_i = \frac{1}{\text{entropy}_i} \tag{4.10}$$

其中 $i=1,2,\cdots,5$ 分别表示灰度以及 RGB、LMS、HSI 和 YIQ 四个颜色空间中被选中的通道，entropy_i 表示第 i 个子显著图对应的信息熵，O_j 表示归一化系数。对各个颜色空间的子显著图进行融合得到最终的显著图，计算如下：

$$S(x,y) = \sum_{i=1}^{5} O_i \times S_i(x,y) \tag{4.11}$$

其中 $S_i(x,y)$ 表示在第 i 个子显著图中像素点 (x,y) 处的显著值。

本章设计的仿鹰视顶盖 SPNR 的初级视觉注意机制的整体框图如图 4-7 所示。

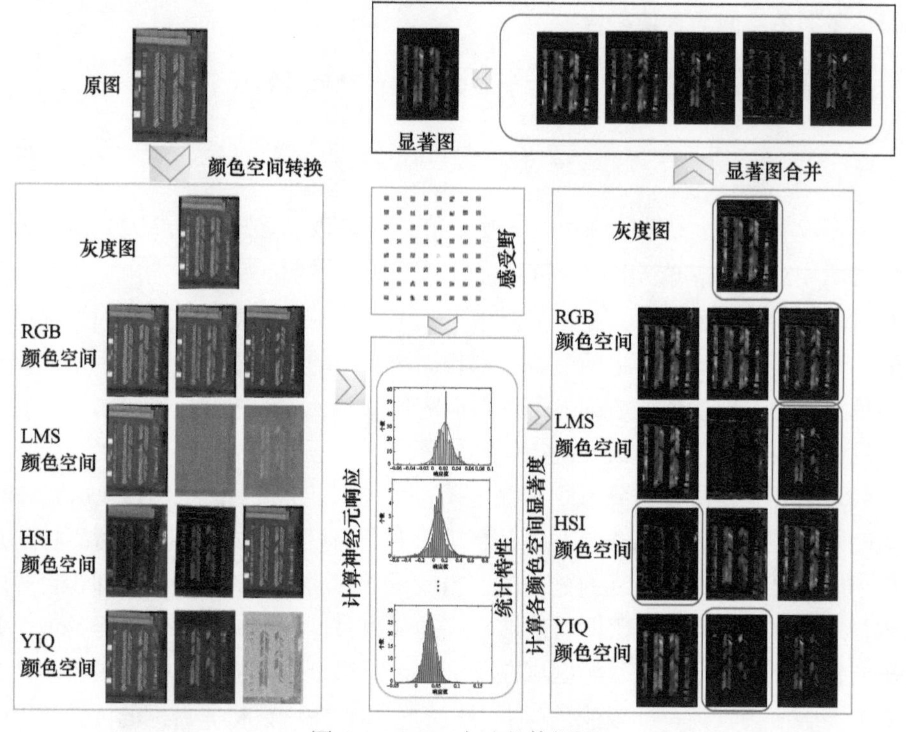

图 4-7　SPNR 方法整体框图

4.4　仿真实验分析

本章提出的方法主要利用了后验概率和信息论原理，因此选取基于信息最大化理论的视觉注意模型(Attention Based on Information Maximization，AIM)[33]、基于贝叶斯概率的显著图计算(Saliency Using Natural Statistics，SUN)方法[34]及光谱残余法(SR)[35]进行对比。本章提出的方法使用加权求和方式对各个颜色通道的子显著图进行融合，将此种方法称为 SPNR-SUM。此外，还有一种融合方式是取各个颜色空间的子显著图中熵值倒数最大的一个子显著图作为最终显著图，该方法称为 SPNR-MAX。

在公开图库上测试算法显著图提取效果，并使用量化指标对不同算法的性能进行对比。使用的图库包括 CSSD[36]、ECSSD[37]、DUT-OMRON[38]和 MSRA10K[39]，其中 CSSD 图库包含 200 张图像，ECSSD 图库包含 1000 张图像，DUT-OMRON 图库中包含 5168 张图像，MSRA10K 图库包含 10000 张图像。在上述四个图库中均给出了每张图像对应的人工标记二值基准图。

在实验中使用不同方法计算各个图库中所有图像的显著图，并进行量化对比分析。实验中绘制 F 值随分割阈值的变化曲线和 $P\text{-}R$ 曲线以比较各个方法的性能。视觉注意方法计算得到的显著图中各个像素的显著值是 1 到 255 之间的整数值，为了计算视觉注意方法在各个图库上的量化指标，使用不同的阈值对各显著图进行分割，得到对应的二值显著图。二值化后的显著图中只有显著和非显著两种像素点，此时可以将显著图提取问题转化为一个二分类问题，其中显著像素点的类别标签为 1，非显著像素点的类别标签为 0。因此，可以按照二分类问题的方式计算一个显著图在某个阈值下的显著图提取精度和召回率，具体计算过程与第 3 章相同。实验中 F 值计算如下[38]：

$$F = \frac{(1+\beta^2)P \cdot R}{\beta^2 P + R} \tag{4.12}$$

其中 $\beta^2 = 0.3$ 是权重系数。

图 4-8、图 4-10、图 4-12 和图 4-14 分别给出了 CSSD、ECSSD、DUT-OMRON 和 MSRA10K 四个图库中若干代表性图像的显著图提取结果对比。图 4-9、图 4-11、图 4-13 和图 4-15 分别给出了 CSSD、ECSSD、DUT-OMRON 和 MSRA10K 四个图库的 F 值曲线和 $P\text{-}R$ 曲线对比。由实验结果可见，本章提出的 SPNR-SUM 方法能够准确获得目标区域的显著值，SPNR-MAX 方法获得的显著图受到图中局部

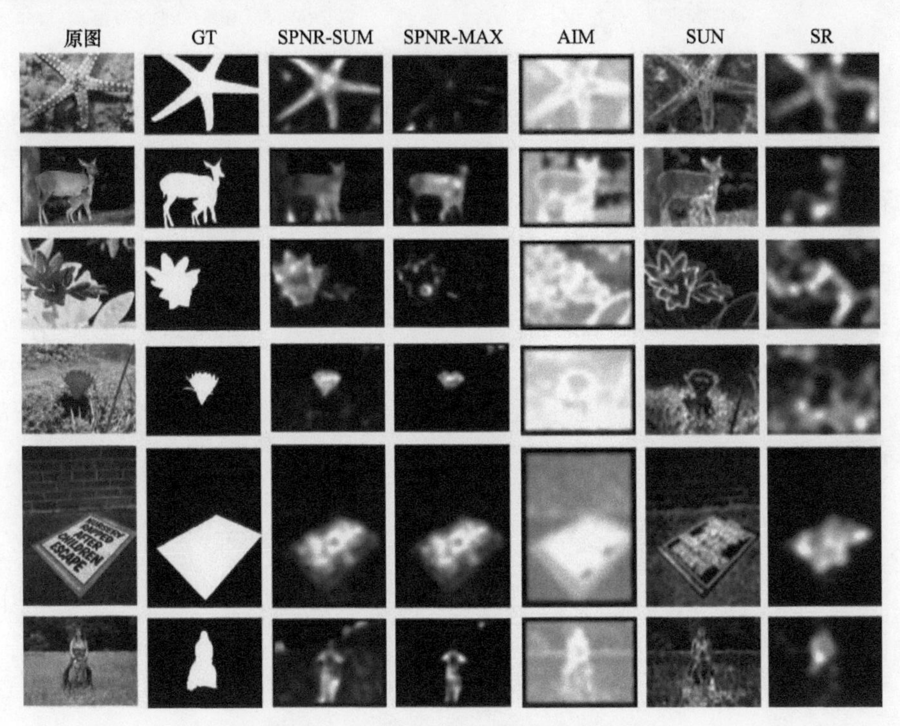

图 4-8　CSSD 图库初级视觉注意结果

特殊色彩影响较大，如在图 4-8 第 1 行所示的 CSSD 图库测试图中，SPNR-MAX 算法未能准确地将最高显著值对应的区域定位在目标区域。AIM 算法的检测结果中背景区域均具有较高的显著值，在目标面积较大时会出现目标边界处显著值较高而目标内部显著值较低的情况。如图 4-14 所示，MSRA10K 图库中的第 7 行的测试图的真实显著区域是花朵所在区域，而 AIM 算法提取的显著图中花朵区域显著值和背景显著值差距不大。

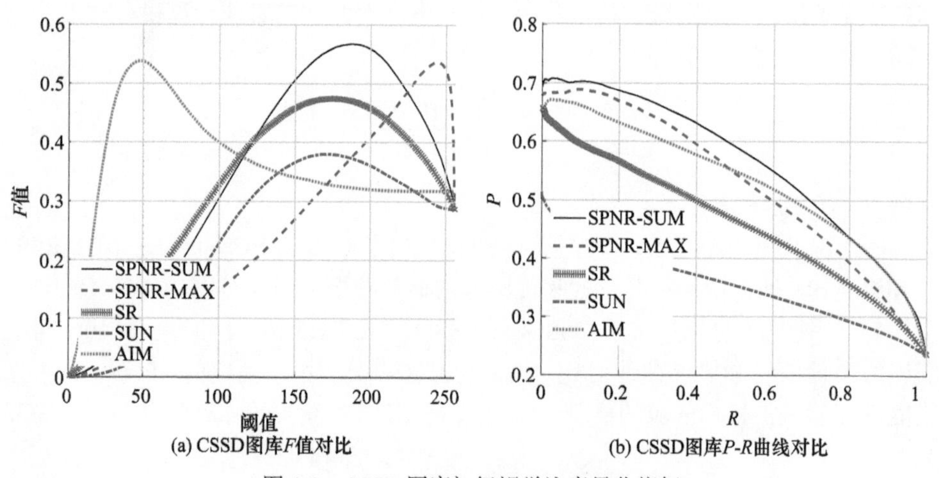

图 4-9　CSSD 图库初级视觉注意量化指标

SUN 方法对普通目标的检测结果较差，背景区域的纹理信息会使显著值明显高于其他区域。如图 4-8 所示，CSSD 图库中的第 4 行的测试图的真实显著区域为花朵区域，而 SUN 方法检测的显著图中花朵区域的显著值较低，相反，具有较复杂纹理的草地获得较高的显著值。图 4-10 所示 ECSSD 图库中的第 4 行的测试图的真实显著区域为人物，而在 SUN 方法的检测结果中背景区域获得了较高的显著值，人物所在区域因纹理信息较少而显著值较低。SR 算法检测的显著图中显著区域的分布较为杂乱，显著值不够集中，且对于某些图像的显著值检测结果不准确，如图 4-8 中第 3 行的测试图的花朵区域和第 4 行的测试图的花朵区域的显著值均低于背景区域。

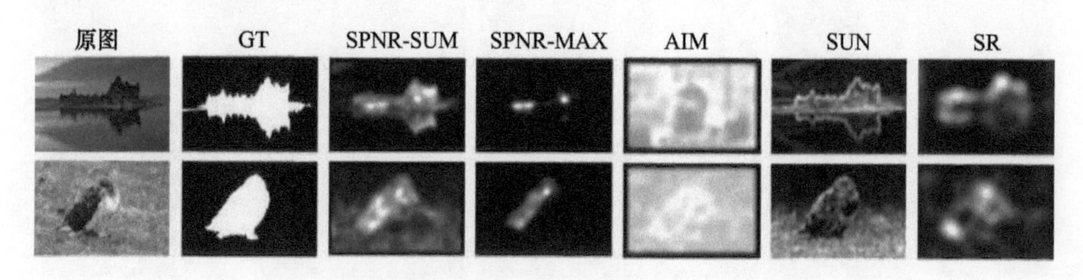

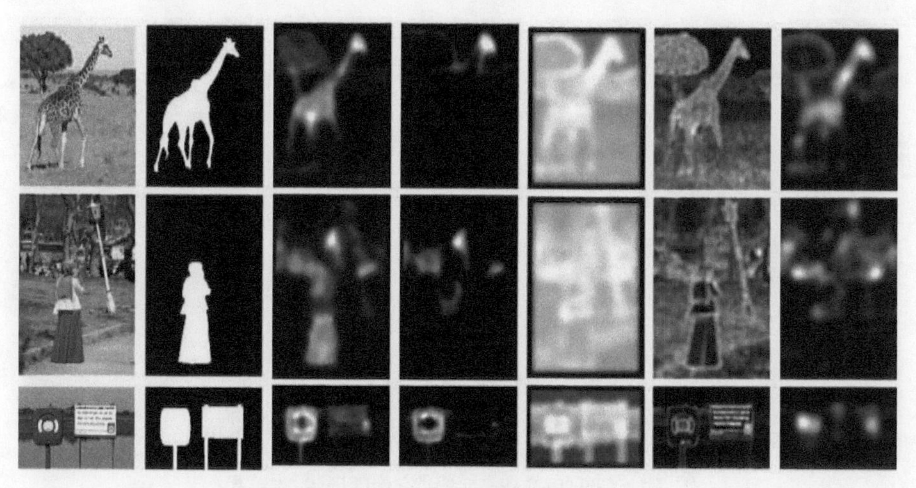

图 4-10　ECSSD 图库初级视觉注意结果

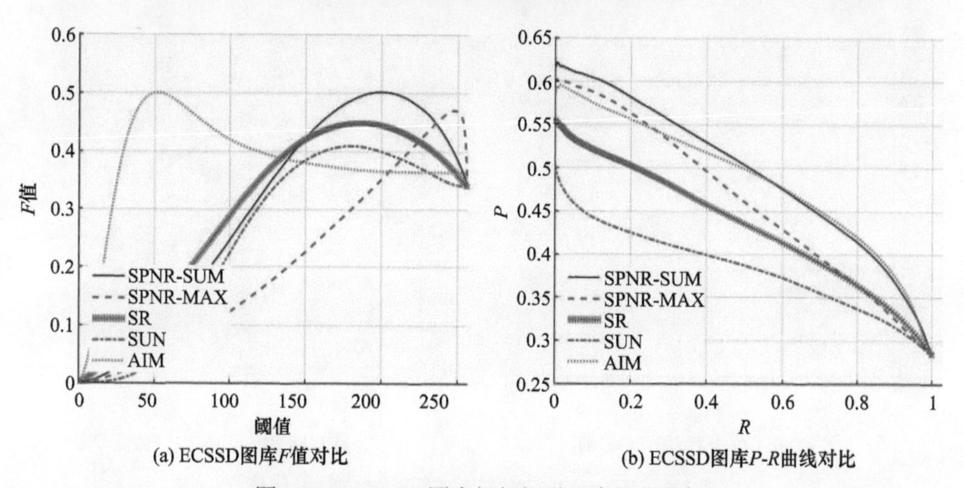

图 4-11　ECSSD 图库初级视觉注意量化指标

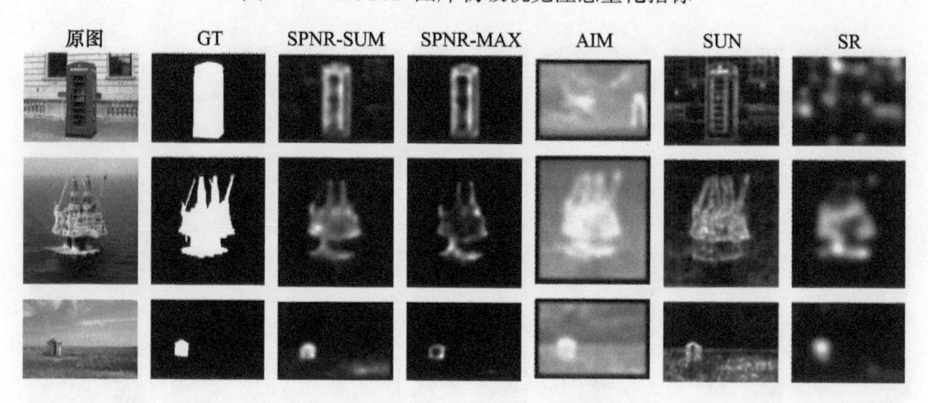

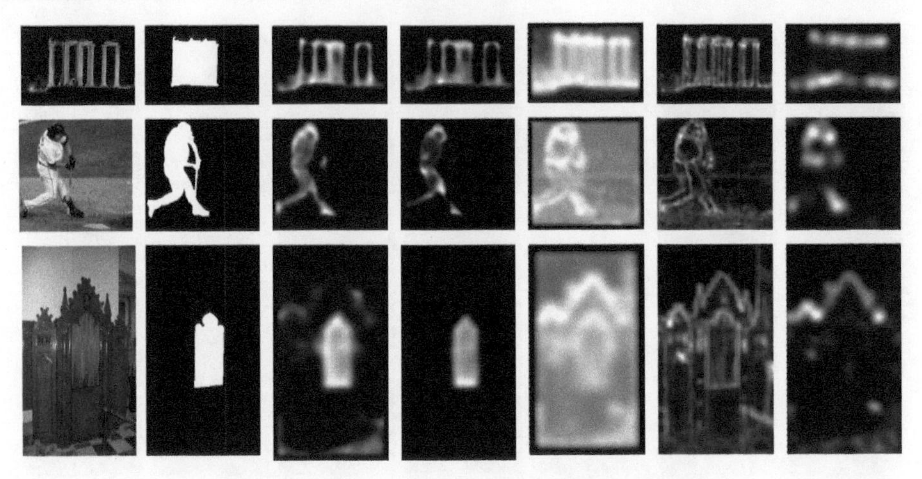

图 4-12　DUT-OMRON 图库初级视觉注意结果

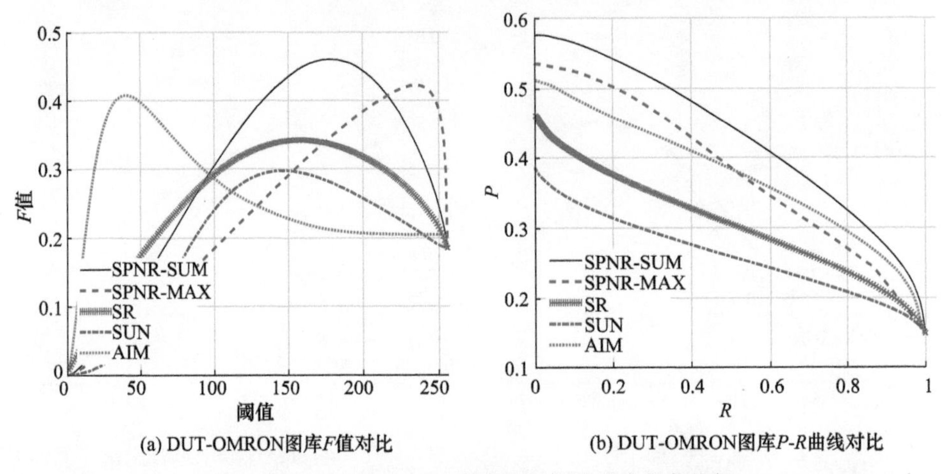

图 4-13　DUT-OMRON 图库初级视觉注意量化指标

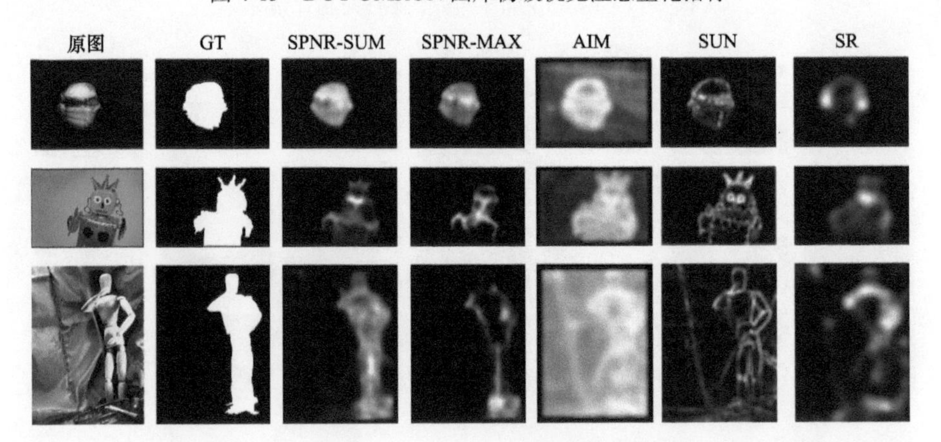

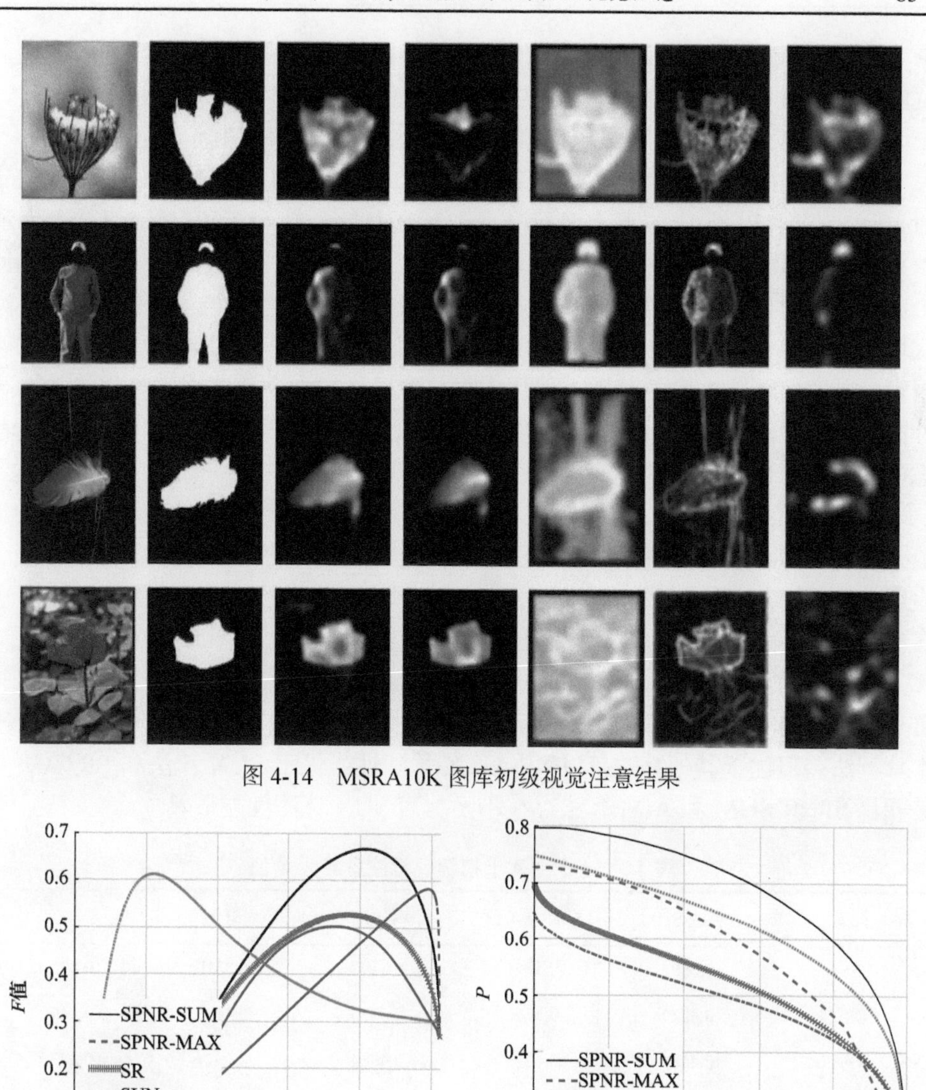

图 4-14　MSRA10K 图库初级视觉注意结果

图 4-15　MSRA10K 图库初级视觉注意量化指标

此外，表 4-1 中给出了各个算法的最大 F 值，表 4-2 中给出了各个对比算法的相关系数(Correlation Coefficient，CC)值。相关系数反映的是算法提取的显著图与人工标记基准图之间的相关程度，相关系数值越大则说明两个变量的相关性越强，算法性能越强[40]。表 4-3 中给出了各算法的标准化扫描路径分析(Normalized

Scanpath Saliency，NSS)值。NSS 值代表在某图像对应的人工标注显著图中视觉关注点处的显著值响应值，NSS 值越大表示显著图提取方法效果越好，NSS 值大于 1 表示在算法提取的显著图中人类注视点处的显著值高于其他位置[41]。

表 4-4 中给出了各个对比算法的受试者操作特征(Receiver Operating Characteristic，ROC)曲线下方面积(Area Under Curve，AUC)值，该值越大表示 ROC 曲线与横、纵坐标轴围成的区域面积越大，即显著图提取方法效果越好。每个图库各个对比算法获得指标的最大值被加粗标记。在这几个公开图库中，目标区域大部分都集中在图像的中心区域附近，而在一些显著图提取算法中会考虑该因素，并在显著图提取的基础上使用中央偏置操作增大中心区域的显著值并抑制外围区域的显著值。但由于在实际应用中目标出现的位置随机，故本章算法不考虑中央偏置以保证算法的鲁棒性。

由对比结果可见，本章提出的 SPNR-SUM 方法在四个图库上均获得最大的 F 值，获得的 P-R 曲线均高于其他算法，同时也可获得最大 CC 值和最大 NSS 值，表明 SPNR-SUM 方法相比其他方法具有明显优势。在 AUC 值对比中，AIM 算法在 CSSD 图库和 ECSSD 图库上获得最大 AUC 值，在 DUT 图库和 MSRA10K 图库上，本章提出的 SPNR-SUM 算法获得最大 AUC 值。综合考虑以上实验结果，可见本章 SPNR-SUM 算法获得的综合量化指标优于其他算法，AIM 算法性能比本章算法差但优于其他算法。SPNR-MAX 算法性能优于 SUN 算法和 SR 算法但是相比 SPNR-SUM 和 AIM 算法存在不足，而 SUN 算法性能最差。

表 4-1　4 个图库上初级视觉注意最大 F 值

图库	SPNR-SUM	SPNR-MAX	AIM	SUN	SR
CSSD	**0.5682**	0.5391	0.5390	0.3810	0.4751
ECSSD	**0.5027**	0.4716	0.5016	0.4098	0.4494
DUT-OMRON	**0.4607**	0.4226	0.4084	0.2977	0.3420
MSRA10K	**0.6679**	0.5845	0.6132	0.5041	0.5288

表 4-2　4 个图库上初级视觉注意 CC 值

图库	SPNR-SUM	SPNR-MAX	AIM	SUN	SR
CSSD	**0.4564**	0.3308	0.3879	0.1403	0.3665
ECSSD	**0.3386**	0.2331	0.3297	0.1512	0.2682
DUT-OMRON	**0.4332**	0.3188	0.3215	0.2204	0.3192
MSRA10K	**0.6103**	0.3903	0.5119	0. 4232	0.4691

表 4-3 4 个图库上初级视觉注意 NSS 值

图库	SPNR-SUM	SPNR-MAX	AIM	SUN	SR
CSSD	**0.9926**	0.7808	0.6847	0.2527	0.7456
ECSSD	**0.7482**	0.5739	0.5700	0.2897	0.5891
DUT-OMRON	**1.4244**	1.1686	0.8095	0.7056	1.0173
MSRA10K	**1.2562**	0.8507	0.9459	0.8195	0.9330

表 4-4 4 个图库上初级视觉注意 AUC 值

图库	SPNR-SUM	SPNR-MAX	AIM	SUN	SR
CSSD	0.7894	0.7630	**0.8001**	0.5851	0.7301
ECSSD	0.7125	0.6804	**0.7272**	0.5870	0.6689
DUT-OMRON	**0.8141**	0.7619	0.7989	0.6761	0.7448
MSRA10K	**0.8835**	0.7953	0.8626	0.7601	0.8053

4.5 本章小结

鹰视觉系统通过视顶盖和神经元响应等机制产生对目标的凝视和扫视，从而可从周围环境中快速选取感兴趣的特定区域。视顶盖神经元响应大致呈广义高斯分布，目标图像背景区域对应的神经元响应值出现的概率较大，即对应统计直方图中的统计值较大，而目标区域对应神经元响应值出现的概率较小。

本章针对目标显著性检测问题，利用鹰视顶盖神经元响应统计特性提出了一种初级视觉注意方法，使用稀疏编码模型模拟鹰视顶盖区域的神经元细胞感受野并计算神经元响应，建立神经元响应直方图以分析其统计特性。在此基础上提出了一种基于自信息的显著图计算方法，利用各个像素对应的神经元响应出现的概率计算其对应的显著值。为保证充分利用颜色信息，本章使用多个颜色空间和颜色通道分别进行显著值计算，最后使用显著图的信息熵作为评价准则选出各个颜色空间中的最佳子显著图，并使用信息熵倒数作为融合系数对各个颜色空间的子显著图进行融合。综合对比和量化分析实验结果表明本章所提出的 SPNR-SUM 方法能获得最佳显著图提取性能。

参考文献

[1] Borji A, Cheng M M, Jiang H Z, et al. Salient object detection: A benchmark[J]. IEEE Transactions on Image Processing, 2015, 24(12): 5706-5722.

[2] 赵国治, 段海滨. 仿鹰眼视觉技术研究进展[J]. 中国科学: 技术科学, 2017, 47: 514-523.

[3] 李晗, 段海滨, 李淑宇. 猛禽视觉研究新进展[J]. 科技导报, 2018, 36(17): 52-67.

[4] 段海滨, 邓亦敏, 孙永斌. 一种可分辨率变换的仿鹰眼视觉成像装置及其成像方法: CN105516688A[P]. 2017-4-26.

[5] Deng Y M, Duan H B. Biological edge detection for UCAV via improved artificial bee colony and visual attention. Aircraft Engineering and Aerospace Technology, 2014, 86 (2): 138-146.

[6] Duan H B, Deng Y M, Wang X H, et al. Small and dim target detection via lateral inhibition filtering and artificial bee colony based selective visual attention [J]. PLOS ONE, 2013, 8 (8): e72035-1-12.

[7] Deng Y M, Duan H B. Biological eagle-eye based visual platform for target detection [J]. IEEE Transactions on Aerospace and Electronic Systems, 2018, 54(6): 3125-3136.

[8] 王晓华, 张聪, 李聪, 等. 基于仿生视觉注意机制的无人机目标检测[J]. 航空科学技术, 2015, 26(11):78-82.

[9] Duan H B, Xin L, Xu Y, et al. Eagle-vision-inspired visual measurement algorithm for UAV's autonomous landing[J]. International Journal of Robotics and Automation, 2020, 35(2): 94-100.

[10] Harmening W M, Orlowski J, Ben-Shahar O, et al. Overt attention toward oriented objects in free-viewing barn owls[J]. Proceedings of the National Academy of Sciences, 2011, 108(20):8461-8466.

[11] Orlowski J, Beissel C, Rohn F, et al. Visual pop-out in barn owls: Human-like behavior in the avian brain[J]. Journal of Vision, 2015, 15(14):4-1-13.

[12] Zahar Y, Wagner H, Gutfreund Y. Responses of tectal neurons to contrasting stimuli: An electrophysiological study in the barn owl[J]. Plos One, 2012, 7(6): e39559-1-11.

[13] Acerbo M J, Lazareva O F, McInnerney J. Figure-ground discrimination in the avian brain: The nucleus rotundus and its inhibitory complex[J].Vision Research, 2012, 70 (1):18-26.

[14] Mysore S P, Asadollahi A, Knudsen E I. Global inhibition and stimulus competition in the owl optic tectum[J]. Journal of Neuroscience, 2010, 30(5):1727-1738.

[15] Bryant A S, Goddard C A, Huguenard J R, et al. Cholinergic control of gamma power in the midbrain spatial attention network[J]. Journal of Neuroscience, 2015, 35(2):761-775.

[16] Dutta A, Wagner H, Gutfreund Y. Responses to pop-out stimuli in the barn owl's optic tectum can emerge through stimulus-specific adaptation[J]. Journal of Neuroscience, 2016, 36(17): 4876-4887.

[17] Ohayon S, Harmening W M, Wagner H, et al. Through a barn owl's eyes: Interactions between scene content and visual attention[J]. Biological Cybernetics, 2008, 98(2):115-132.

[18] Duan H B, Wang X H. Visual attention model based on statistical properties of neuron responses[J]. Scientific Reports, 2015, 5: 8873-1-10.

[19] 王晓华. 基于仿鹰眼-脑机制的小目标识别技术研究[D]. 北京: 北京航空航天大学，2018.

[20] Wang X H, Duan H B. Hierarchical visual attention model for saliency detection inspired by avian visual pathways [J]. IEEE/CAA Journal of Automatica Sinica, 2019, 6(2): 540-552.

[21] 李晗, 段海滨, 李淑宇, 等. 仿猛禽视顶盖信息中转整合的加油目标跟踪[J]. 智能系统学报, 2019, 14(6): 1084-1091.

[22] Wylie D R W, Gutierrez-Ibanez C, Pakan J M P, et al. The optic tectum of birds: Mapping our way to understanding visual processing[J]. Canadian Journal of Experimental Psychology, 2009, 63(4), 328-338.

[23] Wagner H, Kettler L, Orlowski J. Neuroethology of prey capture in the barn owl (Tyto albaL.)[J]. Journal of Physiology-Paris, 2013,107(1-2): 51-61.

[24] Wylie D R, Gutiérrez-Ibáñez C, Iwaniuk A N. Integrating brain, behavior and phylogeny to understand the evolution of sensory systems in birds[J]. Frontiers in Neuroscience, 2015,9: 281-1-17.

[25] Hunt S P, Brecha N. Comparative Neuroblogy of the Optic tectum[M]. New York and London: Pleum Press, 1984.

[26] Cowan W M, Adamson L, Powell T P S. An experimental study of the avian visual system[J]. Journal of Anatomy, 1961, 95(4): 545-563.

[27] Mysore S P, Knudsen E I. Flexible categorization of relative stimulus strength by the optic tectum[J]. Journal of Neuroscience, 2011, 31(21): 7745-7752.

[28] Mysore S P, Asadollahi A, Knudsen E I. Signaling of the strongest stimulus in the owl optic tectum[J]. Journal of Neuroscience, 2011, 31(14):5186-5196.

[29] Olshausen B A, Field D J. Emergence of simple cell receptive field properties by learning a sparse code for natural images[J]. Nature, 1996, 381(6583):607-609.

[30] Sun Y B, Deng Y M, Duan H B, et al. Bionic visual close-range navigation control system for the docking stage of probe-and-drogue autonomous aerial refueling [J]. Aerospace Science and Technology, 2019, 91: 136-149.

[31] 段海滨, 张奇夫, 邓亦敏, 等. 基于仿鹰眼视觉的无人机自主空中加油[J].仪器仪表学报,2014,35(7): 1450-1458.

[32] Duan H B, Deng Y M, Wang X H, et al. Biological eagle-eye-based visual imaging guidance simulation platform for unmanned flying vehicles [J]. IEEE Aerospace and Electronic Systems Magazine, 2013, 28(12): 36-45.

[33] Bruce N D B, Tsotsos J K. Saliency, attention, and visual search: An information theoretic approach[J]. Journal of Vision, 2009, 9(3):5.1-5.24.

[34] Zhang L Y, Tong M H, Marks T K, et al. SUN: A Bayesian framework for saliency using natural statistics[J]. Journal of Vision, 2008, 8(7):32.1-32.20.

[35] Hou X D, Zhang L Q. Saliency detection: A spectral residual approach[C]. Proceedings of the IEEE Conference on Computer Vision and Pattern Recognition, Minneapolis, USA, 2007: 1-8.

[36] Yan X, Xu L, Shi J P, et al. Hierarchical saliency detection[C]. Proceedings of the IEEE Conference on Computer Vision and Pattern Recognition, Portland, USA, 2013:1155-1162.

[37] Shi J P, Yan X, Xu L, et al. Hierarchical image saliency detection on extended CSSD[J]. IEEE Transactions on Pattern Analysis and Machine Intelligence, 2016, 38(4): 717-729.

[38] Yang C, Zhang L H, Lu H C, et al. Saliency detection via graph-based manifold ranking[C]. Proceedings of IEEE Conference on Computer Vision and Pattern Recognition, Portland, USA, 2013: 3166-3173.

[39] Cheng M M, Mitra N J, Huang X L, et al. Global contrast based salient region detection[J].

IEEE Transactions on Pattern Analysis and Machine Intelligence, 2015, 37(3):569-582.

[40] Rajashekar U, Bovik A C, Cormack L K. Visual search in noise: Revealing the influence of structural cues by gaze-contingent classification image analysis[J]. Journal of Vision, 2006, 6(4):379-386.

[41] Peters R J, Iyer A, Itti L, et al. Components of bottom-up gaze allocation in natural images[J]. Vision Research, 2005, 45(18):2397-2416.

第 5 章　仿鹰视顶盖–峡核调制显著图提取

5.1　引　言

鹰具有敏锐的眼睛，即使从万米高空也能看清楚地面上的弱小目标物，还可在空中翱翔时实现精准和快速捕食。如图 5-1 所示，鹰在飞翔的时候利用敏锐的目光可以发现远方的猎物，陡然振动双翅迅速下降，接近猎物并用锐利的钩爪将其抓住。鹰眼的离中投射可有选择地提高视网膜对视野中更大范围内的一些特定物体的敏感性，离中枢通路通过投射到视网膜的目标细胞上，加强视野中某个特定区域的视觉反应或者将视觉注意转移到视野中某个特定的区域，使鹰眼中央凹能够对准目标区域，保证对目标区域有高分辨率[1, 2]。

图 5-1　鹰俯冲捕食地面小目标场景

在鹰脑核团之间存在大量的交互作用，不同核团之间通过前馈和反馈作用共同完成视觉信息的处理，其中视顶盖-峡核之间的反馈回路与“胜者为王”机制有着密切关系[3, 4]。峡核是非哺乳类脊椎动物视觉系统中的一个重要核团，该核团与哺乳动物视觉系统中的类丘旁核同源。峡核将双侧视顶盖信息进行联系，并参与双目视觉信息处理。峡核结构又可细分为峡核大细胞部、峡核小细胞部和半月核三个部分[5]。峡核大细胞部的细胞多呈现为梨形，其细胞体含有多个树突，细胞直径为 12～50μm。峡核小细胞部的细胞多呈现为圆形胞体，直径约为 20μm，树突分支较少。半月核也是圆形胞体，直径约为 20μm，亦含有较少的树突分支。峡核视野图与视顶盖类似，峡核中的神经元感受野对运动小目标刺激敏感，响应强烈。同时峡核神经元接收同侧视顶盖神经元的输入，且其输出投射至对侧或同侧视顶盖。核团间的交互作用机制在视觉注意过程中起着重要作用，被用于控制视觉注意焦点的转移[6, 7]。完整的视顶盖与峡核之间神经元连接的简图如图 5-2 所示，峡核大细胞部对视顶盖区域的调制作用有两种途径，一种是直接作用于视顶盖神经元，另外一种是通过峡核小细胞部和半月核的类胆碱能神经元的放大后作用于视顶盖神经元[8]。

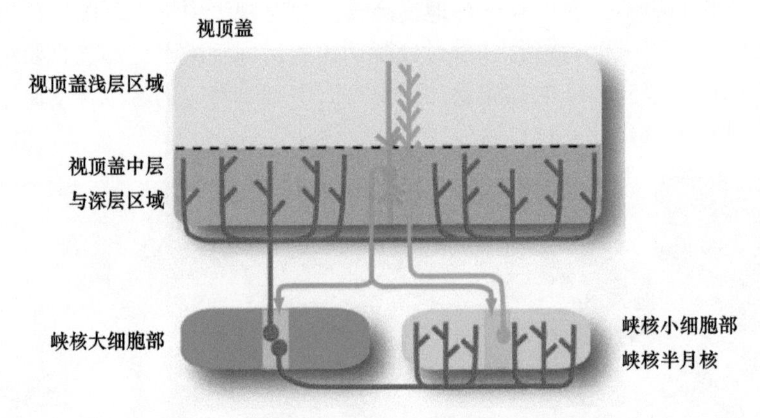

图 5-2　视顶盖与峡核之间的神经元连接简图[7]

为考虑目标整体性并在一定程度上保证提取出的显著区域有实用意义，诸多研究者提出了多种视觉注意计算模型，这类模型也是自底向上视觉注意模型中重要的一类[9-11]。此类模型的整体思路是首先按照颜色、亮度、纹理等特征的差别将图像划分成不同的区域，然后以区域为单位分析局部差异性或全局差异性，通过区域竞争确定显著区域[12-14]。此外，前景先验和背景假设方法也能够在一定程度上提高显著图提取算法性能。通过使用不同的视觉滤波器进行竞争而产生“胜者为王”机制，可表明该模型与心理物理学观察到的结果一致。

本章通过模拟鹰脑核团对视觉信息的分层处理机制，建立了一种仿鹰眼视觉注意模型，对场景进行分层显著性计算[15-17]。首先利用初级视觉注意模型对视顶盖细胞感受野进行模拟，在初级显著图提取的基础上，进一步模拟鹰视顶盖–峡核回路的调制机理对不同复杂度的视觉信息分别进行加工处理，并模拟高级视觉核团神经元之间的信息交互机制，最终实现了复杂场景中的显著性检测。

5.2　鹰视顶盖-峡核神经联系

5.2.1　峡核信息处理

峡核大细胞部和峡核小细胞部均对小黑点刺激最为敏感，但是其中部分细胞也具有朝向选择性，这种选择性可能得益于其椭圆形的感受野[18]。峡核大细胞部和峡核小细胞部单个细胞的重要特征在于其具有紧密的视网膜拓扑投射、椭圆形的兴奋性感受野和大的抑制性周边。小的点状刺激或条状刺激比大的刺激能够更加有效地获得响应，这可能是由峡核细胞的感受野特性所决定的。半月核是离顶盖通路的一部分,其细胞中的一些响应特性与峡核大细胞部和峡核小细胞部类似，感受野包括一个兴奋性中心和抑制性周边，神经元也具有运动方向选择性[19]。除此之外，一些半月核细胞具有单独的兴奋性感受野或者单独的抑制性感受野，根据运动速度选择性可以将其分为快速型、中速型和慢速型。鉴于半月核与视顶盖之间的连接，半月核神经元的一些特性可能是视顶盖投射导致的[20]。

峡核大细胞部的神经元均为γ-氨基丁酸(γ-aminobutyric Acid，GABA，一种抑制性神经递质)能神经元，大细胞部区域接收视顶盖神经元的输入，峡核大细胞部神经元输出投射至视顶盖的第 12～14 层神经元，并对其产生调制作用[21]。峡核小细胞部神经元中小部分是 GABA 能神经元，大部分是胆碱能神经元。峡核小细胞部神经元接收视顶盖第 10 层神经元投射，并返回投射至视顶盖的第 2～5 层，对其产生调制作用。半月核神经元是胆碱能神经元，其接收视顶盖第 9～11 层神经元的投射输入，并返回投射到视顶盖的第 2～7 层神经元。此外，半月核神经元输出还投射到双侧圆核区域和外侧螺旋核，其中半月核到双侧圆核区域的投射能够对离顶盖通路信息进行调节，半月核到外侧螺旋核的投射能够调节基底神经节对视顶盖的调控作用。

5.2.2　“胜者为王”网络

相比于视顶盖神经元，峡核神经元直接参与视觉信息的处理较少，但对其他视觉核团的调节作用较多，且这种核团之间的调节作用对视觉感知与认知具有重要意义。峡核大细胞部调节视顶盖投射形成抑制性通路，峡核小细胞部调节视顶盖投射形成兴奋性通路，这两个通路和视顶盖神经元输入峡核神经元的投射相互作用，形成正负反馈回路[22]。其中兴奋性投射的正反馈通路对输入的某一种视觉特征刺激进行增强，而抑制性的负反馈通路则对输入的其他视觉特征刺激进行抑制，从而凸显出某一种特征刺激，使得视觉系统的注意力集中在对应该视觉特征刺激的目标区域。兴奋性和抑制性调节作用并非一成不变，在有些生物系统中，峡核大细胞部对视顶盖起兴奋性调节作用，峡核小细胞部对视顶盖起抑制性调节作用[23]。峡核与视顶盖之间的正负反馈回路构成“胜者为王”网络，该网络将视觉系统的更多处理资源集中在视觉刺激竞争中获胜的目标区域[24]。

从视顶盖到峡核的投射回路为“中脑网络”，如图 5-3 所示，该网络与“胜者为王”和视觉注意机制之间存在一定关联[25]。中脑刺激选择网络的主要功能是计算注意力和注视的最高优先级位置，能够将视觉刺激灵活分类为“最强刺激”和“其他刺激”。中脑网络的关键要素包括视顶盖的表层(第 1～9 层)、视顶盖的中间层和深层(第 10～15 层)，以及中脑 GABA 能峡核大细胞部。输入刺激(黑色箭头)激发了视顶盖的中间层和深层神经元及峡核大细胞部中的神经元空间偏好性兴奋。中脑网络的前馈侧抑制回路中，左侧神经元感受野接收刺激输入，右感受野之外也接收竞争刺激。中脑选择网络结构如图 5-4 所示，两个峡核大细胞部神经元之间也存在交互作用，峡核大细胞部对视顶盖细胞之间的相互抑制具有调节作用，即在峡核大细胞部神经元之间存在全局性的反馈抑制连接[26]。此时，峡核大

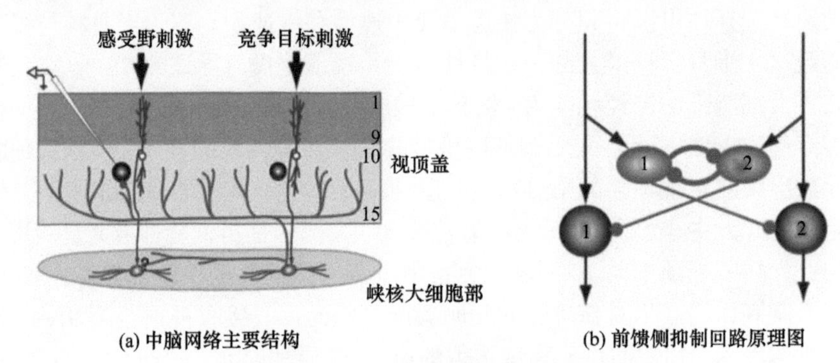

(a) 中脑网络主要结构　　(b) 前馈侧抑制回路原理图

图 5-3　峡核大细胞部到视顶盖的前馈侧抑制[23]

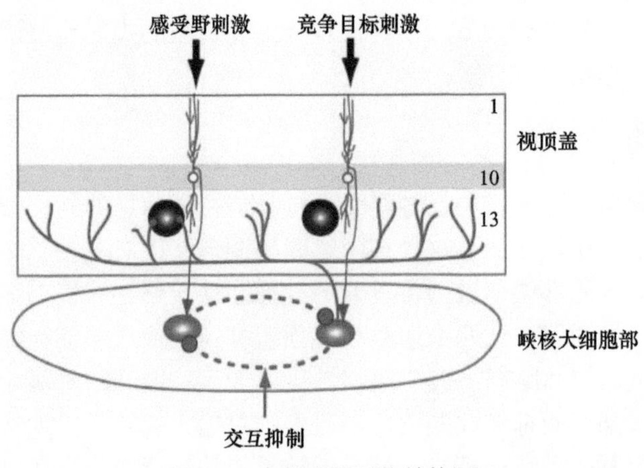

图 5-4　中脑选择网络结构[24]

细胞部神经元向视顶盖区域产生广泛的侧抑制投射(红线)，竞争目标刺激不会抑制其自身的响应。需要说明的是，周边刺激引起的侧抑制作用最终是否会对感受野刺激的大细胞部响应产生抑制作用尚未明确。在该回路中，抑制作用的强度和竞争目标刺激有关，实现了类似于“中脑网络”的分类功能。该模型中的峡核大细胞部之间的交互作用是前馈侧抑制网络能够实现“胜者为王”的核心所在。

峡核小细胞部对自下而上视觉注意机制的产生也有重要作用，很多小细胞部神经元亦呈现“类开关”特性，即当该神经元感受野内的刺激变为当前的最强刺激时，其神经元响应会突然增大，这种信息变化会传递至视顶盖区域，因此，小细胞部神经元呈现出的功能特性类似于视觉注意中的显著图[27]。峡核小细胞部与视顶盖之间的类胆碱能回路研究表明，当局部断开峡核小细胞部与视顶盖之间的联系时，视顶盖单元的增益和空间分辨力降低，特别是被断开的峡核小细胞部单元视觉感受野所代表的位置处的变化更加明显，并且导致视顶盖单元感受野从该位置偏移[28]。这种胆碱能回路控制机制接收自下而上的竞争刺激信号，通过自上而下的信号可以调制这种竞争，并且它们建立了特定回路、增益控制和视觉感受野的动态移位之间的因果联系。

5.3　分层显著图提取

5.3.1　视顶盖–峡核回路模拟

鹰视顶盖-峡核回路中峡核对视顶盖的调制作用能够将视觉系统的处理重点集中于某个最强刺激所在区域。本章考虑目标整体性及目标与背景之间的区分界限，将初级显著图计算作为第一层显著图，并在此基础上进行第二层显著图计算，提取分层显著图[15]。峡核神经元接收视顶盖神经元的输入，对视顶盖神经元输出进行更高层次的处理。峡核神经元感受野比视顶盖神经元感受野大，能汇聚的信息更多，并且能够提取到中级视觉特征。本章模拟峡核感受野的信息汇聚机制，对图像进行超像素分割，并使用图模型模拟峡核细胞感受野对视觉特征的汇聚作用，从而对图像进行超像素级的分析。超像素级的分析方法与像素级别的分析方法相比能够获得区域性特征，综合考虑物体的整体性，更加符合鹰视觉系统的信息处理流程。

本章使用简单线性迭代聚类方法对输入图像进行超像素分割，其时间复杂度较低，且能够保持良好的边界特性[29]。简单线性迭代聚类方法通过使用 CIELAB 颜色特征和像素空间位置作为像素之间的距离测量标准，使用 K-means 方法进行聚类，将相邻的具有相同或者相似特征的一系列像素汇聚成一个超像素输出。将每个超像素作为一个峡核细胞的感受野，在此感受野内对初级显著性信息进行整合。将属于同一个超像素的各个像素点对应的初级显著值的平均值作为该超像素的初级显著值，并将第 i 个超像素处的初级显著值记为 $S_{\mathrm{H1}}(i)$ 。

第二层显著图计算主要模拟峡核与视顶盖之间的信息反馈与调节过程，使用正则化随机游走模拟该过程[30]。首先，在上述超像素分割的基础上建立图模型，在图模型中将每个超像素作为一个节点，构造 k 正则图模型 $G=\{V,E\}$ 。图模型中的节点集 $V=\{v_1,v_2,\cdots,v_n\}$ 是编号后的一系列超像素，$E=\{e_{ij},i,j=1,2,\cdots,n\}$ 是图中的边，其存在于下述情况中的两个节点之间：①每个节点和它的相邻节点；②每个节点和它邻居节点的相邻节点；③图像中四个边缘中的任何两个节点。此时，图像的四个边界在图模型中构成一个闭环，该闭环约束能够缩短相似超像素之间的测地距离，从而提高显著性检测准确度。然后，利用该图中节点之间的权重模拟鹰脑峡核神经元之间的连接权重。在图模型中，关联矩阵 W 表示图中所有节点之间的连接权重，两个节点之间的权重用来度量它们之间的区分度。i,j 两节点在特征空间上的关联矩阵定义如下：

$$w_{ij}=\exp(-\|\overline{r}_i-\overline{r}_j\|/\sigma^2),\quad i,j\in V \tag{5.1}$$

其中 $\overline{r}_i$ 和 $\overline{r}_j$ 分别为第 i,j 节点在特征空间上的平均特征向量，σ 是控制权重大小的常量参数。

使用自动阈值分割将每个超像素按照其初级显著值分为前景和背景两种查询节点，可获得所有节点的分类标记矩阵 $y=[y_1\ y_2\ \cdots\ y_n]^{\mathrm{T}}$ ，具体计算如下：

$$\begin{cases} y_i=1, & S_{\mathrm{H1}}(i)>\mathrm{mean}(S_{\mathrm{H1}}) \\ y_i=0, & S_{\mathrm{H1}}(i)\leqslant\mathrm{mean}(S_{\mathrm{H1}}) \end{cases} \tag{5.2}$$

其中 $\mathrm{mean}(\bullet)$ 表示求均值操作，$y_i=1$ 表示节点 i 是前景查询节点。然后使用流形排序方法更新各个节点的显著值[31]，最优排序计算如下：

$$f=(D-1/((1+\mu)W))^{-1}y \tag{5.3}$$

其中 W 是图模型的关联矩阵；$D=\mathrm{diag}(d_{11},d_{22},\cdots,d_{nn})$ 是度矩阵，$d_{ii}=\sum_j w_{ij}$ ；μ 是一个控制参数。此时的最优排序 f 给出了更新后的各个超像素的初级显著值。

在上一步骤中得到的超像素显著值在一方面综合考虑了目标的完整性，但其结果的准确性对超像素分割过程的依赖较多，当超像素分割不准确时将影响显著图的计算结果。因此，在使用随机游走方法模拟峡核与视顶盖神经元之间的调制作用时，在像素级别上对图像建立图模型。其关联矩阵计算与式(5.1)相同，使用的特征为亮度特征。将用上文中计算所得的超像素初级显著值 f 表示为像素级的显著图形式并记为 F ，然后使用正则化随机游走[28]分别计算各个种子节点和非种子节点的显著值，其中种子节点是通过对初级显著图进行阈值分割确定的。使用超像素初级显著值计算两个阈值：

$$\begin{aligned} T_1 &= (\text{mean}(f) + \max(f)) / 2 \\ T_2 &= \text{mean}(f) \end{aligned} \tag{5.4}$$

将 $F_u > T_1$ 的像素作为前景种子节点，将 $F_u < T_2$ 的像素作为背景种子节点，将这两种种子节点合并为 p_S^k，并使用 $Q(x_s) = k$ 表示种子节点的类别，将非种子节点表示为 p_U^k，其中 $k = 1,2$ 分别表示背景和前景[28]。其中，种子节点的概率向量是固定值，其计算如下：

$$p_S^k = \begin{cases} 1, & Q(x_s) = k \\ 0, & \text{其他} \end{cases} \tag{5.5}$$

随机游走算法求解最优的概率向量 p^k 可以转化为 Dirichlet 积分问题[32,33]：

$$\text{Dir}[p^k] = \frac{1}{2}(p^k)^{\text{T}} L(p^k) + \frac{\mu}{2}(p^k - Y)(p^k - Y) \tag{5.6}$$

其中 Y 是像素级的指示向量，μ 是控制参数，L 是拉普拉斯矩阵。可将 L 分解为 $\begin{bmatrix} L_S & B \\ B^{\text{T}} & L_U \end{bmatrix}$。因此，非种子节点 p_U^k 的最优概率向量计算过程可再将上式进行分解，并设置 $\text{Dir}[p^k]$ 对 p_U^k 的微分为零，求得

$$p_U^k = (L_U + \mu I)^{-1}(-B^{\text{T}} p_S^k + \mu Y_U^k) \tag{5.7}$$

将 p_S^k 和 p_U^k 进行合并，最终可得整个图像的 p^k，其中 p^2 即为最终的显著图，即 $S_{\text{H2}} = p^2$。

5.3.2 显著图计算

仿鹰视顶盖-峡核调制分层显著图提取方法可称为分层视觉注意(Hierarchical Visual Attention，HVA)方法，该方法第一层模拟鹰视顶盖在视觉注意中的作用，第二层模拟视顶盖-峡核通路中峡核神经元的信息汇聚机制及视顶盖与峡核神经元之间的相互作用。具体计算过程如下：

Step 1 在灰度图像及 RGB、LMS、HSI 和 YIQ 颜色空间的各个颜色通道上使用 Sparsenet 方法计算图像对应的鹰视顶盖神经元响应，并建立神经元响应统计直方图，通过该统计直方图计算每个像素对应的显著值，将各个颜色空间的子显著图按照第 4 章所述的加权合并方法进行融合，得到第一层显著图。此外，本章还使用独立成分分析(Independent Component Analysis，ICA)方法模拟鹰视顶盖神经元感受野，并计算视顶盖神经元响应，然后建立该响应的统计直方图，并使用各个响应出现的概率计算第一层显著图。

Step 2　使用简单线性迭代聚类方法对输入图像进行超像素分割，并将每个超像素中所有像素的初级显著值的平均值作为该超像素的初级显著值。

Step 3　对超像素分割后的图像建立图模型，使用自动阈值分割方法将所有超像素按照其初级显著值分为前景和背景两种查询节点，然后使用流形排序对超像素的显著值进行更新，获得超像素级的第一层显著图。

Step 4　在第一层显著图上使用自适应阈值分割获得前景种子节点和背景种子节点，对图像建立像素级的图模型，使用正则化随机游走方法计算像素级的第二层显著图。

根据第一层显著图计算方法的不同对本章提出的两种方法加以区分。其中，第一种方法称为 HVA1 方法，该方法在 RGB 颜色空间上使用 ICA 计算视顶盖神经元响应，并在此基础上计算第一层显著图。HVA2 方法则在灰度图及 RGB、LMS、HSI 和 YIQ 颜色空间的各个通道上分别使用 Sparsenet 方法计算视顶盖神经元响应，并在此基础上计算第一层显著图。HVA1 和 HVA2 方法的第二层计算方式相同。HVA 方法显著图提取流程如图 5-5 所示。

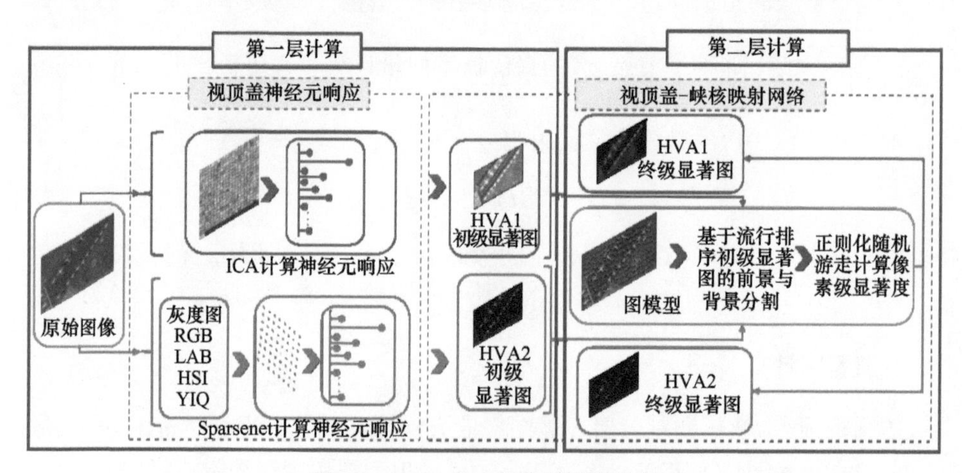

图 5-5　HVA 方法显著图提取流程

5.4　仿真实验分析

将 HVA1 和 HVA2 方法与目前较为先进的多个视觉方法进行对比，包括显著图滤波器(Saliency Filters，SF)方法[34]、测地显著性检测(Geodesic Saliency，GS)[35]、SR[36]、SUN[37]、基于图论的显著图提取(Graph-based Visual Saliency，GB)[38]、Itti 等在 1998 年提出的视觉注意方法(Itti 模型(Itti's Model，IT))[39]、图像签名(Image Signature，SIG)方法[40]和 AIM[41]方法。此外，本节还将 HVA1

和 HVA2 方法与第 4 章提出的 SPNR-SUM 和 SPNR-MAX 方法的显著图提取性能进行对比和分析。

本实验中将各显著图提取方法在 CSSD、ECSSD、DUT-OMRON 和 MSRA10K 四个图库上进行测试，并绘制了 F 值曲线和 P-R 曲线。此外，本实验中还计算了各个显著图提取方法在四个图库上的 ROC 曲线 AUC 值、F 值、NSS 值和 CC 值，这些指标的具体计算方法均与第 4 章相同。在本实验中，HVA1 方法和 HVA2 方法各个参数设置为 $n=600$，$\sigma^2=0.1$，$\mu=0.01$。SPNR-SUM、SPNR-MAX 方法设置参数与第 4 章相同，其余方法均使用默认参数进行显著图提取。

图 5-6 给出了 HVA1 和 HVA2 方法、第 4 章提出的 SPNR-SUM 和 SPNR-MAX 方法及其他 8 种对比方法的显著图提取结果。图 5-7 给出了这 12 种方法在 CSSD 图库中获得的 F 值随分割阈值变化曲线和 P-R 曲线。由图 5-6 所示结果可见，HVA1 方法的显著图提取效果最好，目标区域的显著值较为集中且目标区域较为完整。由图 5-6 中第 4 列和第 5 列结果对比可见，HVA2 方法获得的显著图中目标区域相比于 SPNR-SUM 方法所获得的结果更加集中，目标更加完整。剩余的对比方法中，GS 方法获得的显著图结果优于其他几种方法，但是目标区域的显著值不均匀。SPNR-MAX 方法在目标较大时存在一定缺陷，显著值会集中在像素个数较少且与其他区域特征差别较大的区域。SR、GB、IT 和 SIG 方法的显著图中显著值较为分散，目标区域不完整。SUN 方法和 AIM 方法获得的显著图中背景区域的显著值抑制不明显，SUN 方法对前三张测试图提取的显著图中目标区域的显著值低于背景区域，而 AIM 方法获得的显著图中当目标区域较大时目标内部显著值较低。

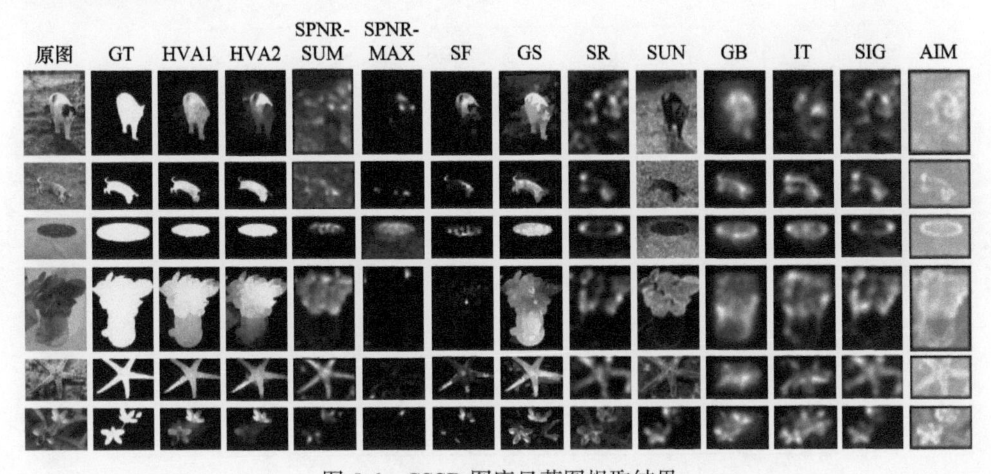

图 5-6　CSSD 图库显著图提取结果

对比图 5-7(a)中给出的 F 值曲线及图 5-7(b)中给出的 P-R 曲线可见，在 CSSD

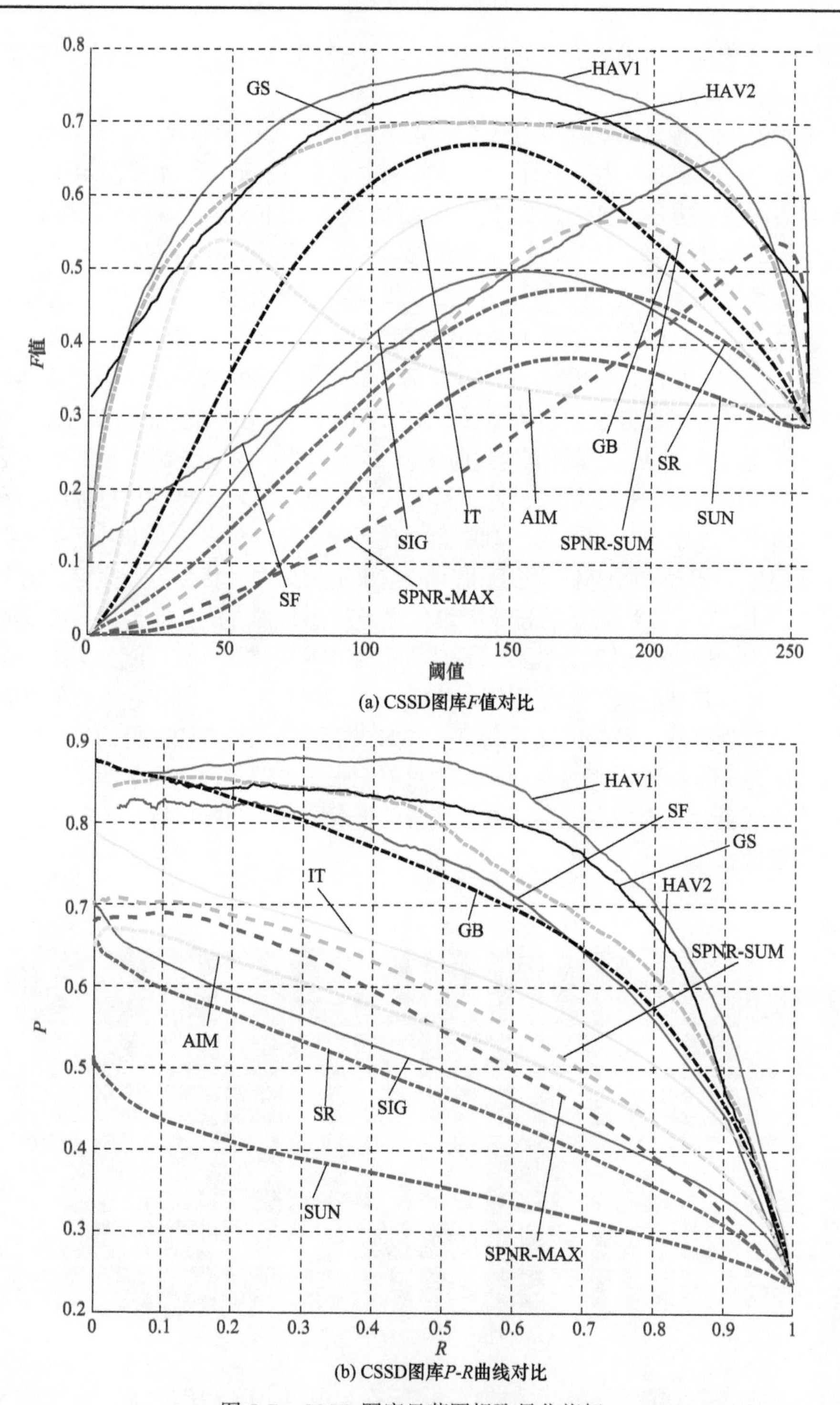

(a) CSSD图库F值对比

(b) CSSD图库P-R曲线对比

图 5-7　CSSD 图库显著图提取量化指标

图库的显著图提取结果中，HVA1 方法的效果最好，其 *F* 值随阈值变化曲线最高，且最大 *F* 值高于其他方法，其 *P-R* 曲线亦高于其他方法。GS 方法的效果较 HVA1 方法差但优于其他方法。HVA2 方法的最大 *F* 值和 *P-R* 曲线低于 HVA1 方法和 GS 方法，但是 *F* 值高于其他 9 种对比方法。此外，由图 5-7(a)所示结果可见，在 CSSD 图库所得结果中，HVA1 方法在较大的阈值范围内均获得较高的 *F* 值，说明该方法获得的显著图中目标区域与背景区域显著值较容易区分。而 AIM 方法在阈值较低时获得了最大 *F* 值，相反，SF 和 SPNR-MAX 方法在阈值较高时获得了最大 *F* 值，这与显著图中的显著值分布范围有关。

综合比较图 5-6、图 5-8、图 5-10 和图 5-12 中所给出的 12 种方法在四个图库上所得的显著图可见，HVA1 方法和 HVA2 方法均获得了较为完整的目标区域，且对背景区域的纹理等干扰有着强烈的抑制作用。对比 HVA2 和 SPNR-SUM 方法的显著图可见，使用超像素分割模拟鹰脑峡核神经元的汇聚作用能够使目标区域的显著值更加均匀，且显著图中的目标轮廓更加完整。此外，通过使用随机游走方法模拟鹰脑视顶盖与峡核神经元之间的相互作用和调节机制使得每个像素具有其相应的显著值，从而避免了超像素分割误差对显著图提取造成的影响。SPNR-SUM 方法相比于 SR、SUN 和 AIM 等基于信息论和后验概率而提出的显著图提取方法具有一定的优势，但是相比于其他方法在常规目标显著图提取方面的优势较弱。SPNR-SUM 和 SPNR-MAX 方法在小目标显著图提取中的性能优于多种对比方法。在其他对比方法中，GS 方法获得的显著图接近于 HVA1 方法，但是在该方法提取的显著图中目标区域的显著值变化较大。

综合比较图 5-7、图 5-9、图 5-11 和图 5-13 中所给出的 12 种方法在四个图库上所得的 *F* 值曲线和 *P-R* 曲线可见，本章方法在四个图库上的表现较为稳定，尤其是 HVA1 方法在四个图库中的最大 *F* 值均高于其他方法，且 *P-R* 曲线结果亦优于其他方法，这证明了 HVA1 方法的鲁棒性。对各个方法的 *F* 值曲线和 *P-R* 曲线分别进行排序可见，在同一图库的测试结果中不同方法的 *F* 值曲线排序和 *P-R* 曲线排序一致。纵向比较四个图库中获得结果可见，在不同的图库中，12 种方法的量化指标排序差别不大，而在 MSRA10K 图库上计算得到的量化指标略高于其他图库，说明该图库的显著图提取任务相对简单。

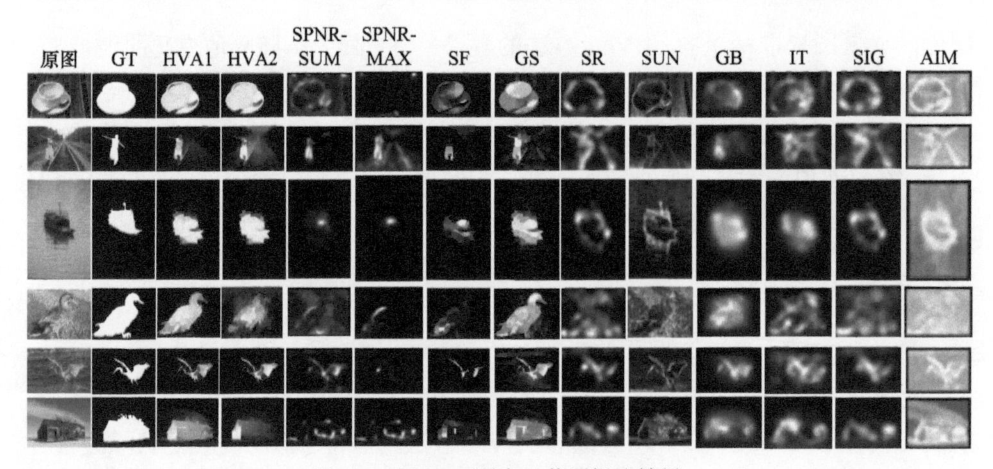

图 5-8　ECSSD 图库显著图提取结果

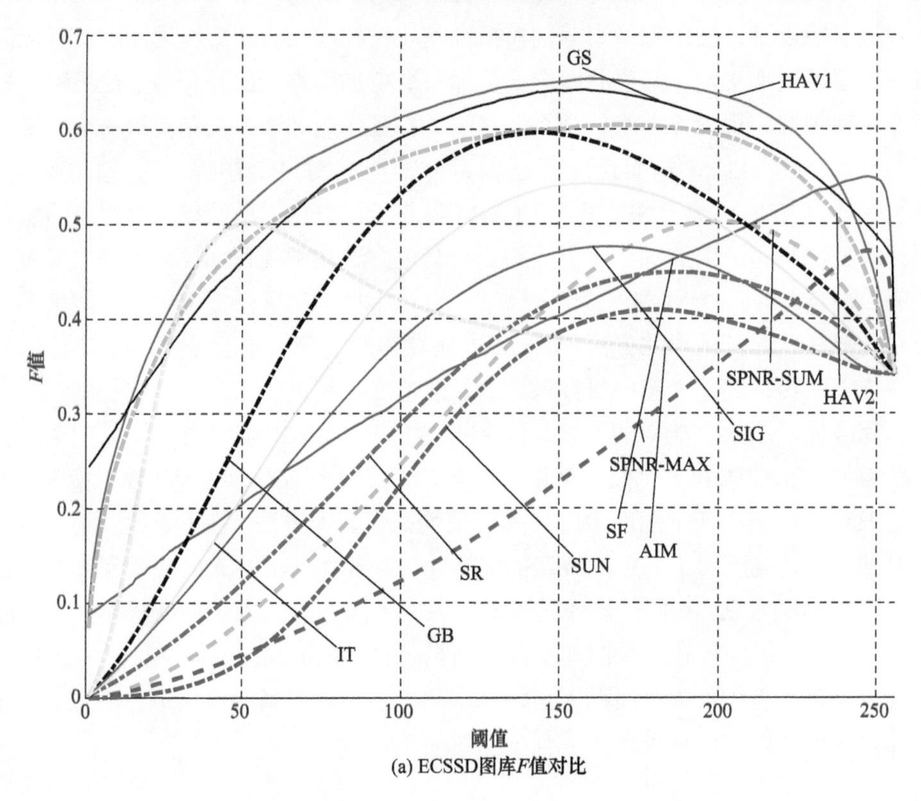

(a) ECSSD图库F值对比

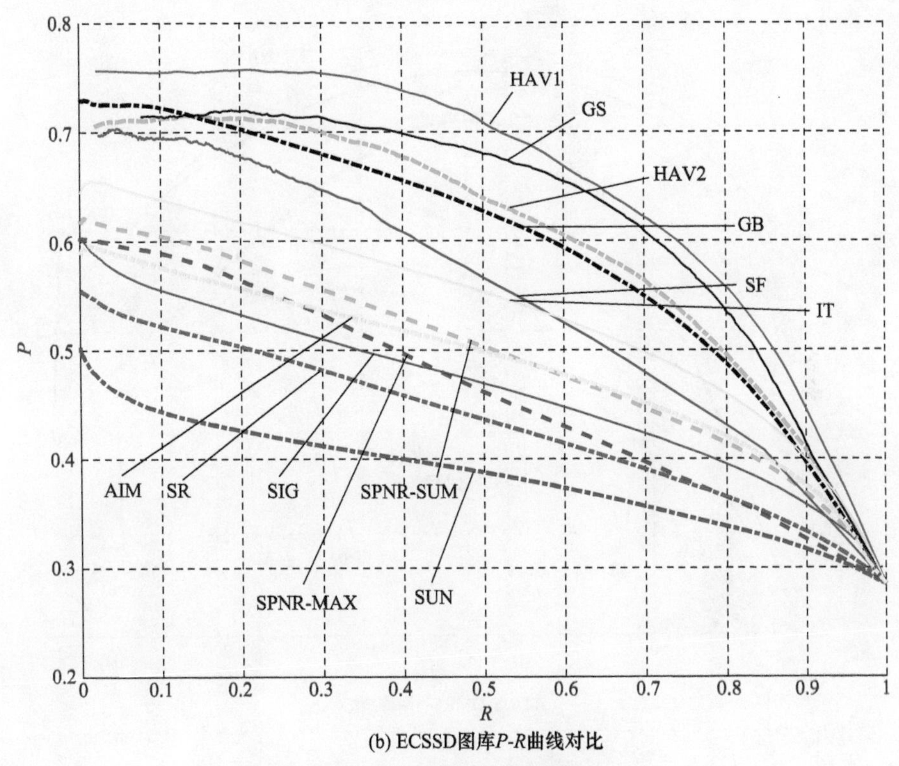

(b) ECSSD图库P-R曲线对比

图 5-9　ECSSD 图库显著图提取量化指标

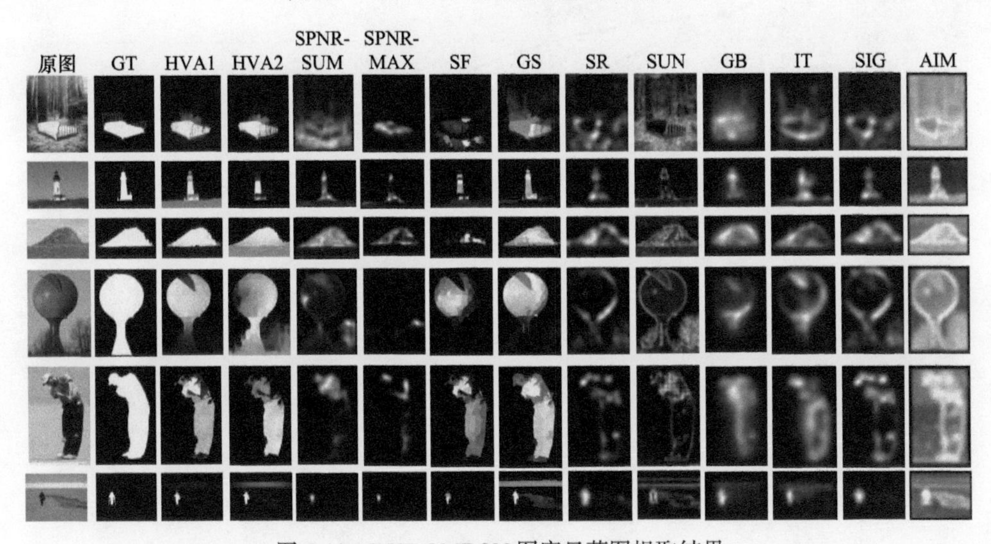

图 5-10　DUT-OMRON 图库显著图提取结果

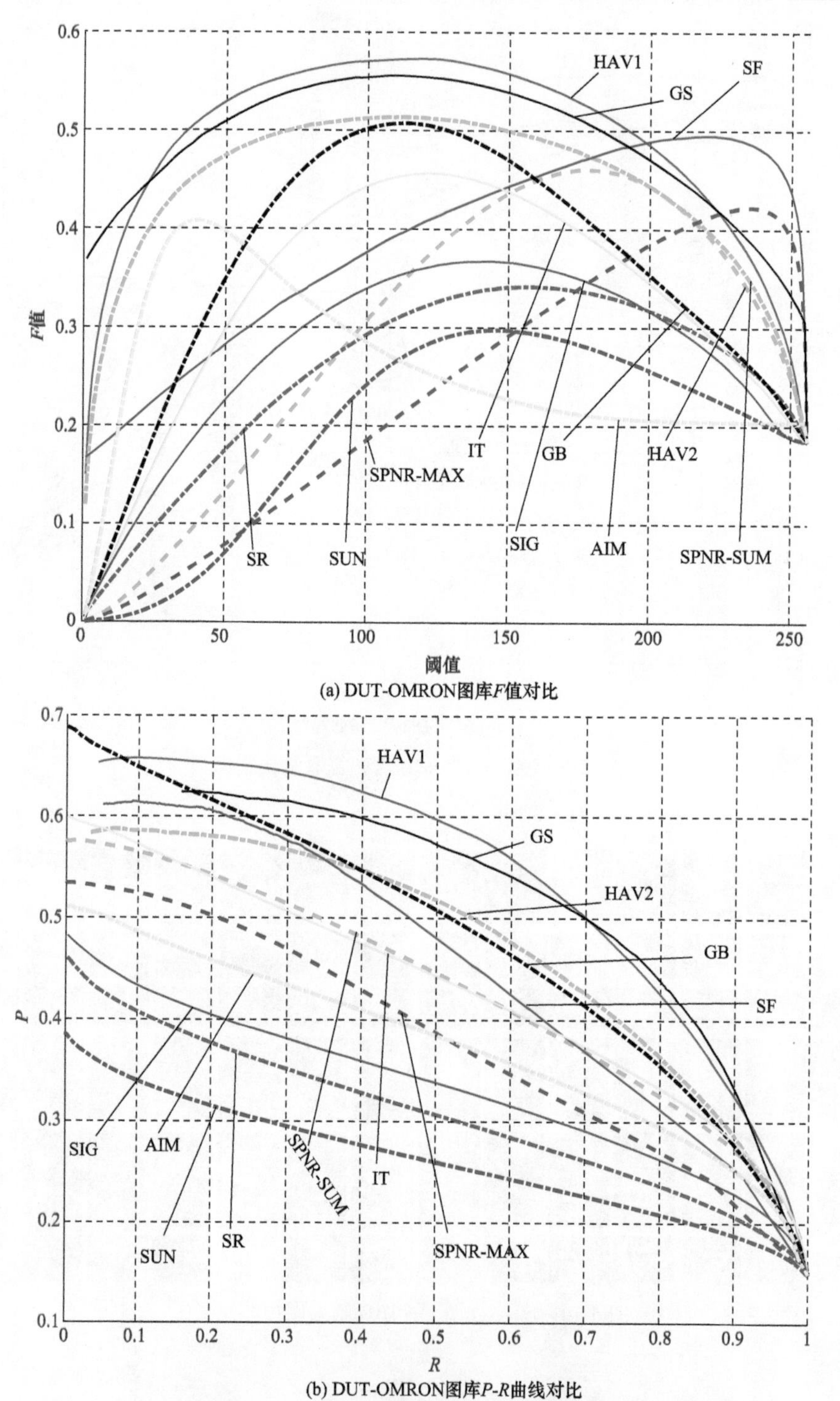

图 5-11　DUT-OMRON 图库显著图提取量化指标

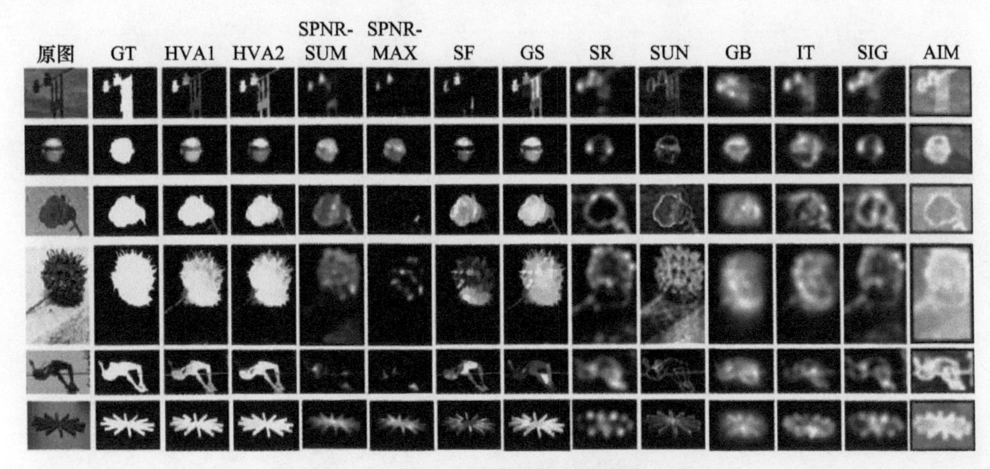

图 5-12　MSRA10K 图库显著图提取结果

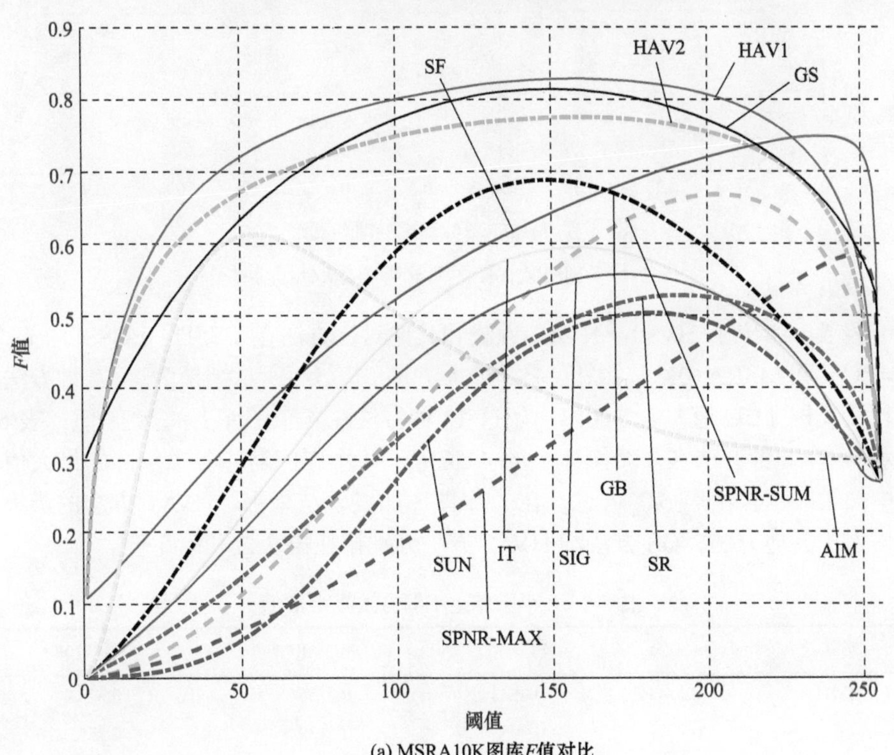

(a) MSRA10K图库F值对比

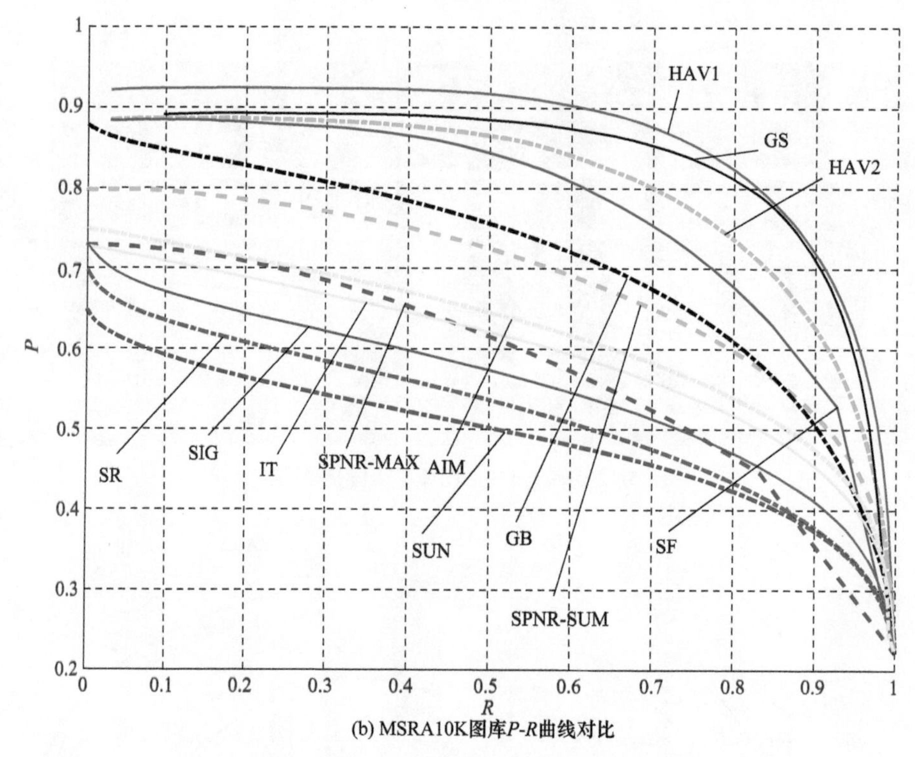

(b) MSRA10K图库*P-R*曲线对比

图 5-13　MSRA10K 图库显著图提取量化指标

表 5-1 给出了 HVA1、HVA2 方法和其他对比方法在 CSSD、ECSSD、DUT-OMRON 和 MSRA10K 4 个图库上的最大 *F* 值。表 5-2 所示结果为这 12 种方法在 4 个图库上的 CC 值，表 5-3 给出了这 12 种方法在 4 个图库上的 NSS 值，表 5-4 所示为这 12 种方法在 4 个图库上的 AUC 值。4 个图库对应各个指标的最大值在表中加粗表示。由表 5-1 可见，在 4 个图库的实验结果中，HVA1 方法的最大 *F* 值均大于其他方法，GS 方法和 HVA2 方法分别排在第 2 位和第 3 位。

表 5-1　4 个图库上不同方法最大 *F* 值

方法	CSSD	ECSSD	DUT-OMRON	MSRA10K
HVA1	**0.7743**	**0.6533**	**0.5736**	**0.8283**
HVA2	0.7017	0.6050	0.5139	0.7755
SPNR-SUM	0.5682	0.5027	0.4607	0.6679
SPNR-MAX	0.5391	0.4716	0.4226	0.5845
SF	0.6853	0.5498	0.4955	0.7487
GS	0.7503	0.6416	0.5561	0.8143
SR	0.4751	0.4494	0.3420	0.5288
SUN	0.3810	0.4098	0.2977	0.5041

续表

方法	CSSD	ECSSD	DUT-OMRON	MSRA10K
GB	0.6712	0.5965	0.5073	0.6882
IT	0.5988	0.5432	0.4572	0.5952
SIG	0.4986	0.4769	0.3677	0.5582
AIM	0.5390	0.5016	0.4084	0.6132

表 5-2　4 个图库上不同方法 CC 值

方法	CSSD	ECSSD	DUT-OMRON	MSRA10K
HVA1	0.6963	0.5213	0.5143	0.7715
HVA2	0.6329	0.4668	0.4597	0.7148
SPNR-SUM	0.4564	0.3386	0.4332	0.6103
SPNR-MAX	0.3308	0.2331	0.3188	0.3903
SF	0.4707	0.3148	0.3800	0.5724
GS	**0.6967**	0.5295	**0.5461**	**0.7724**
SR	0.3665	0.2682	0.3192	0.4691
SUN	0.1403	0.1512	0.2204	0.4232
GB	0.6818	**0.5336**	0.5351	0.7088
IT	0.6002	0.4658	0.4955	0.6060
SIG	0.4275	0.3365	0.3693	0.5298
AIM	0.3879	0.3297	0.3215	0.5119

表 5-3　4 个图库上不同方法 NSS 值

方法	CSSD	ECSSD	DUT-OMRON	MSRA10K
HVA1	**1.5086**	**1.1694**	**1.5263**	**1.6217**
HVA2	1.3325	1.0097	1.2882	1.4792
SPNR-SUM	0.9926	0.7482	1.4244	1.2562
SPNR-MAX	0.7808	0.5739	1.1686	0.8507
SF	1.0850	0.7553	1.3266	1.2486
GS	1.4823	1.1580	1.6331	1.6157
SR	0.7456	0.5891	1.0173	0.9330
SUN	0.2527	0.2897	0.7056	0.8195
GB	1.3103	1.0634	1.4580	1.3514
IT	1.1672	0.9356	1.3866	1.1579
SIG	0.8494	0.7002	1.1172	1.0348
AIM	0.6847	0.5700	0.8095	0.9459

表 5-4 4 个图库上不同方法 AUC 值

方法	CSSD	ECSSD	DUT-OMRON	MSRA10K
HVA1	**0.9111**	0.8201	0.8503	**0.9516**
HVA2	0.8852	0.7895	0.8180	0.9280
SPNR-SUM	0.7894	0.7125	0.8141	0.8835
SPNR-MAX	0.7630	0.6804	0.7619	0.7953
SF	0.8573	0.7460	0.7993	0.8964
GS	0.9097	**0.8217**	**0.8774**	0.9467
SR	0.7301	0.6689	0.7448	0.8053
SUN	0.5851	0.5870	0.6761	0.7601
GB	0.8955	0.8114	0.8602	0.9131
IT	0.8630	0.7815	0.8463	0.8705
SIG	0.7696	0.7074	0.7753	0.8369
AIM	0.8001	0.7272	0.7989	0.8626

由表 5-2 所示的结果可见，在 CSSD 图库和 MSRA10K 图库的显著图提取时，GS 方法的 CC 值略高于 HVA1 方法，而 HVA1 方法所得 CC 值高于其他 10 种方法。在 ECSSD 图库上所得的结果中，GB 方法的 CC 值最高，其次分别是 GS 方法和 HVA1 方法所得 CC 值。在 DUT-OMRON 和 MSRA10K 图库上，GS 方法均获得了最高的 CC 值，HVA1 方法在两个图库上的 CC 值分别排在第 3 位和第 2 位。在前 3 个图库的测试结果中，HVA2 方法的 CC 值总体上大致排在第 4 位，在第 4 个图库的测试结果中，HVA2 方法的 CC 值排在第 3 位。

由表 5-3 所示结果可见，以 NSS 值为评价指标时，HVA1 方法在 4 个图库的测试结果总体上大致排在第 1 位，GS 法 NSS 值低于 HVA1 方法，总体上大致排在第 2 位。在 CSSD 图库和 MSRA10K 图库中，HVA2 方法的 NSS 值低于 HVA1 方法和 GS 方法但高于其他方法，在 ECSSD 图库和 DUT-OMRON 图库中，HVA2 方法的 NSS 值低于 HVA1、GS 和 GB 方法，总体上大致排在第 4 位。

由表 5-4 所示 AUC 值对比可见，HVA1 方法在 CSSD 和 MSRA10K 图库获得了最大 AUC 值，GS 方法在 ECSSD 图库和 DUT-OMRON 图库获得了最大 AUC 值。HVA2 方法在 4 个图库上的 AUC 值总体上大致排在第 4 位。

5.5 本章小结

鹰视顶盖–峡核回路的交互调制作用能使视觉系统更聚焦于某个最强刺激所在区域。本章模拟鹰视顶盖-峡核神经元之间的调制机制及其构成的“胜者为王”

网络，在仿鹰视顶盖神经元统计特性初级视觉注意的基础上，提出了一种分层显著图提取方法。该方法将仿鹰视顶盖神经元响应的初级视觉注意作为第一层显著图，在此基础上计算第二层显著图。模拟峡核神经元的信息汇聚作用，对图像进行超像素分割并建立图模型，将每个超像素中所有像素点的显著值均值作为该超像素的初级显著值。通过自动阈值分割方法获得前景查询节点和背景查询节点，并在超像素级别使用流形排序方法更新超像素显著值。然后使用自动阈值分割获得前景种子节点和背景种子节点，再使用基于像素级图模型的正则化随机游走模拟峡核与视顶盖之间的信息传递回路，计算各个像素点的第二层显著值。由实验结果可见，该方法获得的显著图中目标区域的显著值更加均匀且目标区域更加完整，能获得最佳显著图提取性能。

参考文献

[1] 李晗, 段海滨, 李淑宇. 猛禽视觉研究新进展[J]. 科技导报, 2018, 36(17): 52-67.

[2] Duan H B, Xin L, Xu Y, et al. Eagle-vision-inspired visual measurement algorithm for UAV's autonomous landing[J]. International Journal of Robotics and Automation, 2020, 35(2): 94-100.

[3] 邓亦敏. 基于仿鹰眼视觉的无人机自主着舰导引技术研究[D]. 北京: 北京航空航天大学, 2017.

[4] 李晗, 段海滨, 李淑宇, 等. 仿猛禽视顶盖信息中转整合的加油目标跟踪[J]. 智能系统学报, 2019, 14(6): 1084-1091.

[5] Wang S R. The nucleus isthmi and dual modulation of the receptive field of tectal neurons in non-mammals[J]. Brain Research Reviews, 2003, 41(1):13-25.

[6] 段海滨, 张奇夫, 邓亦敏, 等. 基于仿鹰眼视觉的无人机自主空中加油[J]. 仪器仪表学报, 2014, 35(7): 1450-1458.

[7] 赵国治, 段海滨. 仿鹰眼视觉技术研究进展[J]. 中国科学: 技术科学, 2017, 47(5): 514-523.

[8] Mysore S P, Knudsen E I. The role of a midbrain network in competitive stimulus selection[J]. Current Opinion in Neurobiology, 2011, 21(4):653-660.

[9] Lee D K, Itti L, Koch C, et al. Attention activates winner-take-all competition among visual filters[J]. Nature Neuroscience, 1999, 2(4): 375-381.

[10] Aziz M Z, Mertsching B. Fast and robust generation of feature maps for region-based visual attention[J]. IEEE Transactions on Image Processing, 2008, 17(5): 633-645.

[11] Liu H Y, Jiang S Q, Huang Q M, et al. Region-based visual attention analysis with its application in image browsing on small displays[C]. Proceedings of the 15th International Conference on Multimedia, Seoul, Korea, 2007: 305-308.

[12] Duan H B, Deng Y M, Wang X H, et al. Biological eagle-eye-based visual imaging guidance simulation platform for unmanned flying vehicles [J]. IEEE Aerospace and Electronic Systems Magazine, 2013, 28(12): 36-45.

[13] Duan H B, Deng Y M, Wang X H, et al. Small and dim target detection via lateral inhibition filtering and artificial bee colony based selective visual attention [J]. PLOS ONE, 2013, 8 (8):

e72035-1-12.

[14] 王晓华, 张聪, 李聪, 等. 基于仿生视觉注意机制的无人机目标检测[J]. 航空科学技术, 2015, 26(11):78-82.

[15] Wang X H, Duan H B. Hierarchical visual attention model for saliency detection inspired by avian visual pathways [J]. IEEE/CAA Journal of Automatica Sinica, 2019, 6(2):540-552.

[16] 王晓华. 基于仿鹰眼-脑机制的小目标识别技术研究[D]. 北京: 北京航空航天大学, 2018.

[17] Duan H B, Wang X H. A visual attention model based on statistical properties of neuron responses[J]. Scientific Reports, 2015, 5: 8873-1-10.

[18] Wang Y C, Frost B J. Visual response characteristics of neurons in the nucleus isthmi magnocellularis and nucleus isthmi parvocellularis of pigeons[J]. Experimental Brain Research, 1991, 87(3): 624-633.

[19] Yang J, Li X, Wang S R. Receptive field organization and response properties of visual neurons in the pigeon nucleus semilunaris[J]. Neuroscience Letters, 2002, 331(3): 179-182.

[20] Hellmann B, Manns M, Güntürkün O. Nucleus isthmi, pars semilunaris as a key component of the tectofugal visual system in pigeons[J]. Journal of Comparative Neurology, 2001, 436(2): 153-166.

[21] Hunt S P, Künzle H. Observations on the projections and intrinsic organization of the pigeon optic tectum: an autoradiographic study based on anterograde and retrograde, axonal and dendritic flow[J]. Journal of Comparative Neurology, 1976, 170(2): 153-172.

[22] Wylie D R W, Gutierrez-Ibanez C, Pakan J M P, et al. The optic tectum of birds: Mapping our way to understanding visual processing[J]. Canadian Journal of Experimental Psychology, 2009, 63(4): 328-338.

[23] 王远. 鸟类视觉中枢之间的相互作用[D]. 北京: 中国科学院生物物理研究所, 2001.

[24] 李晗. 仿猛禽视觉的自主空中加油技术研究[D]. 北京: 北京航空航天大学, 2019.

[25] Mysore S P, Knudsen E I. Reciprocal inhibition of inhibition: A circuit motif for flexible categorization in stimulus selection[J]. Neuron, 2012, 73(1):193-205.

[26] Goddard C A, Mysore S P, Bryant A S, et al. Spatially reciprocal inhibition of inhibition within a stimulus selection network in the avian midbrain[J]. PLOS ONE, 2014,9(1): e85865-1-8.

[27] Asadollahi A, Mysore S P, Knudsen E I. Stimulus-driven competition in a cholinergic midbrain nucleus[J]. Nature Neuroscience, 2010, 13(7): 889-895.

[28] Asadollahi A, Knudsen E I. Spatially precise visual gain control mediated by a cholinergic circuit in the midbrain attention network[J]. Nature Communications, 2016, 7: 13472-1-9.

[29] Achanta R, Shaji A, Smith K, et al. SLIC superpixels compared to state-of-the-art superpixel methods[J]. IEEE Transactions on Pattern Analysis and Machine Intelligence, 2012, 34(11): 2274-2282.

[30] Li C Y, Yuan Y C, Cai W D. et al. Robust saliency detection via regularized random walks ranking[C]. Proceedings of IEEE Conference on Computer Vision and Pattern Recognition, Boston, USA, 2015: 2710-2717.

[31] Yang C, Zhang L H, Lu H C, et al. Saliency detection via graph-based manifold ranking[C]. Proceedings of IEEE Conference on Computer Vision and Pattern Recognition, Portland, USA,

2013: 3166-3173.

[32] 干露. 基于仿生视觉感知的无人机位姿测量[D]. 北京：北京航空航天大学，2015.

[33] Grady L. Random walks for image segmentation[J]. IEEE Transactions on Pattern Analysis and Machine Intelligence, 2006, 28(11):1768-1783.

[34] Perazzi F, Krähenbuhl P, Pritch Y, et al. Saliency filters: contrast based filtering for salient region detection[C]. Proceedings of the IEEE Conference on Computer Vision and Pattern Recognition, Providence, USA, 2012: 733-740.

[35] Wei Y C, Wen F, Zhu W J, et al. Geodesic saliency using background priors[C]. Proceedings of the European Conference on Computer Vision, Florence, Italy, 2012: 29-42.

[36] Hou X D, Zhang L Q. Saliency detection: A spectral residual approach[C]. Proceedings of the IEEE Conference on Computer Vision and Pattern Recognition, Minneapolis, USA, 2007: 1-8.

[37] Zhang L Y, Tong M H, Marks T K, et al. SUN: A Bayesian framework for saliency using natural statistics[J]. Journal of Vision, 2008, 8(7): 32-1-20.

[38] Schölkopf B, Platt J, Hofmann T. Graph-based visual saliency[C]. Proceedings of the International Conference on Neural Information Processing Systems, Vancouver, Canada,2006: 545-552.

[39] Itti L, Koch C, Niebur E. A model of saliency-based visual attention for rapid scene analysis[J]. IEEE Transactions on Pattern Analysis and Machine Intelligence, 1998, 20(11): 1254-1259.

[40] Hou X D, Harel J, Koch C. Image signature: Highlighting sparse salient regions[J]. IEEE Transactions on Pattern Analysis and Machine Intelligence, 2012, 34(1): 194-201.

[41] Bruce N D B, Tsotsos J K. Saliency, attention, and visual search: An information theoretic approach[J]. Journal of Vision, 2009, 9(3):5-1-24.

第6章　仿鹰眼交叉抑制的动态目标感知

6.1　引　　言

鹰捕食猎物也是一个动态场景，捕猎过程中，猎物在视觉系统所生成的图像中的大小、位置、形态等会发生变化。同时，在逐渐靠近猎物的动态过程中，干扰物等背景信息也在时刻发生变化，而鹰往往能从复杂场景中准确滤除干扰并定位运动中的猎物。鹰具有优异的视觉系统，其突出的生理学特性保证了鹰可在相当远的地方就开始捕捉目标，并能快速精准地跟踪目标[1]。在捕食过程中，对于运动信息的获取与综合利用是鹰成功捕食的关键因素[2-6]。如图 6-1 所示，针对鹰的捕食行为，研究者们已开展有关实验，通过在鹰头部安装前视相机，记录鹰在跟踪捕捉兔子等目标过程中的场景信息和运动过程[7]。场景中黑色箭头表示地面目标兔子的运动方向，红色箭头表示鹰的运动方向，目标位置用粉红色线条表示，场景光流用白色线条表示。通过实验测试表明，在鹰飞向目标过程中，视觉场景的光流信息与目标的运动信息相一致，在鹰朝目标运动的过程中，光流是鹰判断目标与自己相对方位的重要参考物[7-9]。

(a) 相机安装位置　　(b) 猎物捕捉场景

(c) 静态目标　　(d) 动态目标

图 6-1　鹰的捕食行为测试场景与光流[7]

鹰根据图像在视网膜上的动态变化，可以区分环境信息和猎物，并进行速度判断和运动轨迹校正。当鹰眼观察和跟踪运动的猎物时，整个视场的景象会在视网膜上形成变化的图像序列。在这些“流过”视网膜的连续变化的信息中，各个像素强度数据的时域变化和相关性可用来确定各自像素位置的“运动”，从而可以估计像素运动的瞬时速度。当鹰高速飞向猎物时，场景中的背景信息由于鹰与环境的相对运动关系也发生动态变化。典型的光流场可表示为图像灰度模式的表观运动，即图像灰度的时间变化[10, 11]。通过二维图像平面特定位置的灰度瞬时变化率，可生成一个二维矢量场，其中包含的信息即是各像素点的瞬时运动速度矢量信息。鹰的视觉系统可从光流场中快速分辨出目标，并能较好过滤掉背景运动信息的干扰，从而保证了目标捕获效果的精准性[12, 13]。

6.2　鹰眼视觉交叉抑制特性

与大部分鸟类视觉系统类似，在鹰的视觉系统中，视觉信息传递和处理区域具备完善的分区结构和连接关系，各个组织之间的协同工作使得鹰的视觉系统具备对目标快速捕获和反应的能力[14-16]。在鹰的视觉生理结构中，视网膜-脑的连接关系和信息投射机制至关重要[17, 18]。其中，视顶盖(OT/TeO)是视觉系统中重要的视觉中枢，接收大量的视神经刺激和投射[19]。视顶盖中具有明显的分层分区构造，每个视顶盖结构可以接收对侧视觉刺激信号，并可以进行对侧眼睛的运动控制，而双眼视觉的精细共轭眼球运动的控制可以通过丘脑(Wulst)途径介导，并强烈地投射回视顶盖中[14]。在信息传递过程中，峡视核(ION)是参与视觉系统神经元调节的重要单元[20]。鹰科猛禽斯温氏鵟(*Buteo swainsoni*)的峡视核冠状切面显微镜照片如图 6-2 所示，呈现出一种均匀分布的椭圆形细胞组织结构。

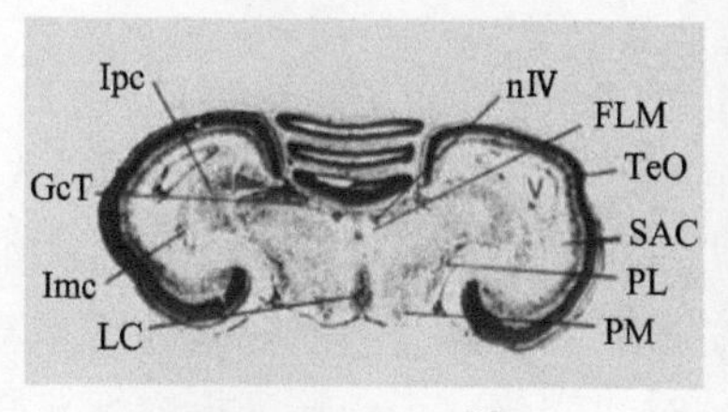

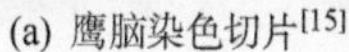
(a) 鹰脑染色切片[15]

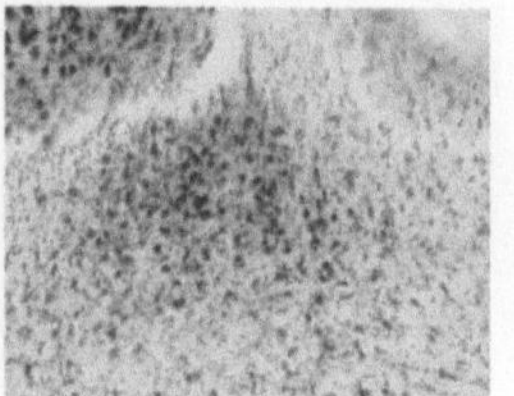
(b) 峡视核冠状切面[16]

图 6-2　鹰脑及峡视核生理结构

峡核可通过视顶盖接收对侧眼输入，并投射到对侧或同侧视顶盖[21]。在峡核中，大细胞部(Imc)与视顶盖具有连接回路，对视顶盖中神经元的活动进行调节。视顶盖与峡核大细胞部的连接关系如图 6-3 所示。视网膜、视顶盖以及峡核形成交叉连接网络结构，视网膜接收外界视觉刺激信号，通过视网膜与视顶盖的映射关系投射给视顶盖某一区域。视顶盖中的神经元则根据接收的信号做出反应，并通过视顶盖和峡核的连接关系对细胞的刺激和抑制进行调节，使视觉系统完成对外界刺激的反应。

根据视顶盖与峡核大细胞部的连接关系，简化的交叉连接结构如图 6-4 所示，外界刺激包括目标和干扰信号，模拟峡核对模拟视顶盖进行交叉信号调节，从而达到去除干扰信息的目的。在鹰的视觉系统生理学结构中，视网膜与脑的连接关系是保证鹰能完成各种视觉任务的关键因素，而细胞间的抑制作用使鹰眼体现出视觉注意[22, 23]、侧抑制[24-26]等功能特性，是保证鹰眼能从复杂背景中分辨出目标的关键。结合鹰眼的运动目标感知特性和交叉抑制作用，可对运动特征进行提取，从而可实现运动目标的检测[27]。

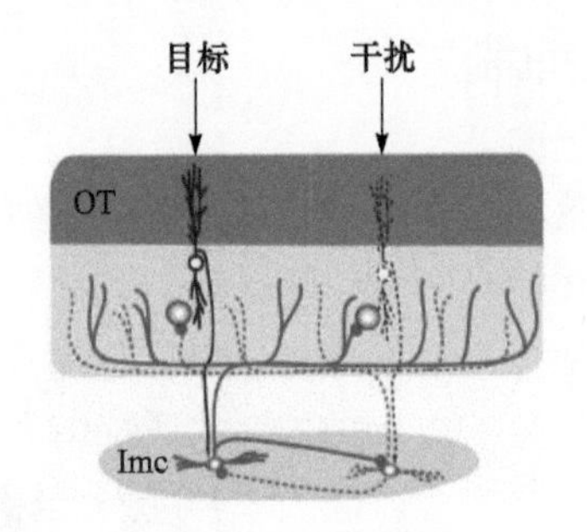

图 6-3　视顶盖–峡核大细胞部连接关系

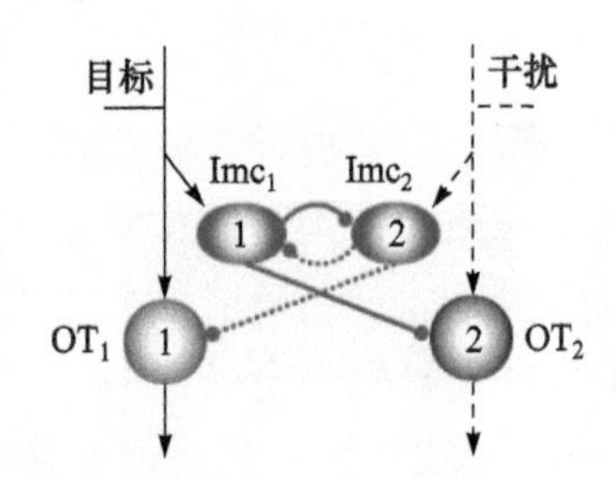

图 6-4　交叉连接结构

6.3　基于交叉抑制的多尺度运动特征计算

6.3.1　运动特征提取

根据细胞间的抑制作用以及视顶盖-峡核大细胞部交叉连接结构，运动特征提取框架如图 6-5 所示，整个框架从输入到输出按照功能结构分为输入、响应特征、延时单元、抑制作用和输出五个主要部分。下面对各个部分进行详细说明。

(1) 输入。外界的视觉刺激会在鹰眼视网膜上形成变化的图像序列，并形成一定的光流场[7]，即形成图像灰度的时间变化。运动特征提取框架通过对称的信息输入，如 I_1 和 I_2，实现特征提取与综合。

(2) 响应特征。对比度信息是鹰眼视觉系统感应的一个重要信息，并用于对目标的识别和捕获[28-30]。图像的梯度往往反映了图像内亮度差异的情况。在一个局部区域中，目标和背景是对比明显的，一般情况下，图像对比度大的地方图像的梯度也较大。因此，输入图像的响应特征通过使用梯度向量幅值进行快速提取。

坐标 i 处的图像梯度按 x 和 y 两个方向计算，即使用一维向量掩模 $s=[-1,0,1]$ 分别在图像的水平和垂直方向上进行梯度计算，从而得到 x 方向梯度 g_x 和 y 方向梯度 g_y，通过计算梯度向量幅值求最终的响应特征 G_i，计算如下：

$$G_i=\sqrt{g_x^2+g_y^2} \tag{6.1}$$

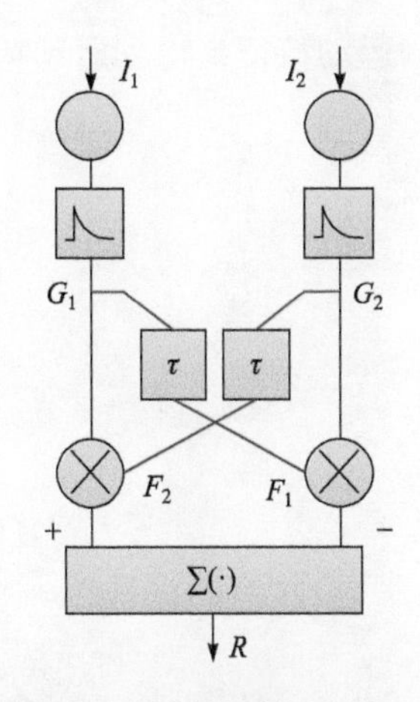

图 6-5　运动特征提取框架

(3) 延时单元。鹰的视觉信息处理过程从视网膜到视顶盖再到峡核，峡核再反馈信息到视顶盖，因此视顶盖接收的信息包括直接的输入刺激和经过峡核延时调制后的刺激，可将峡核的调制看成一个延时单元。细胞被输入刺激激励后，会产生瞬态响应，之后随着时间推移，细胞响应会衰减到初始电位。细胞的响应并不完全是一个尖峰脉冲，而是存在一定带宽，细胞响应衰减过程基本上呈现一种指数衰减形式，因此根据指数衰减确定延时后的响应特征。假设 t 时刻输入刺激为 $G_i(t)$，输出状态为 $F_i(t)$，经过延时参数 τ 后，$t+1$ 时刻输出状态 $F_i(t+1)$ 计算如下：

$$F_i(t+1)=F_i(t)+(G_i(t)-F_i(t))/\tau \tag{6.2}$$

其中设定初始状态 $F_i(0)=0$。

(4) 抑制作用。峡核生成的视觉调制信息可投射到对侧或同侧视顶盖。细胞之间的抑制作用可提高特征信号响应，并抑制背景及干扰产生的响应。相比于背景，目标特征信号通常产生于运动的不连续区域(如边缘角点)，它们比背景的运动信号受到更少的抑制作用影响，若细胞各向同性地对周围产生抑制作用，通过交叉的抑制作用，目标区域的对比度等会得到增强，同方位细胞之间的相互抑制作用保证了目标信号的优势。抑制作用通过交叉乘积差来计算，对于两个输入信号 I_1 和 I_2，得到的最终响应为

$$R(t)=G_1(t)F_2(t)-G_2(t)F_1(t) \tag{6.3}$$

(5) 输出。由于视觉系统感知的图像是二维信号，因此需要将以上的响应扩展到二维平面上，连接结构如图 6-6 所示，与一维连接结构相比，扩展的二维连接结构主要分两个方向(即图像 x 和 y 方向)计算。局部结构可看做由三个输入节点组成，x 方向与 y 方向共用一个输入节点，两个输入节点之间的位置关系为两个像素点或区域之间的距离。因此，在二维结构中，每个输入节点除参与横向(x 方向)的信号传递和结果输出外，还参与纵向(y 方向)的信号传递和结果输出。需要说明的是，相邻的两个输入节点并不表示取相邻的两个像素点，两个节点之间的距离由延时参数 τ 决定。对两个方向的输出信号 $R_x(t)$ 和 $R_y(t)$ 进行综合以提取

运动特征，得到运动特征图，计算如下：

$$M(t)=\sqrt{R_x^2(t)+R_y^2(t)} \tag{6.4}$$

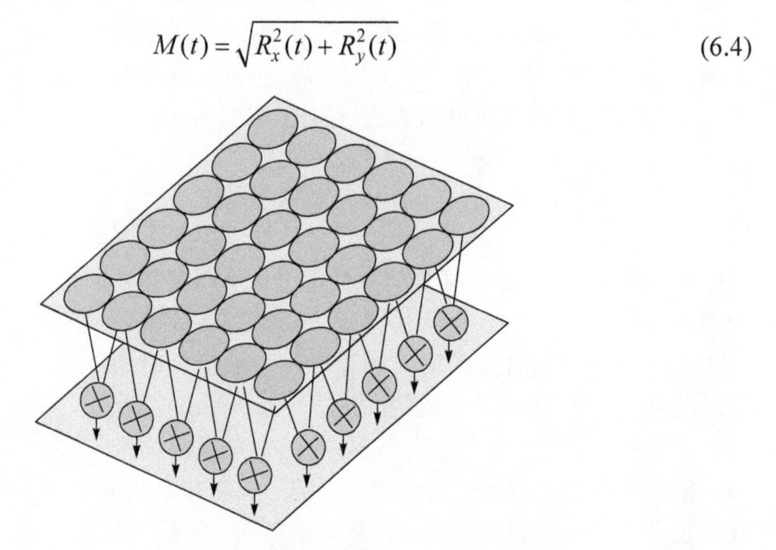

图 6-6　二维连接结构

根据连接结构和运动特征提取步骤，假设信号从左向右以一定速度运动且经过空间上两个节点间隔的时间恰好等于延迟时间时，延迟信号与输入信号相乘后所得的输出信号幅值可达到最大，在此条件下，抑制作用输出信号必大于零。当相对一致的背景信息作为输入信号输入节点中时，两个节点响应基本相同，因此经过交叉抑制后输出等于零。因此，输出信号可以保留运动特征信息并过滤背景信息。运动特征提取如图 6-7 所示，提取过程中，主要的参数为τ，即每个输入节点均通过图像序列第k帧与第$k+\tau$帧计算特征信息，且节点之间的空间距离也取τ。通过交叉抑制计算后可保留运动目标并过滤掉一部分背景干扰，但当背景中有明显的非一致运动区域时，也会作为运动特征被提取出来，因此需要进一步滤除干扰信息。

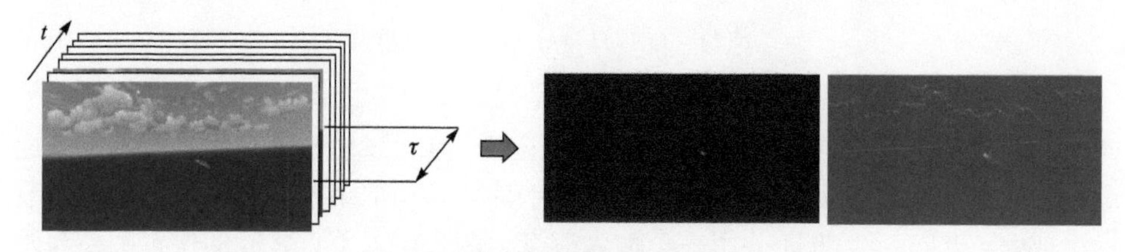

图 6-7　运动特征图提取

6.3.2　特征分布差异性

通过交叉抑制生成的运动特征图中，典型目标与背景干扰在运动特征向量分布上体现出差异性。如图 6-8 所示，取目标区 a 与背景区 b，运动特征向量按照水平和垂直分量分解，特征总体上分别体现出椭圆形分布和近似圆形分布。因此可根据分布的差异性构建运动向量一致性的度量，进一步滤除背景干扰。

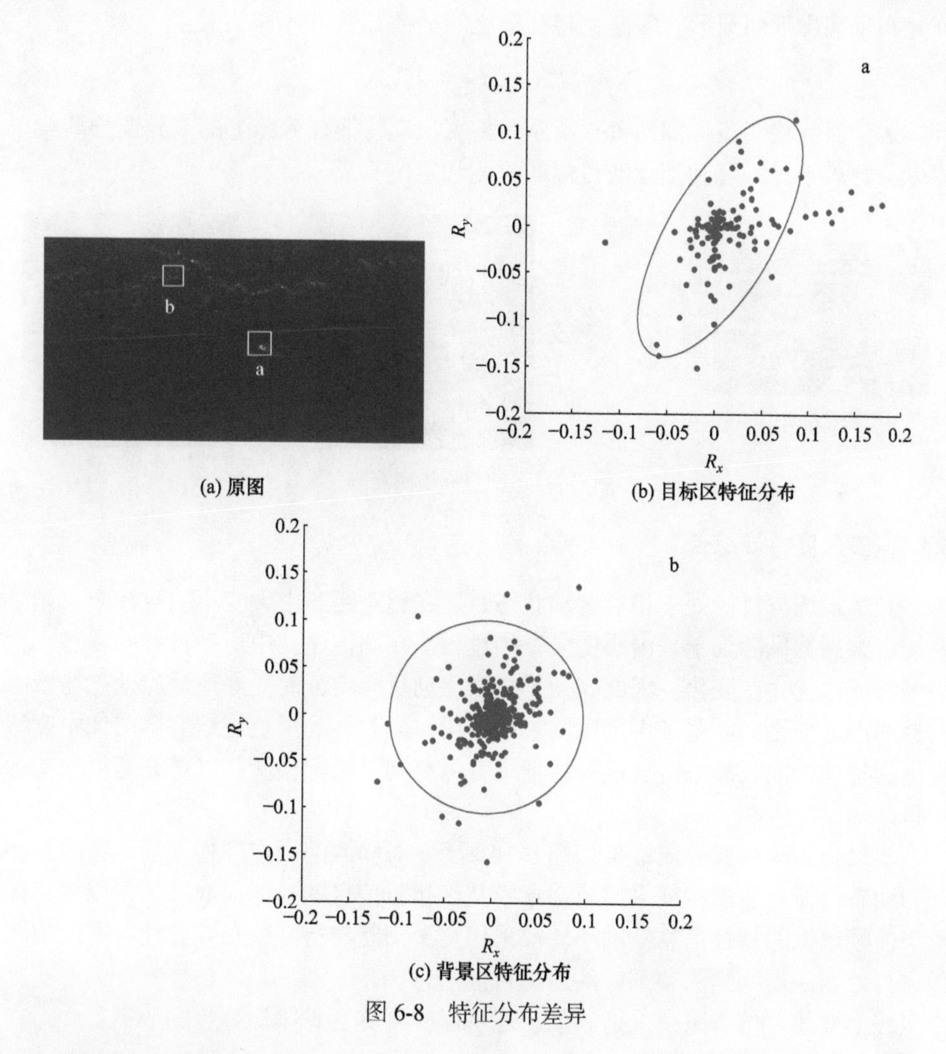

(a) 原图

(b) 目标区特征分布

(c) 背景区特征分布

图 6-8 特征分布差异

给定运动特征水平分量 R_x 和垂直分量 R_y，引入差异性度量指标[31]，计算过程如下：

$$T(i)=\begin{bmatrix} \sum_{j\in B_i} R_x^2(j) & \sum_{j\in B_i} R_x(j)R_y(j) \\ \sum_{j\in B_i} R_x(j)R_y(j) & \sum_{j\in B_i} R_y^2(j) \end{bmatrix} \tag{6.5}$$

其中坐标 j 为坐标 i 的邻域 B_i 中的像素，邻域 B_i 取以坐标 i 为中心、τ 为半径的区域。

设 $T(i)$ 的特征值为 λ_1 和 λ_2，则特征值之间的差异性可用于描述区域运动向量的一致性。若特征值差异大，则特征分布呈现出椭圆形；若特征值差异小，则特征分布呈现出近似圆形。因此，特征值之间的差异性可计算如下：

$$MT(i) = (\lambda_1 - \lambda_2)^2 \tag{6.6}$$

运动目标检测流程如图 6-9 所示。根据运动特征在分布上的差异性分离典型目标与背景干扰，有利于运动目标的检测和定位。

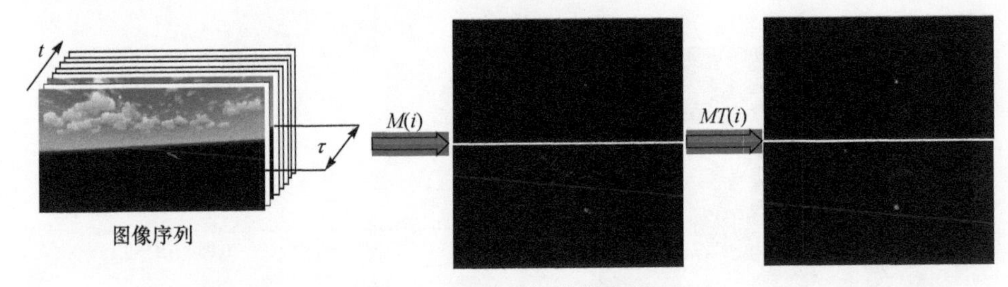

图 6-9　运动目标检测流程

6.3.3　多尺度特征综合

光学系统与目标处于相对运动状态时，在相对距离由大变小的过程中，光学系统观察到的目标处于“由小变大”的过程。在图像序列中运动目标的姿态、大小等特征往往存在变化。因此，为了提取运动目标特征时更好地适应动态场景中目标的形态变化，需要考虑尺度因素的作用。同时，为了更好地突出图像中典型目标的特征，加入静态特征进行特征综合可有利于目标检测，以更好地提取动态的目标。

多尺度运动目标检测框架如图 6-10 所示。对输入的图像序列分别计算静态特征和动态特征。静态特征采用第 2 章中基于相位信息的目标提取方法，以快速计算当前帧图像的特征信息。动态特征采用交叉抑制与特征分布差异性对连续帧图像进行处理，得到当前帧图像的运动目标信息。

综上所述，仿鹰眼交叉抑制的动态目标检测算法具体计算步骤如下：

Step 1　参数初始化。

Step 2　输入图像序列，利用当前第 k 帧图像 $I(k)$ 的相位谱 $P(I(k))$，计算图像缩放尺度 r_n 时的静态特征图：

$$S_S(k,r_n) = F^{-1}[\exp(\mathrm{i} \cdot P(I(k,r_n)))] \tag{6.7}$$

其中 $I(k,r_n)$ 表示将 $I(k)$ 按缩放尺度 r_n 进行缩放后的图像。

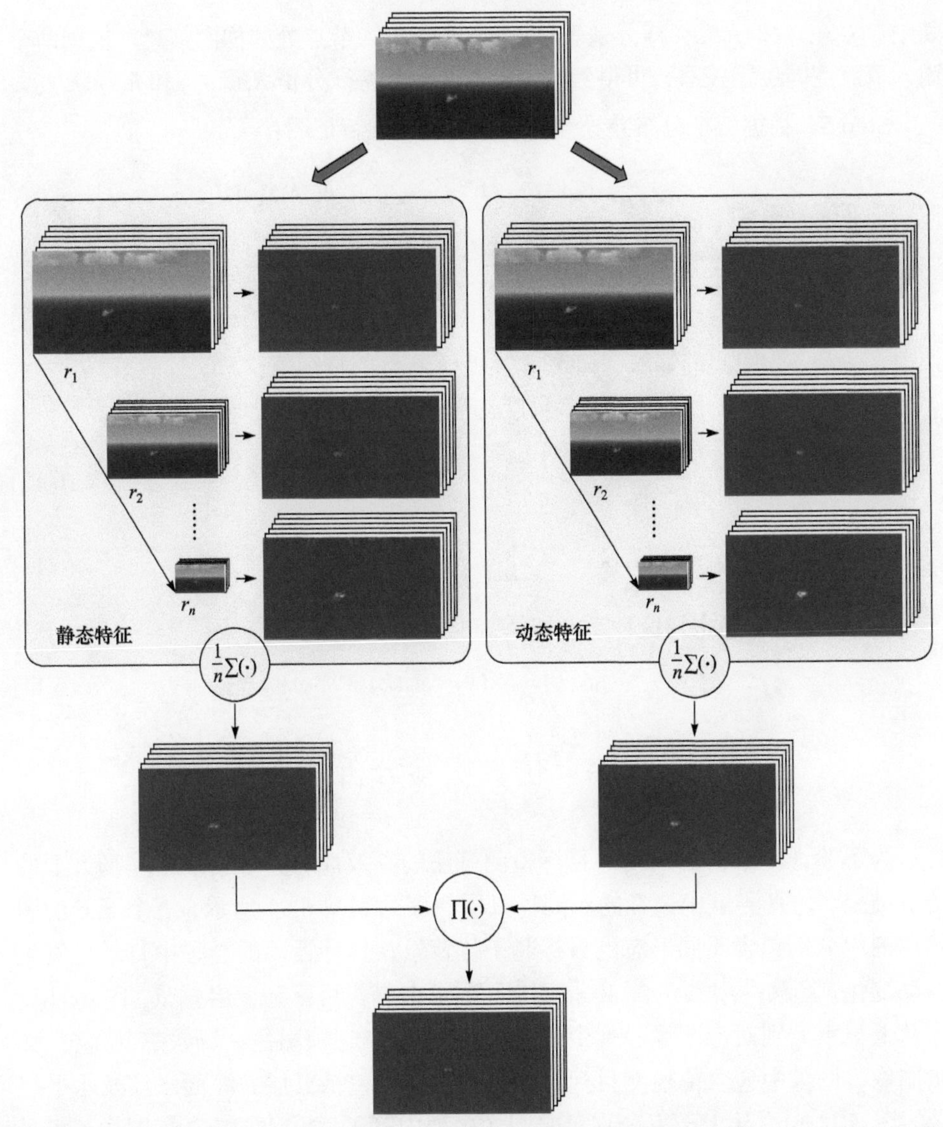

图 6-10 多尺度运动目标检测框架

Step 3 根据第 k 帧图像 $I(k)$ 与上一帧图像 $I(k-1)$，得到梯度信息 $G(k)$ 和 $G(k-1)$。

Step 4 利用交叉抑制机制进行不同尺度下的动态特征提取：

$$F(k,r_n)=F(k-1,r_n)+(G(k-1,r_n)-F(k-1,r_n))/\tau \tag{6.8}$$

$$R(k,r_n)=G(k,r_n,i)F(k,r_n,j)-G(k,r_n,j)F(k,r_n,i) \tag{6.9}$$

其中 $G(k,r_n,i)$ 和 $G(k,r_n,j)$ 分别表示 i 和 j 两个输入节点处的梯度信息。根据两个输入节点空间位置关系，可得到两个方向的动态特征分量 $R_x(k,r_n)$ 和 $R_y(k,r_n)$ 。

Step 5　根据特征分布差异性生成最终的动态特征图：

$$T(k,r_n,i)=\begin{bmatrix} \sum_{j\in B_i} R_x^2(k,r_n,j) & \sum_{j\in B_i} R_x(k,r_n,j)R_y(k,r_n,j) \\ \sum_{j\in B_i} R_x(k,r_n,j)R_y(k,r_n,j) & \sum_{j\in B_i} R_y^2(k,r_n,j) \end{bmatrix} \tag{6.10}$$

$$MT(k,r_n,i)=(\lambda_1-\lambda_2)^2 \tag{6.11}$$

其中 B_i 为以 i 为中心的邻域，λ_1 和 λ_2 为 $T(k,r_n,i)$ 的特征值。

Step 6　通过取平均值进行多尺度特征合成：

$$S_S(k)=\frac{1}{n}\sum_{r\in\{r_1,r_2,\cdots,r_n\}} S_S(k,r) \tag{6.12}$$

$$S_T(k)=\frac{1}{n}\sum_{r\in\{r_1,r_2,\cdots,r_n\}} MT(k,r) \tag{6.13}$$

Step 7　结合静态特征和动态特征，生成最终的特征图：

$$S(k)=S_S(k)\times S_T(k) \tag{6.14}$$

6.4　仿真实验分析

为了验证本章仿鹰眼动态目标检测算法的有效性，本节给出不同场景下的仿真结果。仿真测试中选择的不同场景图像序列如图 6-11 所示，五个场景的图像序列中分别包含不同形态的目标和干扰背景，目标运动的过程中背景也发生运动变化。场景一中共包含 40 张图像，图像中包含目标和云层背景，图 6-11(a)中从上至下分别对应图像序列中第 1、10、20、30 帧图像。场景二共包含 60 张图像，图像中包含待检测目标，背景干扰信息包括云层、海面水纹及水平线等，图 6-11(b)中从上至下分别对应图像序列中第 1、20、40、60 帧图像。场景三共包含 50 张图像，与场景二类似，图像中包括目标及云层等背景，图 6-11(c)中从上至下分别对应图像序列中第 1、20、40、50 帧图像。场景四共包含 40 张图像，背景信息相对较少，图 6-11(d)中从上至下分别对应图像序列中第 1、10、30、40 帧图像。场景五共包含 30 张图像，背景信息相对较多，图 6-11(e)中从上至下分别对应图像序列中第 1、10、20、30 帧图像。所有图像大小均设定为 600 像素×400 像素。

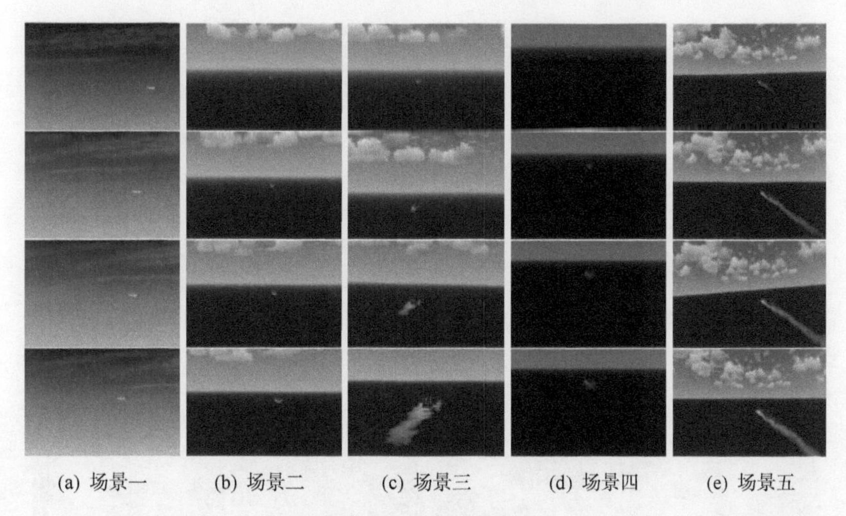

(a) 场景一　(b) 场景二　(c) 场景三　(d) 场景四　(e) 场景五

图 6-11　仿真场景示例

针对以上五个仿真场景,采用多尺度运动目标检测算法的检测结果如图 6-12～图 6-16 所示。实验结果中所列图像序列分别对应图 6-11 中各仿真场景的第二行至第四行图像。最终特征图由动态特征图和静态特征图进行相乘合成。根据最终特征图即可确定图像中目标的位置，最终的目标检测结果中，目标用白色方框标出。

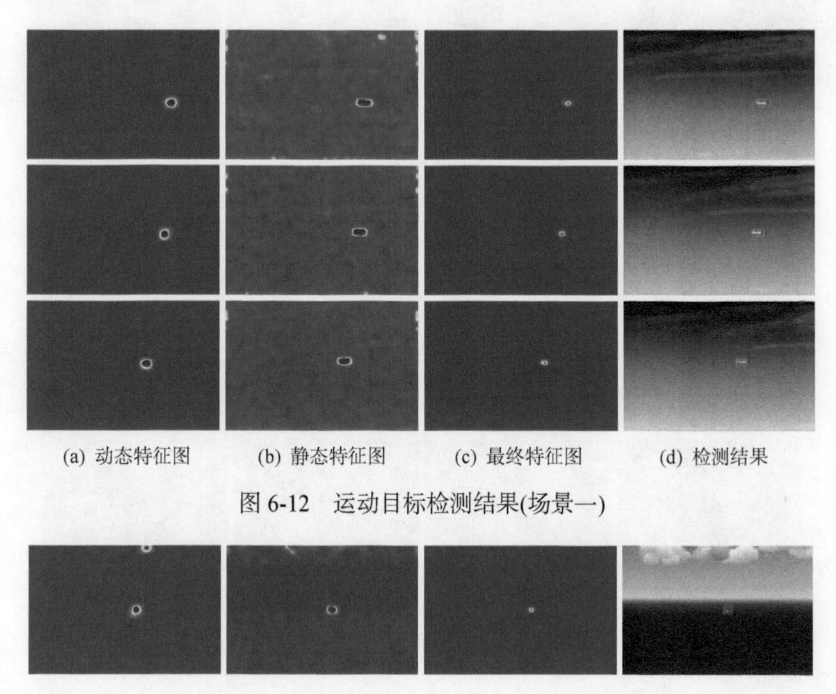

(a) 动态特征图　(b) 静态特征图　(c) 最终特征图　(d) 检测结果

图 6-12　运动目标检测结果(场景一)

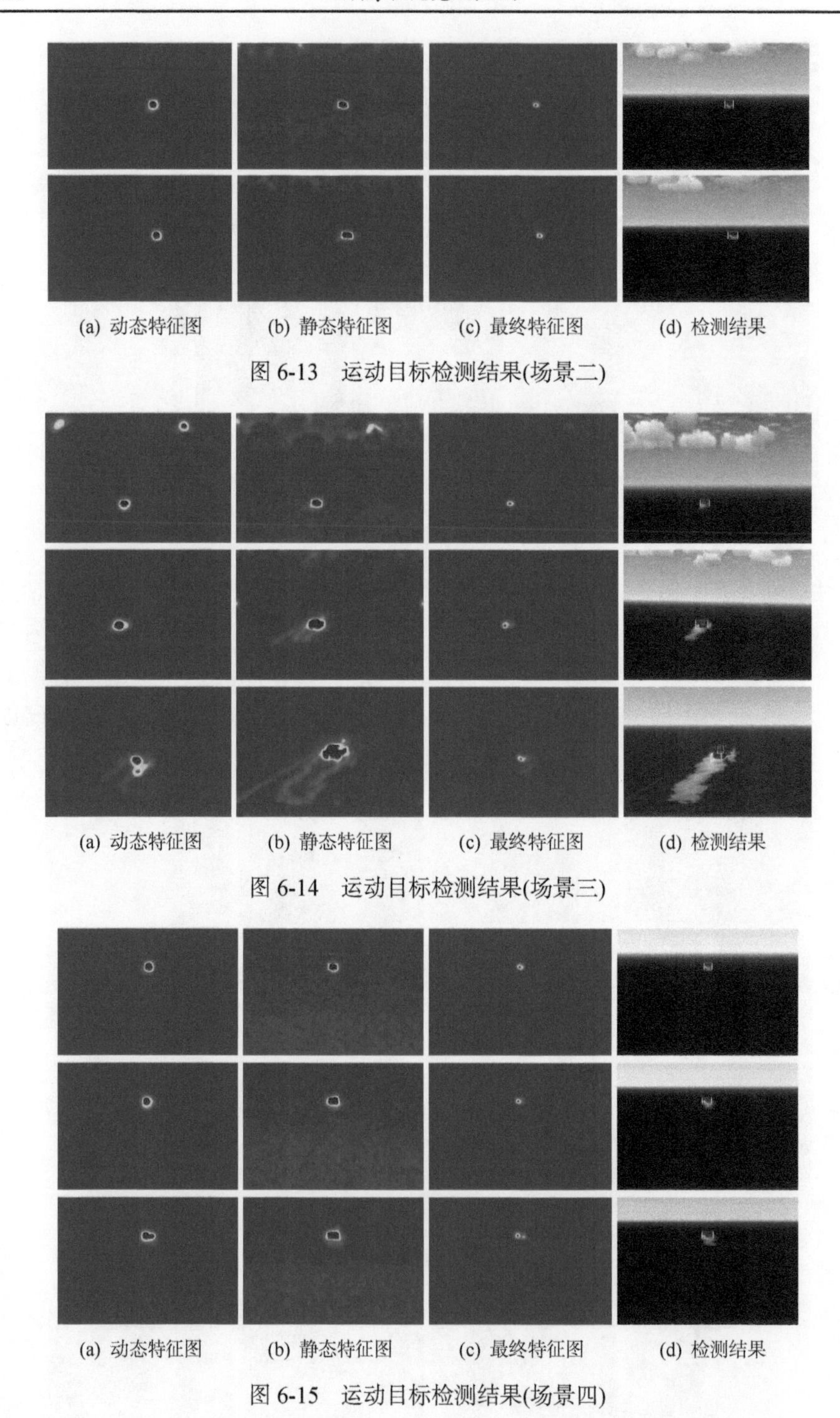

(a) 动态特征图　(b) 静态特征图　(c) 最终特征图　(d) 检测结果

图 6-13　运动目标检测结果(场景二)

(a) 动态特征图　(b) 静态特征图　(c) 最终特征图　(d) 检测结果

图 6-14　运动目标检测结果(场景三)

(a) 动态特征图　(b) 静态特征图　(c) 最终特征图　(d) 检测结果

图 6-15　运动目标检测结果(场景四)

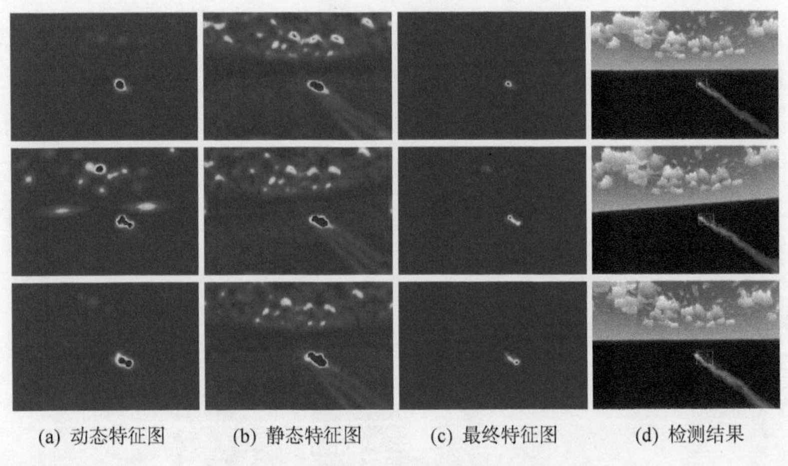

(a) 动态特征图　(b) 静态特征图　(c) 最终特征图　(d) 检测结果

图 6-16　运动目标检测结果(场景五)

从检测结果可以看出，本章仿鹰眼动态目标检测算法可以有效提取出场景中的运动目标。当目标较远、在图像中所占像素较少时(如图 6-12 和图 6-13 所示)，动态特征图和静态特征图中均可以有效检测到目标，其中动态特征对背景干扰的滤除效果明显优于静态特征。虽然生成的动态特征图和静态特征图中都存在一定的背景干扰，但由于主体特征都位于目标区域，因此通过特征合成后可得到信噪比更高的最终特征图。检测结果中白色方框标注位置直接通过最终特征图确定，由于背景滤除效果较好，无须再通过设定复杂的阈值分割过程即可分离出目标。

在目标相对距离由远及近过程中，目标在图像中所占像素面积发生明显变化，从动态特征和静态特征的提取结果(如图 6-14～图 6-16 所示)可以看出，目标在图像中尺度的变化会影响目标特征的提取。在背景干扰较少的场景中(如图 6-15 所示)，目标检测结果较好，而在背景干扰较复杂的场景中(如图 6-14 和图 6-16 所示)，动态特征图和静态特征图中均会有明显的背景特征，且当目标在图像中所占像素较多时，目标的不同区域提取的动态特征和静态特征也存在一定差异，如图 6-14 和图 6-16 第三行检测结果所示，导致最终特征图中得到的检测区域只集中在目标的一部分。从五个场景的特征图提取结果和检测结果可以看出，通过特征合成可以滤除大部分干扰信息，表明了本章运动特征计算和动态目标检测方法的有效性。

为进一步说明图像尺度和延时参数对运动目标检测结果的影响，图 6-17 和图 6-18 给出了针对场景五的不同图像缩放尺度下的动态特征图和静态特征图，图 6-19 给出了针对场景二、场景三和场景五的不同延时参数时的检测结果。在仿真测试中，选择了三个图像缩放尺度，即 $r=\{1,0.8,0.5\}$ ，其中 r 取 0.5 时表示输入图像大小为原始图像的 0.5 倍。

从图 6-17 和图 6-18 中仿真结果可以看出，动态特征图和静态特征图均会受到图像缩放尺度的影响，对于动态特征图，当目标在图像中的尺寸较大时，目标特征及背景抑制效果较好，而静态特征图中虽能快速检测目标，但背景干扰较多。总体上动态特征图受到的尺度影响小于静态特征图。

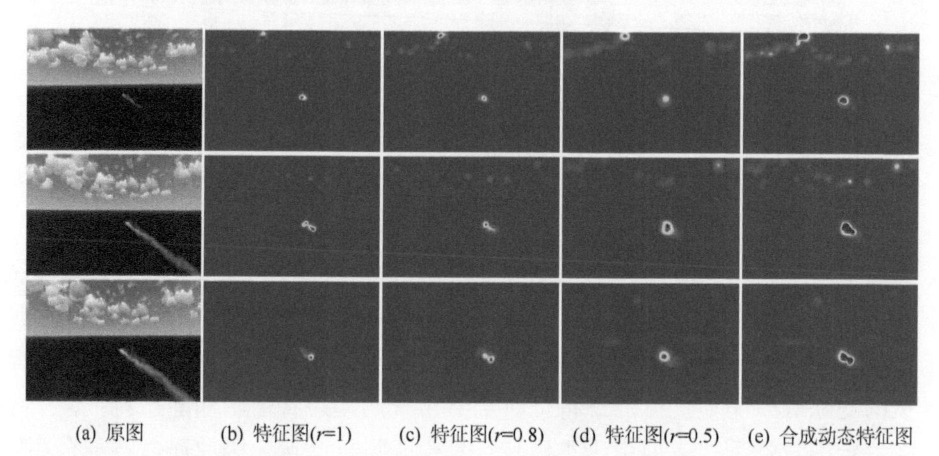

(a) 原图　(b) 特征图(r=1)　(c) 特征图(r=0.8)　(d) 特征图(r=0.5)　(e) 合成动态特征图

图 6-17　不同图像缩放尺度下的动态特征图

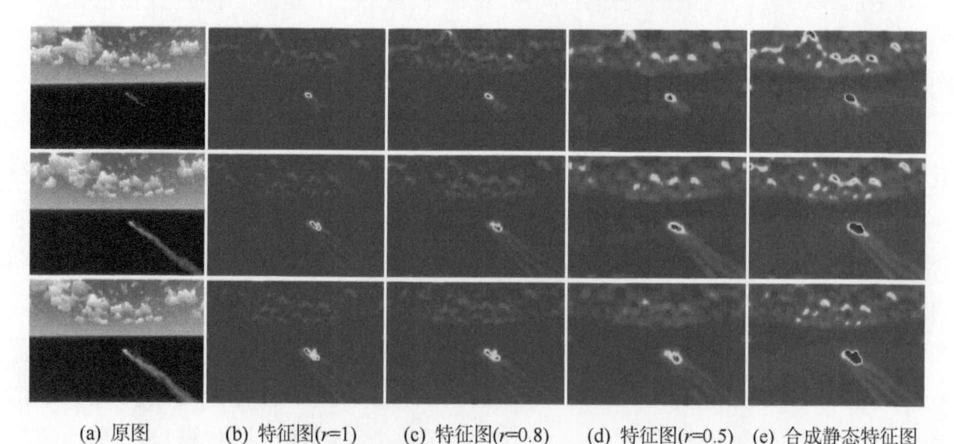

(a) 原图　(b) 特征图(r=1)　(c) 特征图(r=0.8)　(d) 特征图(r=0.5)　(e) 合成静态特征图

图 6-18　不同图像缩放尺度下的静态特征图

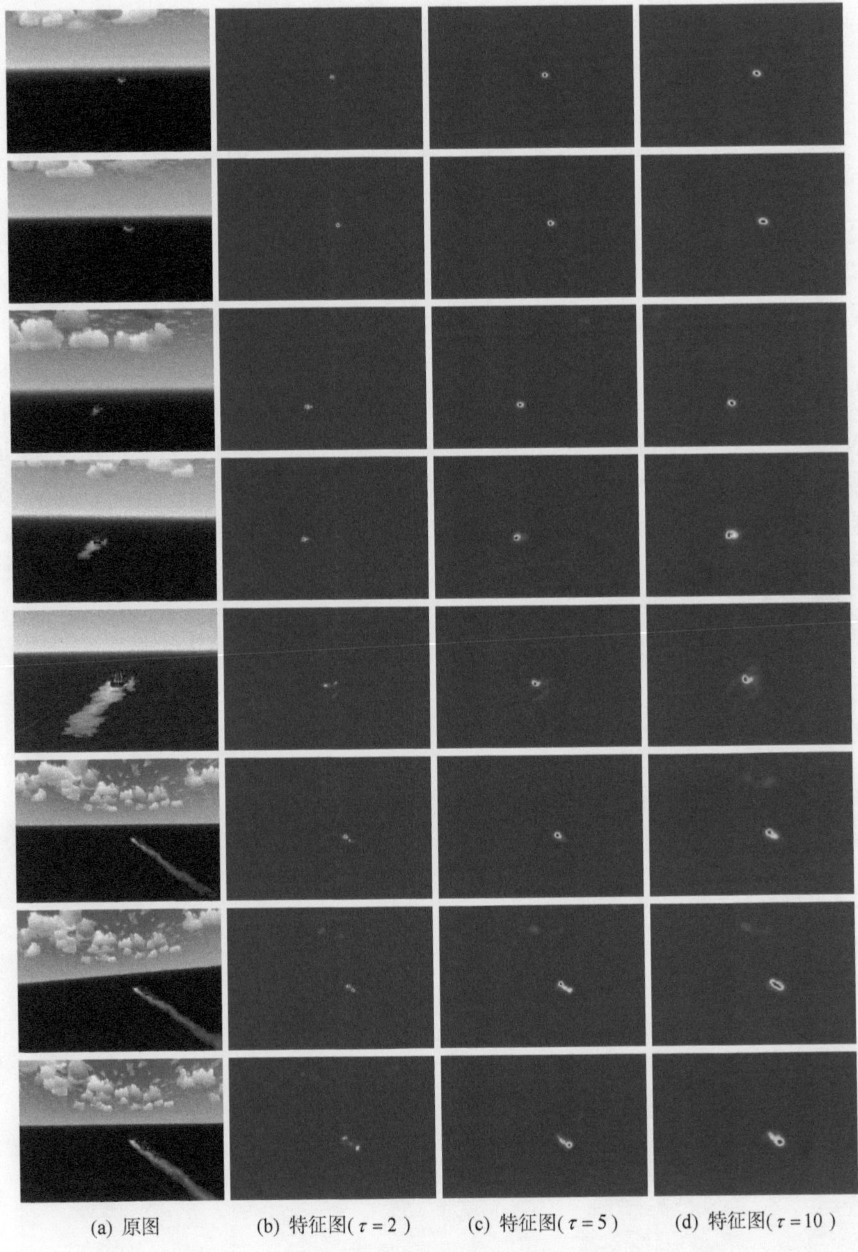

(a) 原图　(b) 特征图($\tau=2$)　(c) 特征图($\tau=5$)　(d) 特征图($\tau=10$)

图 6-19　不同延时参数时的检测结果

从图 6-19 仿真结果可以看出，当目标在图像中的尺寸较小时，延时参数对检测结果影响不明显；而当目标在图像中的尺寸较大时，较大的延时参数会产生更好的目标检测和背景抑制效果，避免目标区域出现明显的“空洞”现象。对比 $\tau=5$

的特征图和 $\tau=10$ 的特征图可以看出，两者结果差异较小，而较大的延时参数会产生更大的特征邻域 B_i，这会导致更大的计算量，因此本章中选取延时参数 $\tau=5$ 是合适的。

针对以上多个仿真场景，本章选择基本帧差法和异或帧差法两种方法进行动态目标检测仿真对比实验，以进一步验证算法性能。帧差法是一种常用的运动特征提取方法，将相邻帧图像进行比较，即可直观反映出目标在背景中的运动情况。基本帧差法将相邻的图像序列作差分运算，直接获得图像中各个位置的运动信息。异或帧差法是在基本帧差法的原理基础上，利用连续三帧图像，通过图像间的"差分"、"与"及"异或"操作实现运动目标的准确提取。

对比仿真结果如图 6-20 所示。第一列中所示原图为图 6-11 中第二行图像序列，即测试图分别为场景一第 10 帧、场景二第 20 帧、场景三第 20 帧、场景四第 10 帧和场景五第 10 帧。基本帧差法和异或帧差法的最终仿真结果通过阈值分割得到，其中第四个场景中的阈值设为 0.03，其余场景中的阈值设为 0.05。

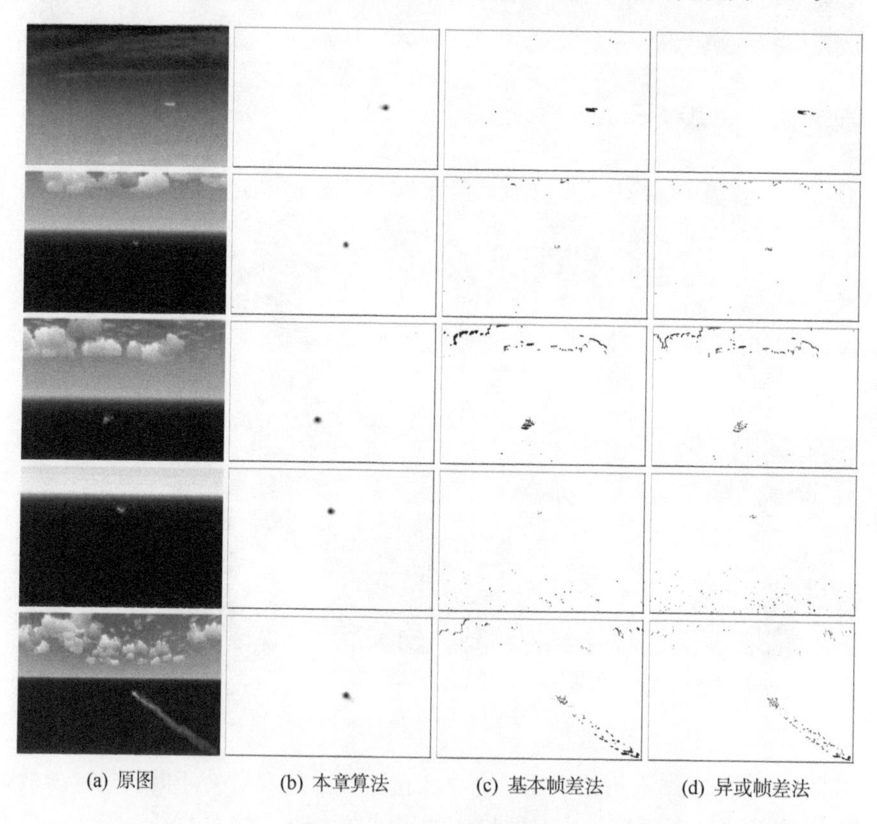

(a) 原图　(b) 本章算法　(c) 基本帧差法　(d) 异或帧差法

图 6-20　算法对比仿真结果

从对比仿真结果可以看出，仿鹰眼运动目标检测结果明显优于传统的检测方案，在去除背景干扰方面效果明显，相比基本帧差法和异或帧差法检测结果更好。基本帧差法仅利用两帧之间的像素差，因此容易受到运动背景的干扰，而异或帧差法利用了更多帧的信息，虽然也能滤除一部分干扰信息，但仍难以处理复杂的运动背景，检测结果也不理想。另一方面，帧差法实验结果受到阈值分割操作影响，需要根据场景设置合适的阈值才能得到结果，而本章中的仿鹰眼运动目标检测无须设置复杂的阈值也可得到很好的运动目标检测结果，因此可应用于复杂的运动场景中。

为了进一步比较算法的性能，利用信杂比(SCR)对图 6-20 中的检测结果进行定量分析，对比结果如表 6-1 所示。从信杂比对比结果可以看出，本章算法得到的检测结果信杂比明显优于基本帧差法和异或帧差法，平均信杂比可达 100 以上，高于对比方法约 2 个数量级，具有优异的目标提取和背景抑制能力。

表 6-1　检测结果信杂比对比结果

	场景一	场景二	场景三	场景四	场景五
本章算法	**87.3434**	**174.8651**	**103.6571**	**127.4669**	**99.7411**
基本帧差法	7.1922	2.7071	3.6413	0.7431	1.2551
异或帧差法	2.1149	3.2043	2.2747	1.2558	1.7553

6.5　本 章 小 结

鹰眼视网膜–脑的交叉连接关系和交叉抑制信息投射机制使鹰能在复杂环境中过滤背景并分辨出目标。本章根据鹰眼对运动敏感的特性以及交叉抑制机制，研究了仿鹰眼交叉抑制的动态目标感知，并进行了对比仿真和分析。动态变化的运动场景中，目标和背景均存在相对运动，根据细胞间的抑制作用以及视顶盖–峡核大细胞部交叉连接结构，提取输入信号中的运动特征，生成运动特征图，搭建运动特征提取框架，包括运动特征提取、特征分布差异性分析和多尺度特征综合，可有效进行运动目标提取和背景抑制。为了抑制背景干扰信息并减小目标尺度变化的影响，引入特征分布差异性计算和多尺度特征综合计算。对比仿真实验结果表明，仿鹰眼交叉抑制的动态目标感知算法可有效抑制背景干扰，提取复杂背景下的运动目标，提供动态场景中的目标定位信息。

参 考 文 献

[1]　Gaffney M F, Hodos W. The visual acuity and refractive state of the American kestrel (Falco sparverius) [J]. Vision Research, 2003, 43(19): 2053-2059.

[2] Ingles L C. Some observations and experiments bearing upon the predation of the sparrow hawk [J]. Condor, 1940, 42(2): 104-105.

[3] Sparrowe R D. Prey-catching behavior in the sparrow hawk [J]. Journal of Wildlife Management, 1972, 36(2): 297-308.

[4] Snyder R L. Some prey preference factors for a red-tailed hawk [J]. The Auk, 1975, 92(3): 547-552.

[5] Snyder R L, Jenson W, Cheney C D. Environmental familiarity and activity: Aspects of prey selection for a ferruginous hawk [J]. Condor, 1976, 78(1): 138-139.

[6] Ruggiero L F, Knowlton F F. Interacting prey characteristic effects on kestrel predatory behavior [J]. The American Naturalist, 1979, 113(5): 749-757.

[7] Kane S A, Fulton A H, Rosenthal L J. When hawks attack: Animal-borne video studies of goshawk pursuit and prey-evasion strategies [J]. The Journal of Experimental Biology, 2015, 218(2): 212-222.

[8] Davies M N O, Green P R. Optic flow-field variables trigger landing in hawk but not in pigeons [J]. Naturwissenschaften, 1990, 77(3): 142-144.

[9] Kane S A, Zamani M. Falcons pursue prey using visual motion cues: New perspectives from animal-borne cameras [J]. The Journal of Experimental Biology, 2014, 217(Pt 2): 225-234.

[10] Lucas B D, Kanade T. An iterative image registration technique with an application to stereo vision [C]. Proceedings of the 7th International Joint Conferences on Artificial Intelligence, Vancouver, British Columbia, 1981: 674-679.

[11] Gibson J J. The Perception of the Visual World [M]. Oxford: Houghton Mifflin, 1950.

[12] 段海滨, 张奇夫, 邓亦敏, 等. 基于仿鹰眼视觉的无人机自主空中加油[J]. 仪器仪表学报, 2014, 35(7): 1450-1458.

[13] 段海滨, 王晓华, 邓亦敏. 一种用于软式自主空中加油的仿鹰眼运动目标定位方法: CN107392963B[P]. 2019-12-6.

[14] Frost B J, Wise L Z, Morgan B, et al. Retinotopic representation of the bifoveate eye of the kestrel (Falco spraverius) on the optic tectum [J]. Visual Neuroscience, 1990, 5(3): 231-239.

[15] Gutiérrez-Ibáñez C, Iwaniuk A N, Lisney T J, et al. Comparative study of visual pathways in owls (aves: strigiformes) [J]. Brain, Behavior and Evolution, 2013, 81(1): 27-39.

[16] 王晓华. 基于仿鹰眼-脑机制的小目标识别技术研究[D]. 北京: 北京航空航天大学, 2018.

[17] 李晗, 段海滨, 李淑宇, 等. 仿猛禽视顶盖信息中转整合的加油目标跟踪[J]. 智能系统学报, 2019, 14(6): 1084-1091.

[18] 李晗. 仿猛禽视觉的自主空中加油技术研究[D]. 北京: 北京航空航天大学, 2019.

[19] Bagnoli P, Francesconi W. Mapping of functional activity in the falcon visual system with [14C]2-Deoxyglucose [J]. Experimental Brain Research, 1984, 53(2): 217-222.

[20] Gutiérrez-Ibáñez C, Iwaniuk A N, Lisney T J, et al. Functional implications of species differences in the size and morphology of the isthmo optic nucleus (ION) in birds [J]. PLOS ONE, 2012, 7(5): e37816-1-14.

[21] 李晗, 段海滨, 李淑宇. 猛禽视觉研究新进展[J]. 科技导报, 2018, 36(17): 52-67.

[22] Duan H B, Wang X H. A visual attention model based on statistical properties of neuron

responses [J]. Scientific Reports, 2015, 5: 8873-1-10.

[23] Duan H B, Deng Y M, Wang X H, et al. Small and dim target detection via lateral inhibition filtering and artificial bee colony based selective visual attention [J]. PLOS ONE, 2013, 8 (8): e72035-1-12.

[24] Duan H B, Deng Y M, Wang X H, et al. Biological eagle-eye-based visual imaging guidance simulation platform for unmanned flying vehicles [J]. IEEE Aerospace and Electronic Systems Magazine, 2013, 28(12): 36-45.

[25] 赵国治, 段海滨. 仿鹰眼视觉技术研究进展[J]. 中国科学: 技术科学, 2017, 47(5): 514-523.

[26] Duan H B, Xin L, Xu Y, et al. Eagle-vision-inspired visual measurement algorithm for UAV's autonomous landing[J]. International Journal of Robotics and Automation, 2020, 35(2): 94-100.

[27] 邓亦敏. 基于仿鹰眼视觉的无人机自主着舰导引技术研究[D]. 北京: 北京航空航天大学, 2017.

[28] Deng Y M, Duan H B. Avian contrast sensitivity inspired contour detector for unmanned aerial vehicle landing [J]. Science China Technological Sciences, 2017, 60(12), 1958-1965.

[29] Sun Y B, Deng Y M, Duan H B, et al. Bionic visual close-range navigation control system for the docking stage of probe-and-drogue autonomous aerial refueling [J]. Aerospace Science and Technology, 2019, 91: 136-149.

[30] Duan H B, Xin L, Chen S J. Robust cooperative target detection for a vision-based UAVs autonomous aerial refueling platform via the contrast sensitivity mechanism of eagle's eye [J]. IEEE Aerospace and Electronic Systems Magazine, 2019, 34(3): 18-30.

[31] Kim W, Kim C. Spatiotemporal saliency detection using textural contrast and its applications [J]. IEEE Transactions on Circuits and Systems for Video Technology, 2014, 24(4): 646-659.

第 7 章　仿鹰眼–脑–行为视觉成像

7.1　引　　言

鹰眼视觉系统的优异性能是由鹰眼视网膜特殊双凹结构、神经通路间的互相调节和鹰脑内核团通路的信息处理机制共同决定的[1-3]。由于鹰眼正中央凹和侧中央凹视线方向不同,因此鹰眼的双中央凹结构决定了其视场范围可分为三个区域:两个正中央凹形成的两个侧向单目视场以及两个侧中央凹形成的前向双目视场。三个视场区域使得鹰眼具有非常宽广的观测范围，既可以敏锐地发现远距离的目标特别是弱小目标，又可精准测量近距离目标的相对位置。

鹰类猛禽的眼睛通常都位于头部侧面，如图 7-1 所示，鹰眼正中央凹主要用于注视单眼视野外侧和远处的目标，而当其观察距离较远的目标时更倾向于使用侧中央凹形成双目视野[4, 5]。鹰眼视网膜中的细胞分布是非均匀的，在中央凹区域高度密集而周边稀疏，正中央凹区域密度最高，其次是侧中央凹区域，因而视觉信息的获取也是非均匀的[6]。

图 7-1　鹰眼外形结构

在航空器和航天器等实际应用场景中，机载视觉导引系统需要解决各种不同视角情况下的感知和精确定位问题。在不同的相对距离时，机载视觉导引系统对成像的需求存在差异，在远距离时，机载视觉导引系统需要获取大视场图像，以在更大范围内寻找目标的位置，而在近距离时，机载视觉导引系统则需要相对较小的视场范围和较高的分辨率，以更好地提取目标细节特征。非均匀的信息获取特点使得鹰眼在目标捕获和识别时可切换策略，在对感兴趣的目标保持高分辨率观测的同时又能对视野的其他部分保持警戒，从而可较好地解决目标检测中的视场、分辨率和实时性三者之间有效性的矛盾问题。

鹰眼的四个中央凹分别指向四个不同的视线方向，其中正中央凹视线与中心对称参考线夹角为 45°，侧中央凹视线与中心对称参考线夹角为 15°，鹰眼的正中央凹观察侧向场景，而侧中央凹观察正向场景，正中央凹和侧中央凹合起来可形成较大的视场范围[7]。尽管大多数鹰隼的眼睛在尺寸上小于人眼，但其独特的视网膜结构相当于长焦镜头而具有放大作用，如图 7-2 所示，从而使得鹰眼具有优于人眼的视觉灵敏度[8, 9]。

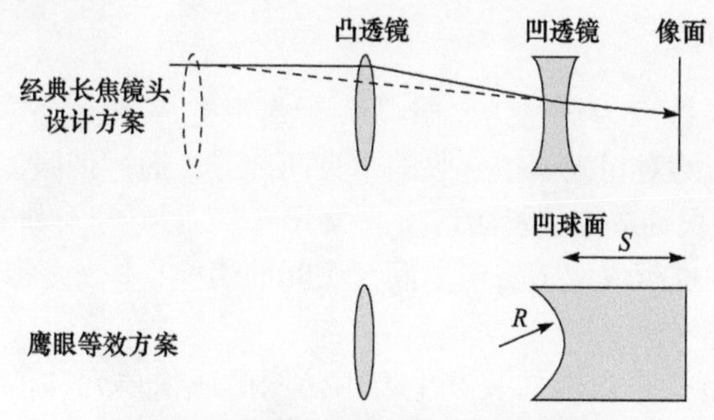

图 7-2　鹰眼等效长焦镜头方案[8]

不同物种之间眼睛运动程度以及视场大小存在一定差异，红尾鹰、鸡鹰(Cooper’s hawk)和美洲茶隼三种典型鹰隼的视场范围如图 7-3 所示，鹰眼中的双目视场和盲区的大小虽由于眼睛运动而发生变化，但眼动范围很小，改变视线多采用

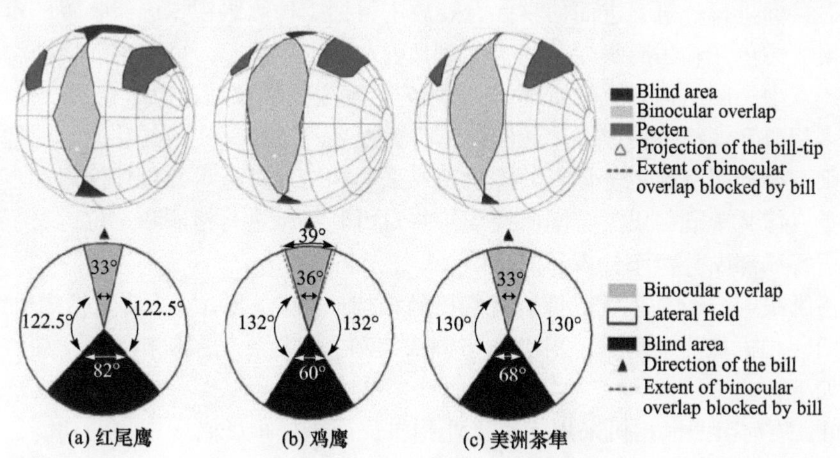

图 7-3　三种典型鹰隼的视场范围[10]

头部运动的方式，这与其觅食策略有关[10, 11]。视野和眼睛运动的特异性变化可以影响在视觉上搜索并且在栖息时跟踪猎物的行为策略。不同的鹰隼在眼球不转动情况下水平视场范围可达 270°左右，其中主要的视场范围为两侧单目视场区。

鹰眼具有独特的双中央凹结构和视场范围，使鹰能在具有广阔视场时拥有局部高分辨率，在高空准确捕捉地面弱小目标，这些结构特点可用于开发仿鹰眼光学系统[12-14]。为解决传统光学系统存在的大视场与高分辨率之间的矛盾，利用鹰眼大小视场和分辨率变换的特点，搭建仿鹰眼视觉成像装置，可应用于解决复杂环境下的目标定位问题。

7.2 仿鹰眼–脑–行为视觉成像装置设计方案

7.2.1 成像装置结构

鹰眼生理构造特点为建立仿鹰眼–脑–行为视觉成像装置提供了灵感启发和借鉴支撑，本章用两对相机模拟鹰眼的中央凹部分，通过伺服控制机构实现观测角度变化。为了使视觉成像装置能切换成像分辨率，设计可分辨率变换成像单元，通过伺服控制机构进行成像镜头组不同镜头间的切换，使光学装置能进行不同分辨率信息采集[15]。

仿鹰眼–脑–行为视觉成像装置主要由仿鹰眼成像单元和仿鹰眼–脑–行为图像处理单元两部分组成，这两部分分别从硬件和机制(软件)两方面模拟鹰眼视觉系统的特性[16,17]。鹰的视觉计算由两个独立的并行通道来实现：大场景和小场景，它们均具有不同的时空整合特性。大场景系统对目标和背景相对运动时的小物体运动敏感，它的信号可用于对目标凝视；小场景系统则对物体细节特征敏感，可用于对目标进行分辨，进而侦察并有效攻击目标。仿鹰眼视觉成像装置的可分辨率变换成像单元和仿鹰眼–脑–行为处理单元如图 7-4 所示。成像单元模拟鹰眼视觉系统双中央凹结构和感知机理，其中可分辨率变换成像是成像单元的核心功能，采用多相机和多镜头使成像单元同时具有大视场和分辨率变换的功能。图像处理模块则主要利用鹰眼视觉信息处理机制对采集的信息进行可疑目标搜索和定位，使视觉成像装置既可以大范围监控场景并对可疑目标进行检测和定位，又可以对目标进行局部高分辨率分析和测量[18]。

仿鹰眼–脑–行为视觉成像装置的机械结构如图 7-5 所示，主要包括相机组(两个正凹区相机和两个侧凹区相机)、多镜头组和二自由度伺服机构。主要硬件结构特点如下：

(1) 两个正凹区相机采用定焦工业相机，用于模拟鹰眼正中央凹功能，平行对称分布于两侧，从而形成两侧大视场。

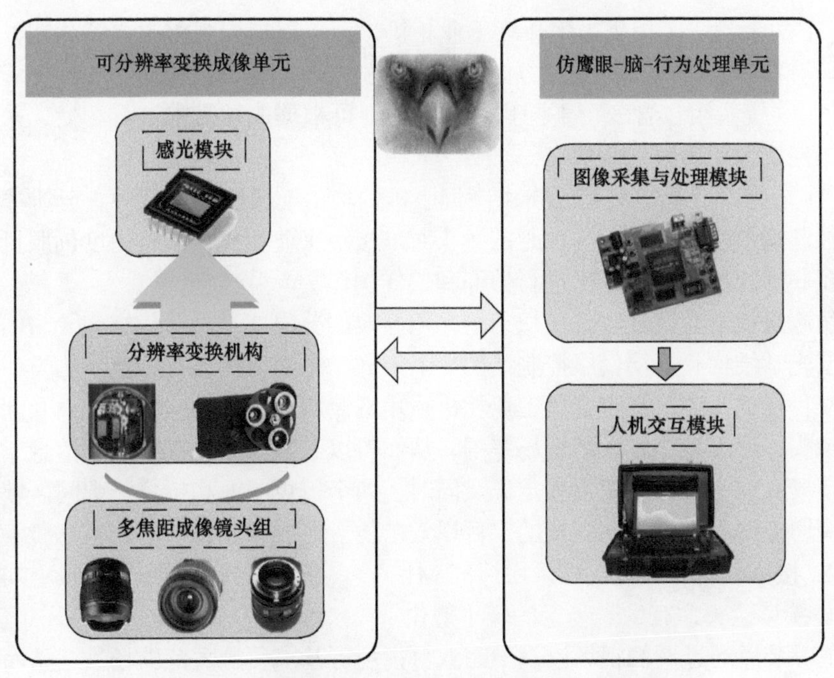

图 7-4　仿鹰眼-脑-行为视觉成像装置及方法框架

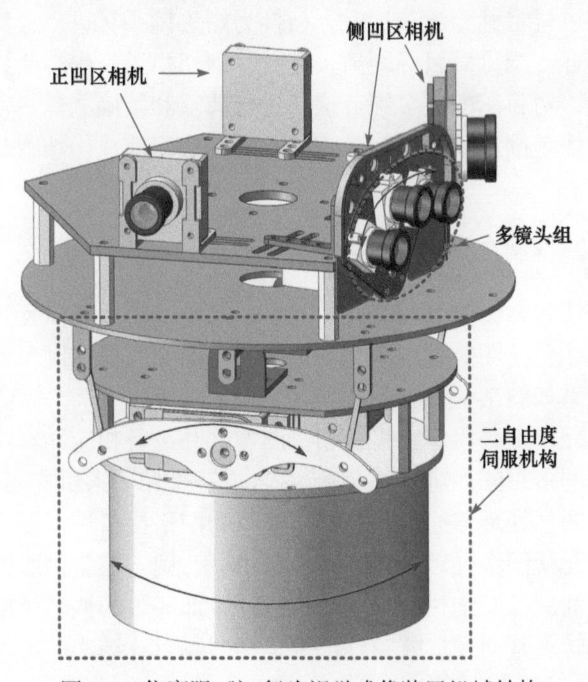

图 7-5　仿鹰眼-脑-行为视觉成像装置机械结构

(2) 两个侧凹区相机采用板级工业相机，用于模拟鹰眼侧中央凹功能，位于中间，对称分布，两相机光轴方向成 30°夹角。

(3) 多镜头组包含三个不同焦距的镜头，可根据成像需求进行切换，采集目标在不同成像距离时的图像。

(4) 分辨率变换机构和二自由度伺服机构均由舵机驱动。其中，分辨率变换机构控制镜头切换，使不同焦距的镜头对准板级工业相机；二自由度伺服机构位于装置底部，控制上层结构进行俯仰和偏转操作。

仿鹰眼视觉成像装置的机械结构采用经典的分层式左右对称结构，整体可分为上层光学结构和下层伺服控制结构。上层光学结构采用四个相机结构类似于鹰眼的双目视觉系统，两个定焦工业相机采用两侧对称固定的安装方式以及固定的短焦镜头，形成两侧较大的视场范围，从而可以获取场景中的大范围信息，形成的大视场有利于目标的搜索和定位。同时，两个板级工业相机位于中间区域，通过镜头切换形成可分辨率变换的双目视觉结构。在成像装置中，相机与镜头接口为 M12 接口，所有的镜头均采用标准 M12 接口镜头，其在体积和重量上均小于标准 C 接口镜头，有助于装置的轻小型化。

成像装置通过两侧视场以及中间双目视场可基本覆盖大范围场景，从而可进行大范围场景目标搜索，而图像处理单元则利用大范围场景信息和设定任务来调度镜头切换，当可疑目标距离较远时，切换为短焦镜头，进入大场景模式，以有效搜索和跟踪目标，当可疑目标距离较近时，则切换为长焦镜头，进入小场景双目视觉测量模式，对目标的更多细节信息进行捕获和精确测量。双场景模式可克服单一相机的视场范围和精度相互矛盾的缺陷，从而使成像装置具有更好的任务适应能力。

7.2.2 图像采集与控制系统

整个控制系统包括图像处理单元、舵机控制单元和电源单元。电源单元为整个硬件系统供电，包括图像处理单元的处理器供电和舵机控制单元的舵机供电。控制系统连接关系如图 7-6 所示。

图像处理单元负责采集多路工业相机图像，并进行相应的算法处理。图像处理单元可对获取的多路图像进行整合输出，合成一个用于人机交互的大场景图像，用户则可以通过图像处理单元的视频输出接口和网络接口进行图像显示和远程访问。舵机控制单元从图像处理单元接收控制信号，用于控制伺服控制结构中的舵机。整个装置的伺服控制结构分为三个自由度，即底盘的偏转、摇臂拉杆的俯仰以及镜头组的旋转。其中，摇臂拉杆部分采用两侧对称结构，可增加俯仰方向控制冗余度。

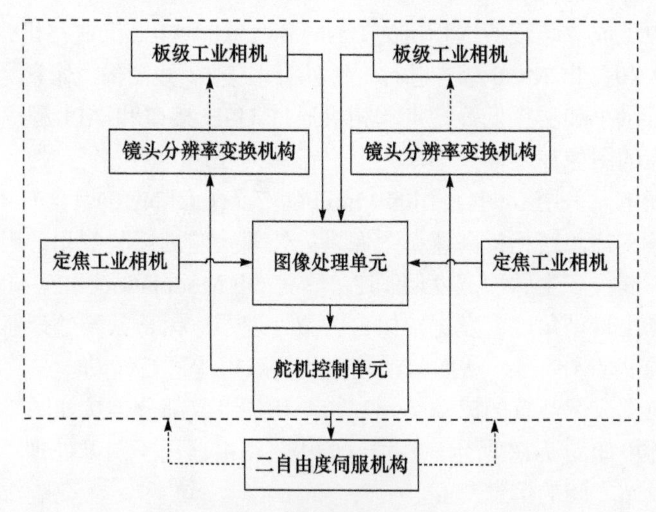

图 7-6　控制系统连接关系

仿鹰眼视觉成像装置功能连接结构如图 7-7 所示。利用鹰眼双中央凹视觉结构设计相机分布结构，图像处理单元通过 USB 接口与相机连接并实时采集四路图像，然后完成场景拼接、检测和测量等视觉任务。图像处理单元与控制器通过 RJ45 网口连接，计算得到的测量数据利用 UDP 协议进行通信传输，控制器收到测量数据后转换成扫视、俯仰和旋转运动量，进而驱动相应的伺服机构运动。

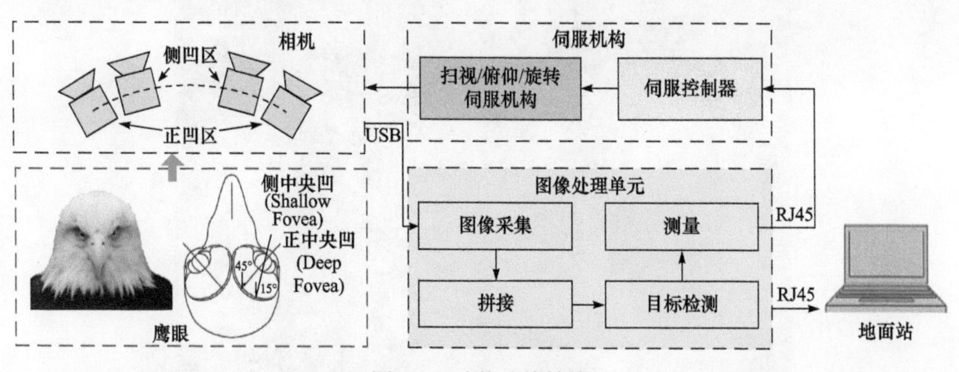

图 7-7　功能连接结构

具体的软硬件配置及连接关系如图 7-8 所示。

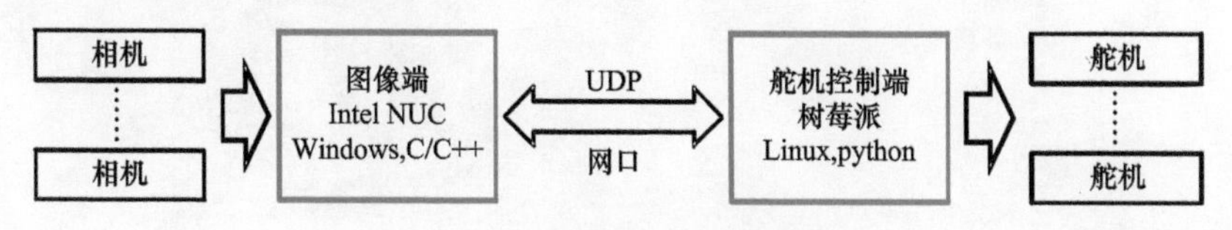

图 7-8　软硬件配置及连接关系

仿鹰眼视觉成像装置所选相机为 Basler daA1280-54uc 工业相机，该工业相机配有 Aptina AR0134 CMOS 感光芯片，每秒可采集 54 帧图像，像素为 120 万，具有体积小、重量小和功耗低等特点。相机通过 USB 接口和 API 程序接口进行图像采集，采集的图像在图像处理单元上进行后续处理。

图像处理单元采用 Intel 公司的 Mini PC 产品(Intel NUC)，含有 4 个 USB 3.0 接口，可同时支持四路相机高速率图像采集处理。舵机控制单元采用树莓派微处理器及舵机扩展板产生脉冲宽度调制(Pulse Width Modulation，PWM)信号。图像处理单元计算出转动角度，发送给树莓派微处理器，树莓派微处理器经过信号转换产生相应的 PWM 信号，从而带动相应的伺服机构进行转动。

仿鹰眼视觉成像装置的成像单元实物图和各组成部分连接如图 7-9 所示，外场初步试验环境如图 7-10 所示。外场试验中，路由器用于图像处理单元、伺服控制器以及地面站之间的信息交互。

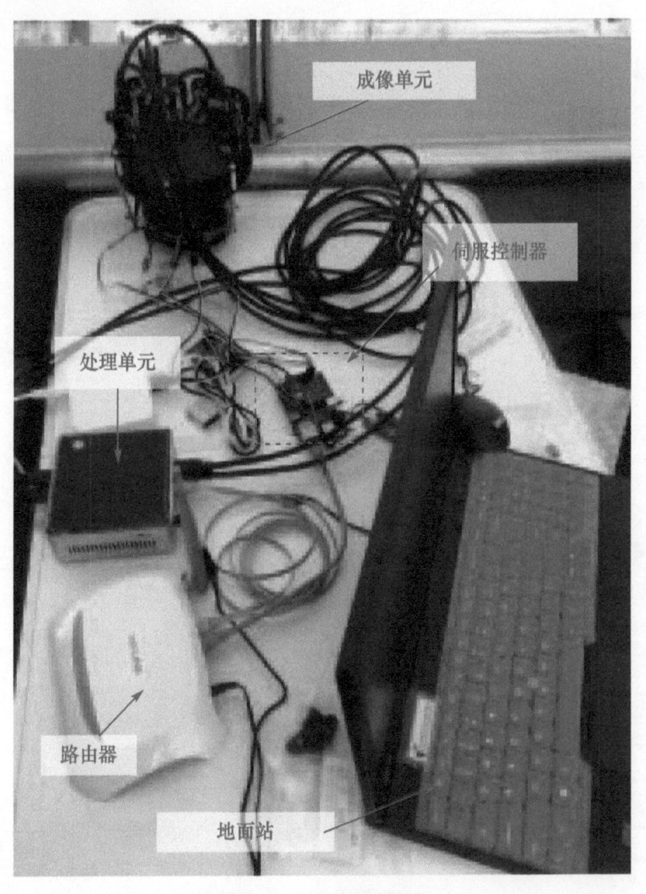

图 7-9　实物连接图

图 7-10　外场初步试验环境

7.3　仿鹰眼-脑-行为处理单元设计与实现

仿鹰眼-脑-行为视觉成像装置同时具有大视场和可分辨率变换的功能。仿鹰眼-脑-行为处理单元总体上分为大视场拼接、目标检测和方位计算三个部分。仿鹰眼-脑-行为处理单元功能实现流程如图 7-11 所示。

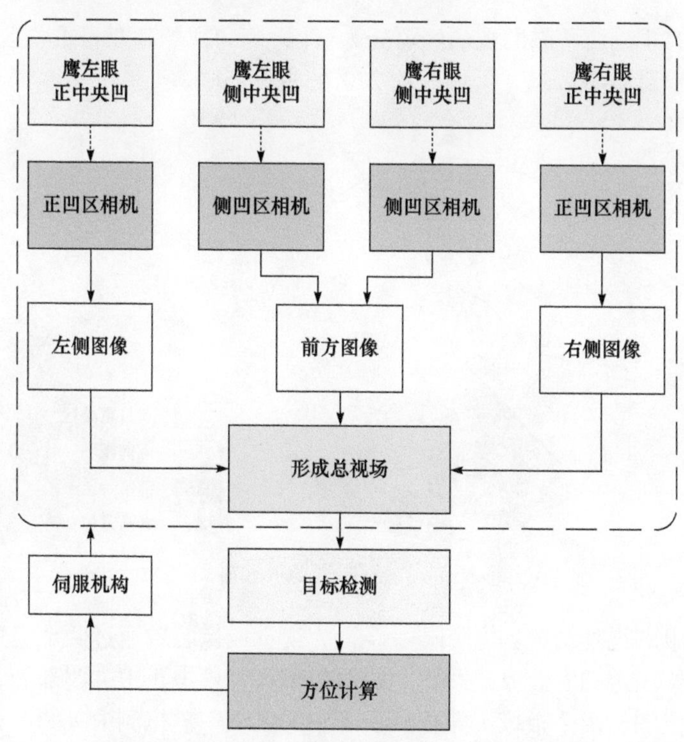

图 7-11　仿鹰眼-脑-行为处理单元功能实现流程

大视场拼接部分进行大视场图像整合，形成大范围目标搜索区域[19]。目标检测部分针对大视场区域进行可疑目标搜索，确定目标图像坐标，根据目标图像坐标以及硬件结构参数可计算其相对硬件平台中心方位。

具体功能特点如下：

(1) 通过四路相机拼接成大视场，两侧定焦工业相机形成两侧视场区，中心的两个工业相机形成中心双目视场区，三个视场区拼接为一个大视场，用于大场景的目标搜索和检测；

(2) 在场景区域中进行目标检测，从而确定目标的图像坐标；

(3) 根据目标的图像坐标以及成像单元标定参数，计算目标相对方位参数；

(4) 伺服机构根据目标相对方位参数驱动舵机进行角度变换和镜头变换，使得中心双目视场区“对准”目标，进行目标的精细测量。

7.3.1　实现算法

仿鹰眼-脑-行为处理单元接收到四路图像信号后，依次进行视场拼接、目标检测和方位计算三个步骤，具体实现算法如下。

1. 视场拼接

如图 7-12 所示，鹰眼的视场区可分为盲区、侧向视场和双目重叠区三个部分，侧向视场和双目重叠区总共可形成约 270°的视场范围。

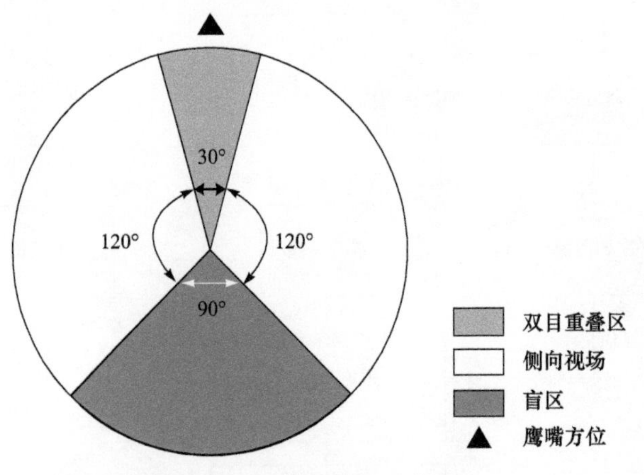

图 7-12　鹰眼视场示意图

根据鹰眼的视场结构，仿鹰眼-脑-行为视觉成像装置通过两个定焦工业相机采用两侧对称固定的安装方式和固定的短焦镜头，模拟正中央凹部分，形成两侧较大的视场范围，两个板级工业相机位于中间区域，模拟侧中央凹部分，形成双目视场范围，形成的视场如图 7-13 所示。为了拼接形成完整的视场场景并避免中央凹之间形成视场盲区，需要采用视场角相对较大的镜头。中间区域的镜头通过镜头切换装置调节形成可分辨率变换的双目视觉结构。

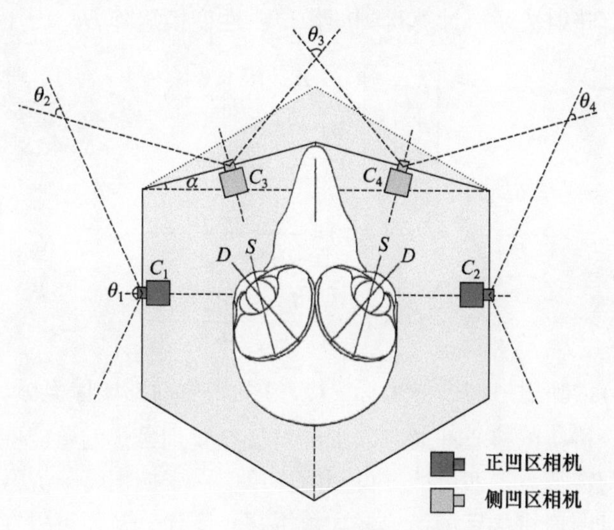

图 7-13　成像单元视场分布

图 7-13 中 θ_1 为左侧相机视场。初始情况下四个相机视场相同，均为 θ_1，中心位置的两个相机由于分辨率变换功能，采用长焦镜头时视场范围相对变窄。

根据小孔成像模型和三角几何关系，假设相机水平像素为 N，像元大小为 $\mathrm{d}u$，镜头焦距为 f，则水平视场范围计算如下：

$$\tan\frac{\theta}{2}=\frac{N\mathrm{d}u}{2f} \tag{7.1}$$

$$\theta=2\arctan\frac{N\mathrm{d}u}{2f} \tag{7.2}$$

实际采用的 Basler daA1280-54uc 相机分辨率为 1280 像素×960 像素，初始镜头焦距为 2.1mm，可得视场范围约为 90°×80°，即水平视场可达 90°，则可推测初始条件下仿鹰眼–脑–行为视觉成像装置整体水平视场范围约为 270°，可满足大视场的设计要求。

大视场图像拼接是将成像单元中多个相机采集的存在重叠区域的图像进行合并从而生成宽视角图像的过程。形成的大范围场景有利于算法实现跨摄像头目标检测和分析。常用的图像拼接技术是通过特征点匹配来计算转换关系并进行图像拼接的[20]。通过对图像提取出一组特征点并在待拼接图像中进行匹配操作，从而得出图像之间的关系并进行拼接处理。基于特征点的方法可以很容易地根据相邻图像序列间重叠的部分计算出两幅图像的转换关系。

本节通过采用尺度不变特征变换(Scale-invariant Feature Transform，SIFT)[21]进行特征提取与匹配，计算出匹配的 SIFT 特征点图像坐标。如图 7-14 所示，根据匹配的特征点映射关系可计算得到图像单应性变换矩阵 $H_g:(x,y)\mapsto(x',y')$：

$$\begin{bmatrix} x' \\ y' \\ 1 \end{bmatrix} \sim \begin{bmatrix} h_1 & h_2 & h_3 \\ h_4 & h_5 & h_6 \\ h_7 & h_8 & 1 \end{bmatrix} \begin{bmatrix} x \\ y \\ 1 \end{bmatrix} \tag{7.3}$$

$$x' = H_g^x(x,y) = \frac{h_1 x + h_2 y + h_3}{h_7 x + h_8 y + 1} \tag{7.4}$$

$$y' = H_g^y(x,y) = \frac{h_4 x + h_5 y + h_6}{h_7 x + h_8 y + 1} \tag{7.5}$$

其中坐标 (x',y') 为映射后的图像坐标，(x,y) 为映射前的图像坐标，H_g 为单应性变换矩阵。图像拼接的核心即通过匹配的特征点找到最优的单应性矩阵。只要能找到足够的匹配特征点，即可计算得到图像单应性变换矩阵。仿鹰眼–脑–行为视觉成像装置经过图像拼接后即可形成大范围视场图像，从而可以在整个视场范围内搜索得到可疑目标，保证系统对整体环境有准确的判断。

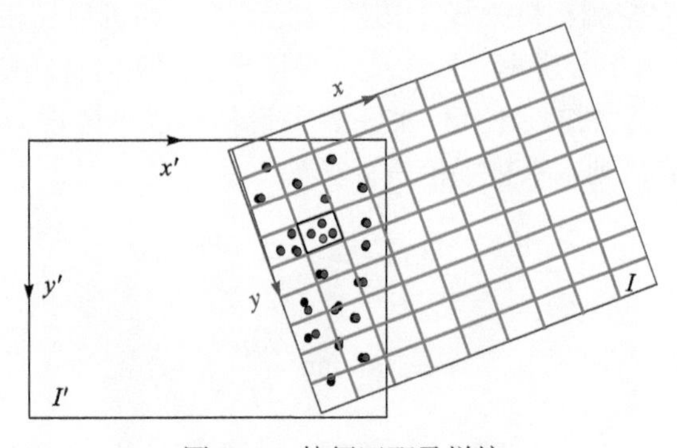

图 7-14　特征匹配及拼接

2. 目标检测和方位计算

鹰眼具有异常突出的目标探测能力，通过扫视和凝视迅速选择少数几个可疑对象进行优先处理，从而能快速有效地寻找到可疑猎物，通过有选择地分配计算资源，从而可极大地提高视觉信息处理的工作效率[22, 23]。通过目标检测和提取，可得到可疑目标的图像坐标，由图像坐标和相机小孔成像模型，即可计算出可疑目标与仿鹰眼–脑–行为视觉成像装置的相对方位信息[24-26]。

利用相机成像模型可计算三维空间点在相机成像坐标系中的方位信息。相机成像模型一般分为针孔模型(线性模型)和非线性模型。针孔模型是一种最简单的相机模型，是真实相机的一个近似线性模型。在相机坐标系下，如图 7-15 所示，任一点 $P(x_c, y_c, z_c)$ 在像平面的投影位置 $p(x, y)$ 都是 OP(即光心(投影中心)O 与点 $P(x_c, y_c, z_c)$ 的连线)与像平面的交点。

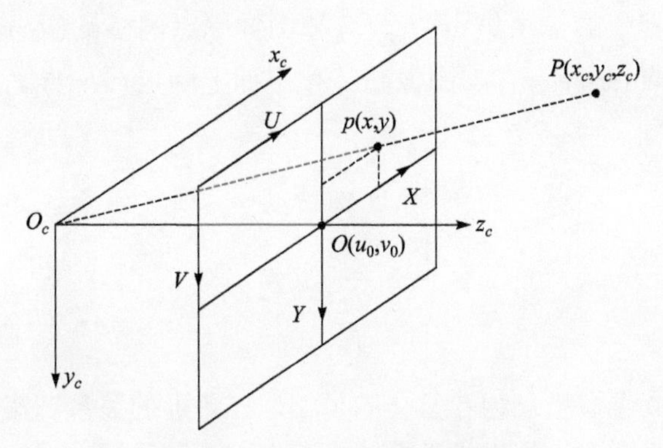

图 7-15　针孔模型相机坐标系

设相机的焦距为 f ，可得

$$
\begin{cases}
x = \dfrac{f}{z_c} \cdot x_c \\[2ex]
y = \dfrac{f}{z_c} \cdot y_c
\end{cases}
\tag{7.6}
$$

而图像坐标系与图像物理坐标系的关系如图 7-16 所示。

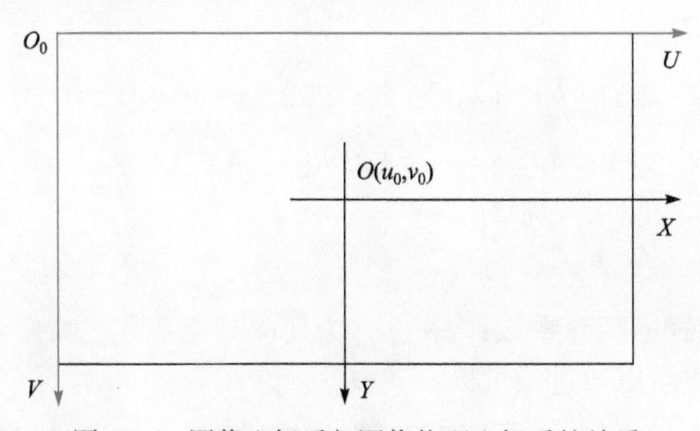

图 7-16　图像坐标系与图像物理坐标系的关系

图像物理坐标系以摄像机光轴与像平面的交点为原点。假设每一个像素在 X 轴与 Y 轴方向的物理尺寸为 $(\mathrm{d}x, \mathrm{d}y)$ ，则在图像坐标系上的点 (u, v) 与图像物理坐标系中对应点 (x, y) 的转换关系可表示为

$$\begin{cases} u = \dfrac{x}{\mathrm{d}x} + u_0 = \dfrac{f}{\mathrm{d}x} \cdot \dfrac{x_c}{z_c} + u_0 = f_x \cdot \dfrac{x_c}{z_c} + u_0 \\ v = \dfrac{y}{\mathrm{d}y} + v_0 = \dfrac{f}{\mathrm{d}y} \cdot \dfrac{y_c}{z_c} + v_0 = f_y \cdot \dfrac{y_c}{z_c} + v_0 \end{cases} \tag{7.7}$$

给定内参矩阵中的像素焦距(f_x, f_y)和图像原点偏移量(u_0, v_0)，相机成像模型三维空间中的点(x_c, y_c, z_c)与图像归一化平面上的点$(u, v, 1)$之间的坐标转换关系为

$$\begin{cases} x' = x_c / z_c \\ y' = y_c / z_c \\ u = f_x \cdot x' + u_0 \\ v = f_y \cdot y' + v_0 \end{cases} \tag{7.8}$$

理想的针孔成像模型，物和像会满足相似三角形的关系。实际上，由于真正的镜头通常有一些形变，相机光学系统也存在加工和装配的误差，成像时并不能完全满足物和像成相似三角形的关系，因此实际相机图像平面上所成的像与理想成像之间会存在一些畸变。由于焦平面上不同区域对图像的放大率不同，形成的画面扭曲变形，而且变形程度从画面中心至画面边缘依次递增，主要在画面边缘比较明显。主要的变形为径向形变，也会有轻微的切向形变。因此考虑畸变的相机模型可表示为

$$\begin{cases} x' = x_c / z_c \\ y' = y_c / z_c \\ r^2 = x'^2 + y'^2 \\ x'' = x'(1 + k_1 r^2 + k_2 r^4 + k_3 r^6) + 2 p_1 x' y' + p_2 (r^2 + 2x'^2) \\ y'' = y'(1 + k_1 r^2 + k_2 r^4 + k_3 r^6) + 2 p_2 x' y' + p_1 (r^2 + 2y'^2) \\ u = f_x \cdot x'' + u_0 \\ v = f_y \cdot y'' + v_0 \end{cases} \tag{7.9}$$

其中(k_1, k_2, k_3)为径向畸变系数，(p_1, p_2)为切向畸变系数。畸变系数及相机内参数(f_x, f_y, u_0, v_0)均可以通过相机标定获取。

因此，给定图像坐标(u, v)，即可反解出坐标(x', y')，通过三角变换即可得到该点的相对方位信息。

7.3.2　具体步骤

仿鹰眼–脑–行为处理单元具体步骤如下：

Step 1　控制镜头切换装置，将位于成像装置中间的两个板级工业相机的镜头调节到短焦镜头，进入大场景模式，通过视场拼接形成一个大视场，用于较大范围内的目标检测和监控，此时针对的目标为距离较远的目标，采集的图像经过图像处理单元检测场景中的可疑目标。

Step 2　当在大场景中检测到可疑目标后，定位可疑目标在大场景中的图像坐标，进而计算其相对于成像装置的方位参数，舵机控制单元则根据目标的方位参数控制相应的舵机运动，将中间板级工业相机对准可疑目标。

Step 3　控制镜头切换装置，将板级工业相机的镜头调节到长焦镜头，进入双目视觉测量模式，此时两个板级工业相机构成的双目视觉系统可对目标进行进一步的精细分析；两侧定焦工业相机则继续对周边场景进行监控。

7.3.3　仿真实验分析

仿鹰眼–脑–行为视觉成像装置通过四个相机(两个正凹区相机和两个侧凹区相机)可采集四路图像，通过视场拼接实现大视场的功能。同时，通过多镜头的切换,视觉装置可实现分辨率变换的功能。在外场试验时,成像装置采集图像如图 7-17 所示，进行视场拼接形成整体大视场，拼接结果如图 7-18 所示。初始情况下，仿鹰眼–脑–行为视觉成像装置的四个相机均配置 2.1mm 焦距的定焦镜头，单个相机虽然视场范围有限，但通过多相机布局和拼接可以形成广阔的视场。需要指出的是，由于相机镜头畸变的存在，部分区域容易产生较明显的变形，同时拼接后会产生一定的色差。由于畸变部分主要分布于图像周边区域，对图像中心区域的影响有限，而畸变校正需要更多的计算资源，因此对于畸变因素不作处理。色差主要是由于相机的角度和光线不同，导致采集到的图像存在亮度差异，因此在拼接区域存在不连续现象,而由于后续的目标检测处理算法基于高阶梯度和相位信息,因此也可以忽略色差的影响，整体拼接结果依然可以满足全局监控的设计要求。

(a) 左正凹区相机

(b) 左侧凹区相机

(c) 右侧凹区相机

(d) 右正凹区相机

图 7-17　四相机采集图像

图 7-18　视场拼接结果

根据拼接的大视场图像，为了快速检测可疑目标，直接采用图像相位进行图像处理，处理结果如图 7-19 所示，具有最高亮度的位置为可疑目标位置，如图中白色方框所示。根据该可疑目标在图像中的坐标，可以计算出其相对于装置中心的方位信息，从而使伺服系统做出相应运动，转动相应角度并切换镜头使长焦镜头可以观察可疑目标区域，获得目标区域更多的细节信息。镜头变换后显示结果如图 7-20 所示，其中图 7-20(a)为 2.1mm 焦距镜头采集的图像，可疑目标区域用方框标出，图 7-20(b)为 3.6mm 焦距镜头采集的图像，为进行伺服控制后采集结果。

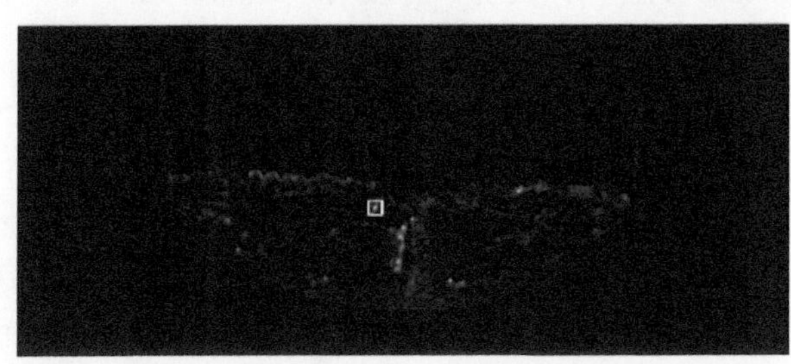

图 7-19　可疑目标定位结果

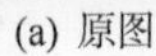

(a) 原图

(b) 变换后图像

图 7-20　镜头变换显示结果

从显示结果可以看出，仿鹰眼–脑–行为视觉成像装置在大视场观测和计算出可疑目标相对方位后实现目标区域对准，具有与鹰眼视觉系统类似的扫视和凝视功能，即具有大视场和可分辨率变换的功能特点。由于装置俯仰方向角度的限制以及硬件的装配误差，图 7-20 (b)中可疑目标对准结果并不完全在图像正中心，但从变换后图像可以看出，变换后采集到的图像中，目标区域相当于被“放大”，从而可以获得相对更多的细节特征，也有利于进行后续的双目视觉测量，提高测量精度。

进行目标相对方位计算时，需要预先标定得到相机的内参矩阵和畸变系数。利用棋盘格标定板进行相机标定时，四个相机按照初始状态安装固定后，分别采集棋盘格标定板不同姿态时的图像并提取角点信息，从而得到相机标定参数。标定得到的相机内参矩阵和畸变系数分别如表 7-1 和表 7-2 所示。通过提取图像中目标中心点坐标，利用相机内参矩阵、畸变系数以及公式(7.9)即可反解出目标点的相对方位信息。

表 7-1　相机内参矩阵标定结果

相机	内参矩阵
相机一(左正凹区相机)	$\begin{bmatrix} 652.9936 & 0 & 485.6669 \\ 0 & 653.7338 & 691.8945 \\ 0 & 0 & 1 \end{bmatrix}$
相机二(左侧凹区相机)	$\begin{bmatrix} 664.1319 & 0 & 507.3861 \\ 0 & 663.6950 & 610.0932 \\ 0 & 0 & 1 \end{bmatrix}$
相机三(右侧凹区相机)	$\begin{bmatrix} 644.9427 & 0 & 488.2282 \\ 0 & 645.3761 & 691.4139 \\ 0 & 0 & 1 \end{bmatrix}$
相机四(右正凹区相机)	$\begin{bmatrix} 650.8190 & 0 & 490.6400 \\ 0 & 651.2833 & 670.4560 \\ 0 & 0 & 1 \end{bmatrix}$

表 7-2　相机畸变系数标定结果

相机	畸变系数
相机一(左正凹区相机)	$\begin{bmatrix} -0.3821 & 0.2049 & 0.0004 & -0.0005 & -0.0596 \end{bmatrix}$
相机二(左侧凹区相机)	$\begin{bmatrix} -0.3717 & 0.1782 & 0.0017 & -0.0002 & -0.0491 \end{bmatrix}$
相机三(右侧凹区相机)	$\begin{bmatrix} -0.3511 & 0.1620 & 0.0029 & 0.0008 & -0.0410 \end{bmatrix}$
相机四(右正凹区相机)	$\begin{bmatrix} -0.3577 & 0.1666 & -0.0013 & 0.0007 & -0.0425 \end{bmatrix}$

针对外场测试场景，利用相机一(左正凹区相机)进行图像采集和相对方位计算。测试实验中共采集 500 帧连续图像，利用第 2 章中仿鹰眼对比度感应机制的目标检测算法进行目标区域提取和中心点坐标计算。目标检测结果如图 7-21 所示。图 7-21 中分别给出了第 1 帧、第 100 帧、第 200 帧、第 300 帧、第 400 帧和第 500 帧的检测图像，目标区域用白色方框标出。

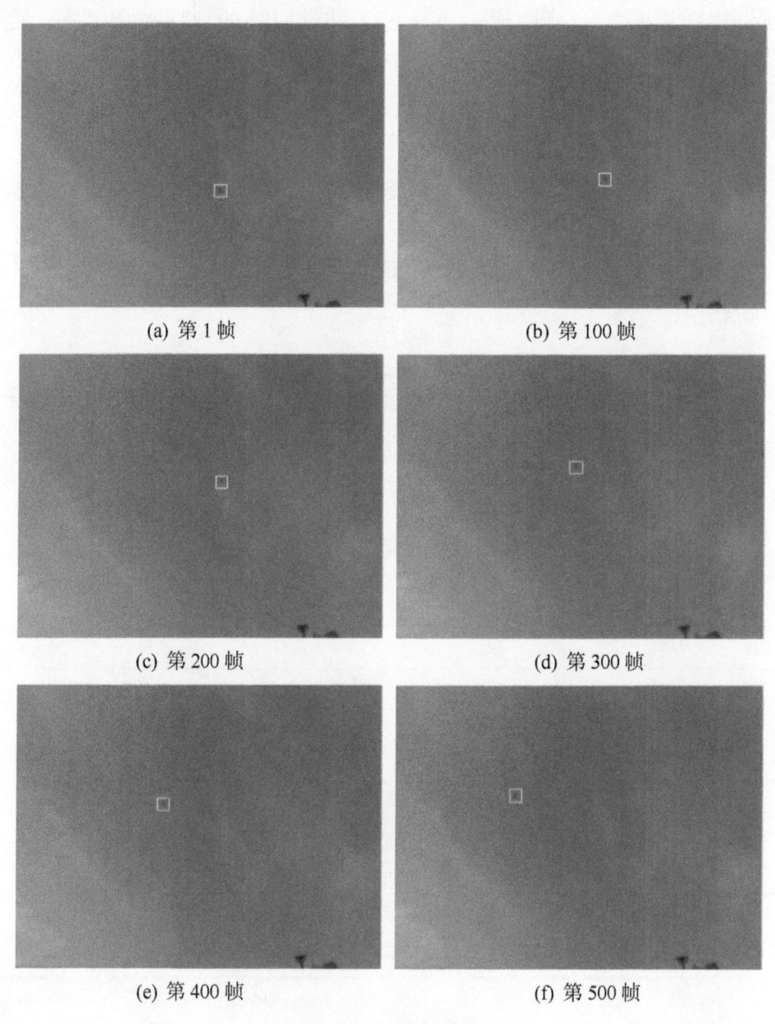

(a) 第 1 帧　(b) 第 100 帧

(c) 第 200 帧　(d) 第 300 帧

(e) 第 400 帧　(f) 第 500 帧

图 7-21　目标检测结果

根据检测的目标区域，提取目标中心的图像坐标，结合相机参数计算相对方位，计算结果如图 7-22 所示。根据不同帧中目标区域得到目标中心的 x 轴坐标和 y 轴坐标分别如图 7-22(a)和图 7-22(b)所示。由于存在干扰，第 320 帧处存在误检测，导致得到的坐标曲线出现尖峰跳变，大部分情况下坐标曲线平滑，与目标检

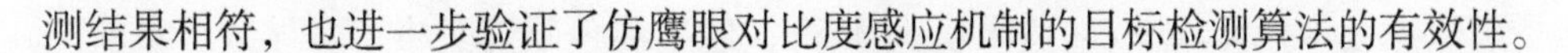
测结果相符，也进一步验证了仿鹰眼对比度感应机制的目标检测算法的有效性。

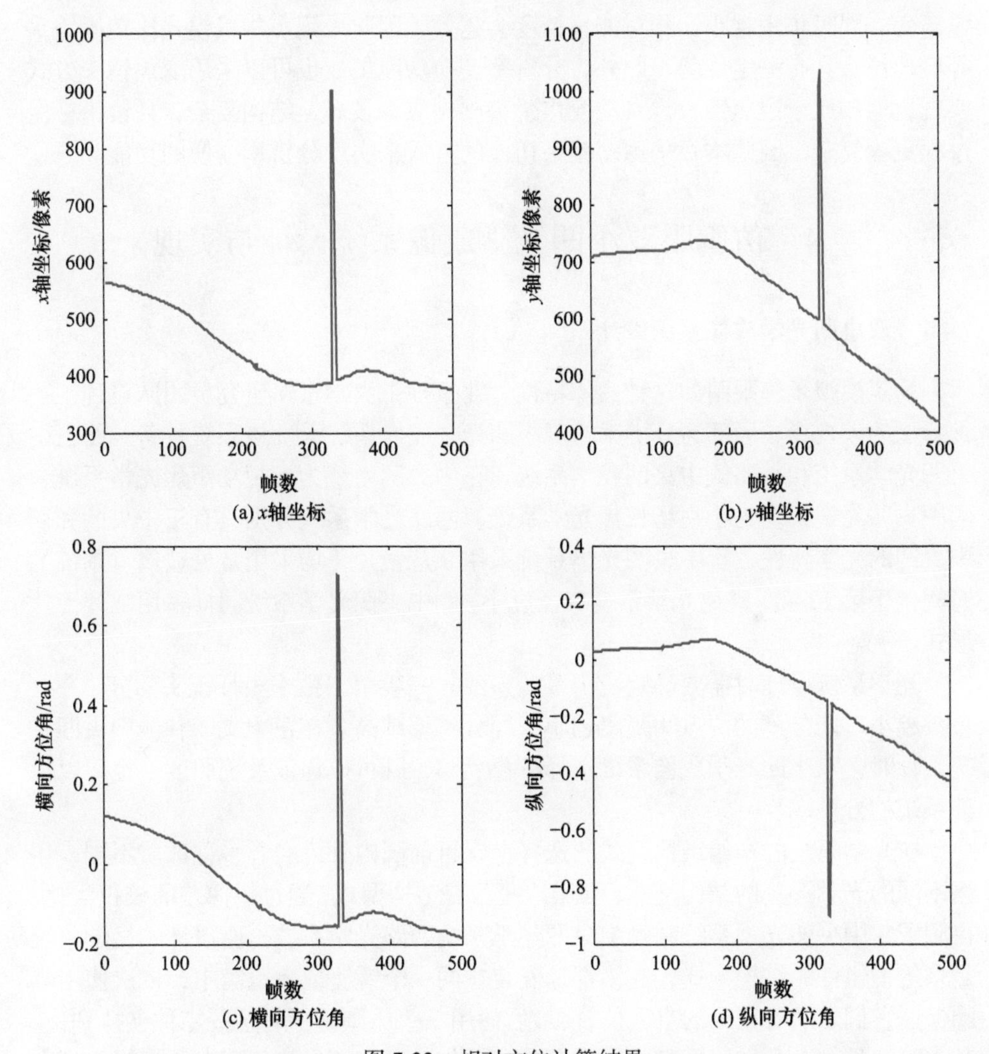

图 7-22　相对方位计算结果

根据坐标值计算得到目标中心与相机光心连线相对相机光轴的横向方位角和纵向方位角，分别如图 7-22(c)和图 7-22(d)所示。根据公式(7.9)和目标图像坐标(u,v)，可反解出相机坐标系下的坐标(x',y')，通过三角变换即可得到该目标在相机坐标系下的相对方位信息，方位角计算结果基本与坐标计算结果保持一致，由于在目标先验信息未知情况下仅靠单坐标点无法准确估计目标在相机坐标系下的坐标，只能计算得到相对方位信息，可用于目标相对方位判断和相对姿态调整。

仿鹰眼-脑-行为视觉成像装置采用了多相机和多镜头的硬件结构。虽然大视场可以用超大广角镜头(如鱼眼镜头)获得，但采用鱼眼镜头将容易导致严重的图像畸变，同时焦距越小，相对测量精度会越差，因此采用多相机模式比鱼眼镜头等广角镜头具有一定优势。此外，分辨率变换功能虽然也可以采用变焦镜头方式实现，但相比于定焦镜头，自动变焦镜头硬件成本较高，结构复杂，且镜头标定过程更为复杂，因此本章采用多镜头切换的方式来实现分辨率变换的功能。

7.4 仿鹰眼双小凹光学成像系统设计与实现

7.4.1 双小凹光学成像系统设计

为了模拟矛隼眼睛的这种成像特性，北京理工大学常军研究员团队设计了一种新型的大视场、局部高分辨率的双小凹光学成像系统[27]。该系统具备一路正中央凹光学系统和一路侧中央凹光学系统，正中央凹系统为大视场短焦光学系统，侧中央凹光学系统为小视场长焦光学系统。两路光学系统分别具有正中央凹和侧中央凹的光学特性。正中央凹光学系统采用 9 片镜片，均采用常见玻璃。系统的光阑位于第 13 面，避免光学系统口径过小。侧中央凹光学系统同样采用 9 片镜片形式。

光学系统设计时需要确定镜头等的参数。一般用 F 数来表征镜头的分辨率，F 数越小，能分辨的两点间距离越小，即分辨率越高。在正中央凹和侧中央凹系统设计时，双小凹光学成像系统选择 F 数为 4，既可以保证系统照度，也可以保证系统的分辨率。

在光学系统的初始结构型式的选择上，目前国内外已经有多种像质不同、用途不同的光学镜头的结构型式，利用这些已有结构型式，通过对像差的校正优化，得到了正中央凹光学系统和侧中央凹光学系统两路光学系统。所设计的光学系统是多透镜组件的结构型式，透镜都是安装在同一个镜座或者镜筒中，依次使用隔圈保证它们之间有正确的空间位置，最后使用一个压圈将所有这些零件夹持到位。其中隔圈是一个具有矩形横截面的薄圆环，与透镜表面形状相配合；压圈起到夹持到位的作用，当透镜逐渐受到挤压时将自动定心。正中央凹光学系统和侧中央凹光学系统均采用镜筒、隔圈以及压圈组合的结构型式。该结构中利用隔圈保证光学透镜间的空气间隔，采用压圈保证光学系统的定位和整体尺寸。由于侧中央凹光学系统中有两片透镜(即第 2 片镜片和第 3 片镜片)间的空气间隔较大，并且该空气间隔的改变对像质变化的贡献不大，因此在结构设计中以该间隔分段，分段后的两个镜筒采用胶连或螺纹的方式紧固。隔圈和压圈的材料均选用 2A12 硬铝或者不锈钢，不锈钢材料相对于铝具有较低的热膨胀系数，可以确定更为严格的空气间隔。

在此基础上，设计了一个机械结构用于放置左右摄像机以及探测器[27]，模拟矛隼的眼睛所具有的双中央凹大视场与高分辨率成像的特性。通过引入液晶空间光调制，设计了双小凹光学成像系统，如图 7-23 所示，模拟了矛隼双中央凹高分辨率成像，进行了结构设计和试验验证。为了尽量选择最接近鹰眼正中央凹和侧中央凹光学参数的镜头，左侧光学镜头焦距为 14.4mm，视场为 25°；右侧光学镜头焦距为 68mm，视场为 4°。左右两部探测器都选择分辨率为 1280 像素×1024 像素、有效像素为 5.2μm 的黑白工业相机。两个摄像机的基线距为 180mm。该光学系统提供了具有应用可行性的仿生视觉光学系统方案。

图 7-23　仿矛隼视觉光学系统[27]

7.4.2　动态双小凹鹰眼仿生成像系统与自适应校正

动态双小凹鹰眼仿生成像系统光路如图 7-24 所示，该系统创新性地采用空间光调制器的相位调制功能对系统不同视场像差进行校正，实现系统在大视场下独立对两个感兴趣视场进行局部高分辨成像(局部超分辨)[28, 29]。

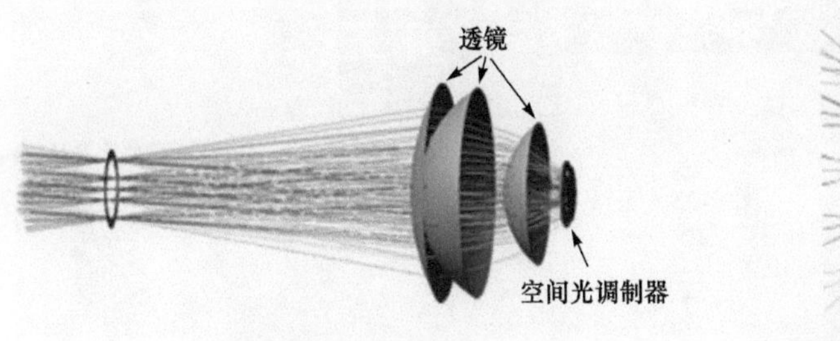

(a) 光学成像系统结构　(b) 空间光调制器功能示意图

图 7-24　动态双小凹鹰眼仿生成像系统三维示意图[28]

空间光调制器是一种对光波的空间分布进行调制的器件，是该双小凹成像系统的关键元件。在双小凹成像系统中，将反射式液晶空间光调制器放置在光学系统的孔径光阑处，分别对两个不同视场角的波前进行相位调制，从而补偿在该视场处的波前像差，提高该视场角即感兴趣区域(ROI)的成像质量，从而实现大视场内低分辨率成像的条件下，在两个特定的视场内满足高分辨率成像。由于液晶空间光调制器只有当入射偏振光平行于液晶的分子方向时才能得到相位的调制，因此光学系统选择单色偏振光作为光学系统的主要工作波段。

根据空间光调制器的工作原理和相位调制特性，建立系统各视场的像差与空间光调制器相位的对应关系，从而实现系统不同视场像差的主动校正。系统双小凹成像仿真结果如图 7-25 所示，通过对每个视场像差校正的优化设计，计算并生成空间光调制器控制的灰度图查找表，实现全视场下感兴趣区域的动态双小凹成像。通过突破变形镜闭环控制理念，发明了双液晶校正器的开环控制自适应光学成像子系统，其中探测与校正支路以波段分光、双液晶校正器分别校正 P 偏振光和 S 偏振光，消除了液晶偏振光能损失和色散光能损失，该子系统可以提高动态双小凹鹰眼仿生成像系统的实时校正性能。

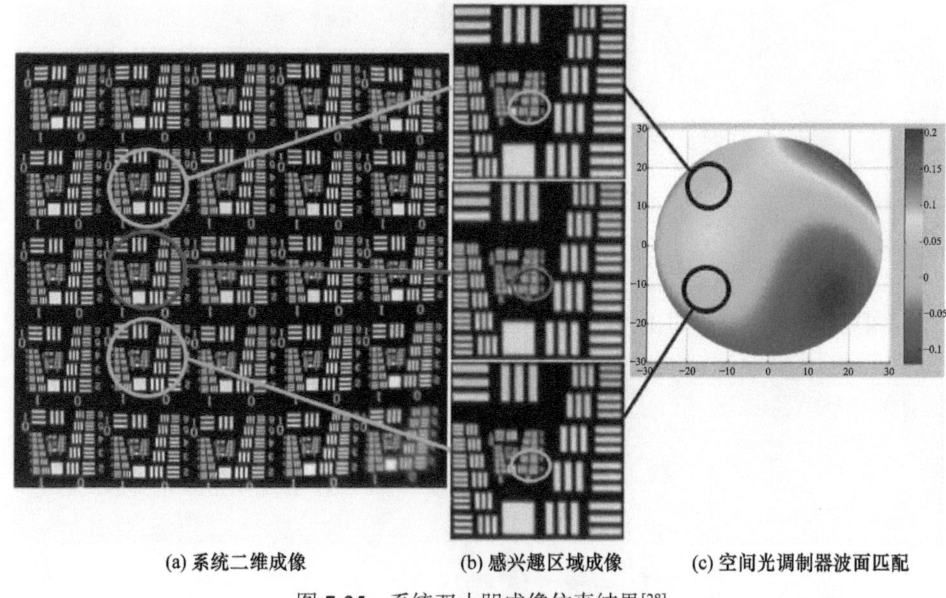

(a) 系统二维成像　　(b) 感兴趣区域成像　　(c) 空间光调制器波面匹配

图 7-25　系统双小凹成像仿真结果[28]

7.5　本 章 小 结

鹰眼具有独特的视觉结构，多中央凹的特点使鹰能在具有广阔视场时拥有局部高分辨率，在高空可进行大范围搜寻并定位地面弱小目标，且在逼近目标时可进行精细的双目定位。为解决传统单孔径光学系统存在的视场与分辨率之间的矛盾，本章利用自然界中鹰眼的强视力智能感知特点，发明了仿鹰眼–脑–行为视觉成像装置，开发了硬件平台模拟鹰眼视觉机理。通过模拟鹰眼生理构造特点，设计并建立了仿鹰眼大视场成像构架，总体方案包括多相机可分辨率变换的成像单元和仿鹰眼–脑–行为处理单元，即从硬件和机制(软件)两方面来模拟鹰视觉系统特性，从而使成像装置同时具有大视场和可分辨率变换的功能。硬件模拟通过模拟鹰眼视觉系统多中央凹结构，采用多相机进行多路图像采集和拼接，从而形成大视场，同时采用多镜头切换的方式使仿鹰眼成像单元同时具有可分辨率变换的功能。软件模拟则通过大视场拼接、目标检测和方位计算三个部分，使成像单元既可大范围监控场景，对可疑目标进行检测和定位，又可对目标进行局部高分辨率分析。此外，本章介绍了一种双小凹光学成像系统和动态双小凹鹰眼仿生成像系统光路，可实现不同视场像差的校正和局部高分辨率成像。

参 考 文 献

[1] 王晓华. 基于仿鹰眼-脑机制的小目标识别技术研究[D]. 北京: 北京航空航天大学, 2018.

[2] 李晗. 仿猛禽视觉的自主空中加油技术研究[D]. 北京: 北京航空航天大学, 2019.

[3] Wang X H, Duan H B. Hierarchical visual attention model for saliency detection inspired by avian visual pathways[J]. IEEE/CAA Journal of Automatica Sinica, 2019, 6(2): 540-552.

[4] 李晗, 段海滨, 李淑宇. 猛禽视觉研究新进展[J]. 科技导报, 2018, 36(17): 52-67.

[5] Duan H B, Xin L, Chen S J. Robust cooperative target detection for a vision-based UAVs autonomous aerial refueling platform via the contrast sensitivity mechanism of eagle's eye [J]. IEEE Aerospace and Electronic Systems Magazine, 2019, 34(3): 18-30.

[6] 赵国治, 段海滨. 仿鹰眼视觉技术研究进展[J]. 中国科学: 技术科学, 2017, 47(5): 514-523.

[7] Tucker V A. The deep fovea, sideways vision and spiral flight paths in raptors [J]. Journal of Experimental Biology, 2000, 203(24): 3745-3754.

[8] Snyder A W, Miller W H. Telephoto lens system of falconiform eyes [J]. Nature, 1978, 275(5676): 127-129.

[9] Hirsch J. Falcon visual sensitivity to grating contrast [J]. Nature, 1982, 300(5887): 57-58.

[10] O'Rourke C T, Hall M I, Pitlik T, et al. Hawk eyes Ⅰ: Diurnal raptors differ in visual fields and degree of eye movement [J]. PLOS ONE, 2010, 5(9): e12802-1-8.

[11] O'Rourke C T, Pitlik T, Hoover M, et al. Hawk eyes Ⅱ: Diurnal raptors differ in head movement strategies when scanning from perches [J]. PLOS ONE, 2010, 5(9): e12169-1-6.

[12] Long A D, Narayanan R M, Kane T J, et al. Analysis and implementation of the foveated vision of the raptor eye[C]. Proceedings of the Image Sensing Technologies: Materials, Devices, Systems, and Applications Ⅲ. Baltimore, SPIE'Baltimore, Maryland, 2016: 98540T-1-9.

[13] Melnyk P B, Messner R A. Biologically motivated composite image sensor for deep-field target tracking [C]. Proceedings of the Vision Geometry XV, SPIE, San Jose, California, 2007: 649905-1-8.

[14] Lin L, Ramesh B, Xiang C. Biologically Inspired Composite Vision System for Multiple Depth-of-field Vehicle Tracking and Speed Detection [M]. Springer International Publishing Switzerland: Computer Vision-ACCV 2014 Workshops, 2015: 473-486.

[15] 邓亦敏. 基于仿鹰眼视觉的无人机自主着舰导引技术研究[D]. 北京: 北京航空航天大学, 2017.

[16] Deng Y M, Duan H B. Biological eagle-eye based visual platform for target detection [J]. IEEE Transactions on Aerospace and Electronic Systems, 2018, 54(6): 3125-3236.

[17] 段海滨, 邓亦敏, 孙永斌. 一种可分辨率变换的仿鹰眼视觉成像装置: CN205336450U[P]. 2016-6-22.

[18] 段海滨, 邓亦敏, 孙永斌. 一种可分辨率变换的仿鹰眼视觉成像装置及其成像方法: CN105516688A[P]. 2017-4-26.

[19] Duan H B, Deng Y M, Wang X H, et al. Biological eagle-eye-based visual imaging guidance simulation platform for unmanned flying vehicles [J]. IEEE Aerospace and Electronic Systems Magazine, 2013, 28(12): 36-45.

[20] Julio Z, Chin T J, Quoc-Huy T, et al. As-projective-as-possible image stitching with moving DLT [J]. IEEE Transactions on Pattern Analysis and Machine Intelligence, 2014, 36(7): 1285-1298.

[21] Lowe D G. Object recognition from local scale-invariant features [C]. Proceedings of the 7th IEEE International Conference on Computer Vision, Kerkyra, Greece, 1999: 1150-1157.

[22] Duan H B, Wang X H. A visual attention model based on statistical properties of neuron responses [J]. Scientific Reports, 2015, 5: 8873-1-10.

[23] Duan H B, Xin L, Xu Y, et al. Eagle-vision-inspired visual measurement algorithm for UAV's autonomous landing[J]. International Journal of Robotics and Automation, 2020, 35(2): 94-100.

[24] 陈善军. 基于仿鹰眼视觉的软式自主空中加油导航技术研究[D]. 北京: 北京航空航天大学, 2018.

[25] 赵国治. 基于仿鹰眼视觉的无人机协同自主编队及验证[D]. 北京: 北京航空航天大学, 2018.

[26] 张奇夫. 基于仿生视觉的动态目标测量技术研究[D]. 北京: 北京航空航天大学, 2014.

[27] 冯驰. 几种视觉仿生光学系统的研究[D]. 北京: 北京理工大学, 2015.

[28] Du X Y, Chang J, Zhang Y Q, et al. Design of a dynamic dual-foveated imaging system[J]. Optics Express, 2015, 23(20): 26032-1-9.

[29] 常军, 查为懿, 牛亚军, 等. 含局部超分辨扫描的小凹成像系统的制作方法: CN104007559B[P]. 2017-5-17.

第 8 章　仿鹰眼视觉的空中加油目标检测

8.1 引　　言

空中加油是指在飞行过程中一架飞机向另一架或多架飞机传输燃油的技术，可显著提高受油机的续航能力，在战略或战术航空兵部队作战中具有极其重要的支援作用。空中加油系统分软管–锥管式(简称软式)及伸缩管式(简称硬式)两大类。如图 8-1 所示，空中加油自出现起就以其在军事行动中的重要作用而日益受到各国的广泛重视。空中加油任务由来已久，现阶段除了美国完成的有人驾驶加油机向无人机加油的飞行试验外，在世界范围内仍以配备加油员的方式完成空中加油任务。随着战争形势的转变，无人机逐渐成为关注重点，对自主空中加油技术的要求应运而生，特别是近年来，随着无人飞行系统的发展，自主空中加油技术也受到了越来越多的关注。空中加油对接阶段对于定位精度的高要求决定了视觉辅助导航成为主要研究对象[1-5]。基于视觉信息的自主空中加油对接阶段对图像要求较高，而高空中的光照变化和加/受油机之间的相对运动必然成为技术痛点。

图 8-1　空中加油场景

自主空中加油包括会合、对接、加油、解散四个阶段，其中在会合和解散阶段，导引过程与无人机系统通常依赖的导航方式相同，包括全球导航卫星系统(Global Navigation Satellite System, GNSS)和惯性导航系统(Inertial Navigation System, INS)。但是在最具有挑战性也是最受关注的对接阶段，全球导航卫星系统的精度已经无法满足加/受油机之间的距离需求。虽然采用差分技术可将定位精度提升至厘米级，但该方式的数据更新速度低，无法满足跟踪高速目标对数据快速性的需求。激光雷达系统能够清晰地追踪并测量高速运动目标，但系统的测量精度会受到高空中水汽、冰雪和尘埃的影响而降低。计算机视觉导引方法则能够满足空中加油对接过程对实时性与精确度的要求，准确定位目标位置，位姿估计结果误差在厘米级范围，同时目标位置计算速度满足控制系统响应时间要求，确保控制系统能够根据结果实现实时调整。空中加油视觉导引过程主要包括图像采集、图像预处理、合作目标的特征提取以及相对位姿估计等。空中加油导引系统流程如图 8-2 所示，其中①②③④分别对应加油过程中的会合、对接、加油和解散四个阶段。

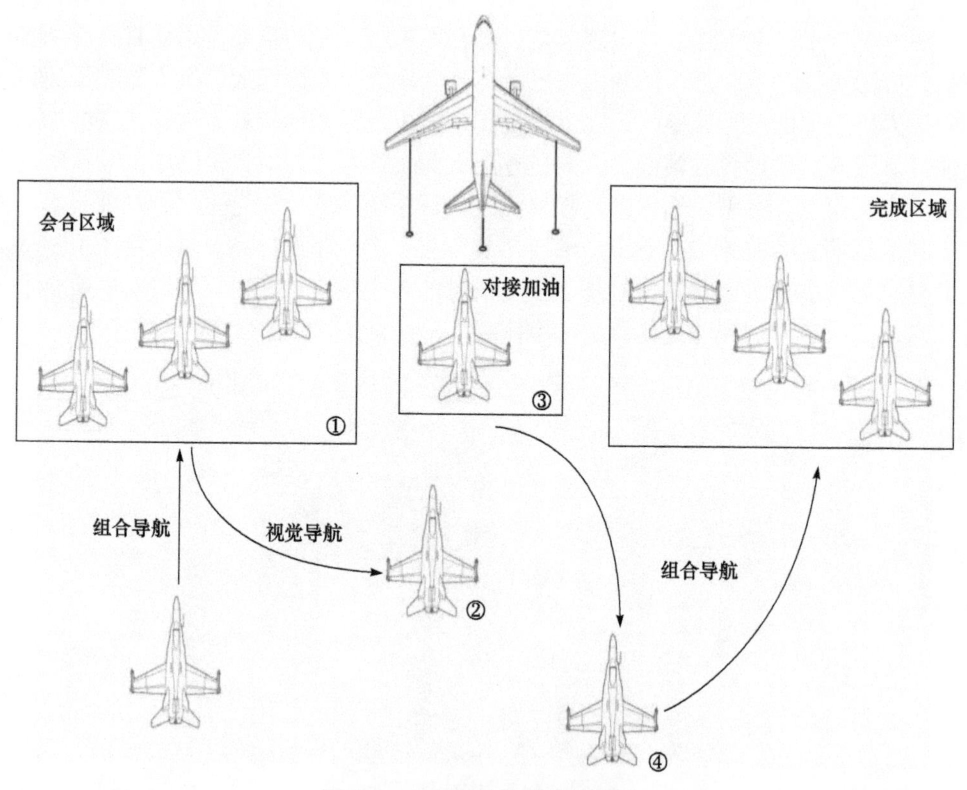

图 8-2　空中加油导引系统流程

加油导引过程中对于视觉导航的挑战在于，如何在自主加油过程中排除光照和飞机间相对运动的干扰，准确识别加油标识并计算飞机间的相对距离与位姿，最终引导加/受油机成功对接。能够适应自主空中加油复杂动态环境的高效视觉导引方案和算法是对接动作完成的先决条件和重要支撑[6, 7]。

鹰在各种背景下都能准确地捕食高速运动的猎物，如图 8-3 所示，这一过程与自主空中加油在高空强干扰环境下实现精准对接过程相类似，特别是鹰捕食过程中主要依赖视觉系统提供复杂环境和猎物信息与空中加油视觉导引的对接需求相一致。鹰获取周围物体的颜色和形状等属性、物体的位置和物体之间的相对位置关系以及发现并稳定跟踪目标的机制，可以为自主空中加油过程中的相关任务提供解决思路。将仿鹰眼视觉技术用于自主空中加油对接导引阶段，对于有效解决自主空中加油视觉引导过程中的图像预处理、目标检测识别与跟踪以及位姿估计等问题具有重要的理论与应用价值[8-11]。

图 8-3　鹰捕捉空中猎物场景

本章面向软式自主空中加油过程中的锥套目标检测问题，对鹰眼视觉机制进行深入的分析，针对所设计的加油锥套合作目标，首先模拟鹰眼的颜色感知机制对锥套目标图像进行颜色分割，去除图像中与锥套目标颜色差异较大的大量背景冗余信息，然后在此基础上分别模拟鹰眼的感受野机制和侧抑制机制对图像进行进一步的轮廓提取，为自主空中加油对接导引奠定了基础。

8.2　仿鹰眼视觉的图像颜色分割

8.2.1　鹰眼颜色感知机制

鹰眼作为动物界高视觉性能的代表，也拥有颜色感知功能，而且不同于人眼的三色机制，鹰眼具有四色机制[12]。鹰眼中的视锥细胞是使其具有颜色感知功能的关键，每一个视锥细胞内都有一个带有颜色的油滴，如图 8-4 (a)所示，油滴结构位于鹰眼视锥细胞视觉色素的前端，入射光线首先要经过油滴的作用后才能到达视觉色素处[13-15]。含有不同类胡萝卜素的油滴对入射光线中所含成分的作用不同，其作用有点类似于滤波器，对光线中不同波段的信号具有滤除作用。根据油滴所含类胡萝卜素的不同，可将鹰眼的视锥细胞大体分为四类：长波敏感型视锥细胞、中波敏感型视锥细胞、短波敏感型视锥细胞以及紫外线敏感型视锥细胞。由名字可知这四种视锥细胞分别对入射光线中的长波段信号、中波段信号、短波段信号以及紫外波段信号敏感，如图 8-4(b)所示，而且这四种波段构成了鹰眼的颜色空间四面体结构[16-18]。

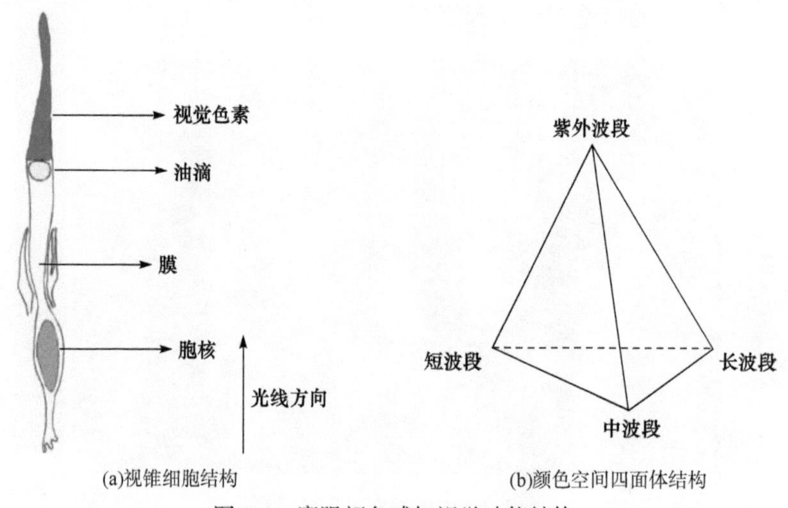

图 8-4 鹰眼颜色感知视觉功能结构

基于不同视锥细胞接收信号类型相同的前提，长、中和短波段敏感型视锥细胞在提取可见光中的信号以后将进入鹰眼的后处理机制进行相互拮抗作用，从而形成四条后感受器通路：亮度通路(U 通路)，用来描述光线中的亮度信息；长波通路(L 通路)，用来描述光线中的长波段信号；中波通路(M 通路)，用来描述光线中的中波段信号；短波通路(S 通路)，用来描述光线中的短波段信号。不同的颜色刺激信号在后处理机制中相拮抗获得色差信号，每一条后感受器通路代表每一种颜色类型视锥细胞信号相对其他视锥颜色信号的对比响应，而这些对比响应正是鹰眼实现其颜色感知功能的关键[19, 20]。

通过模拟鹰眼的颜色感知机制构建仿鹰眼颜色感知模型，可用于对加油锥套图像中不同波段信号信息的提取。由于在加油锥套彩色图像中，红、绿、蓝三种颜色分别代表了可见光谱中的长波、中波和短波三个不同波段的信息，而亮度则可以用来代替紫外波段信号，因此，构建仿鹰眼颜色感知模型的基本思路是：L 通路主要吸收彩色图像中的红色信号，并对其他颜色的信号进行抑制，具体表现为在 RGB 图像中某个像素 R 通道的灰度值占 R、G、B 三通道灰度值之和的比例越大，L 通路中在该像素处的响应就越大。同样地，M 通路、S 通路则分别吸收彩色图像中的绿色和蓝色信号，并对其他颜色信号进行抑制，而 U 通路则吸收图像中的亮度信号。通过在 L、M、S 通路中分别保持红色、绿色和蓝色成分灰度值对比度并削弱其他颜色成分灰度值对比度来构建仿鹰眼颜色感知模型，从而使得三个通路主要保留各自所对应波段的颜色信息。具体公式描述如下：

$$\begin{cases} I_{\mathrm{L}} = \max(0, \min(r-g, r-b)) \\ I_{\mathrm{M}} = \max(0, \min(g-r, g-b)) \\ I_{\mathrm{S}} = \max(0, \min(b-r, b-g)) \\ I_{\mathrm{U}} = (r+g+b) \div 3 \end{cases} \tag{8.1}$$

其中 I_{L}、I_{M}、I_{S} 和 I_{U} 分别为长波段、中波段、短波段以及紫外波段四个通路对图像的输出响应，r、g、b 是输入彩色图像中三个颜色通道的灰度值。L 通路将对图像中的红色区域产生强的响应，而对其他颜色区域响应则很弱。同样地，M 通路和 S 通路将分别对图像中的绿色区域和蓝色区域产生强的响应，而对其他颜色区域响应较弱。而 U 通路则主要反映图像中的亮度分布情况。L、M、S 三个通路的响应输出可以用图 8-5 得到。

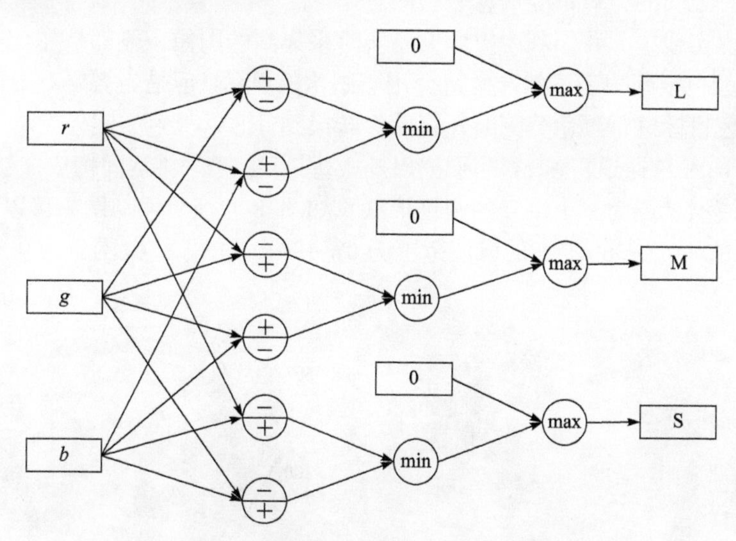

图 8-5　鹰眼颜色感知拮抗通道示意图

通过仿鹰眼颜色感知模型可以成功地将图像中具有不同波长信号的区域分离出来，对于 RGB 彩色图像而言，通过所建模型可以将图像中红色区域、绿色区域以及蓝色区域的分布情况提取出来，达到颜色分割的目的。如果已知检测目标属于哪个波段，则可以直接将注意力集中在它所对应的波段通路具有强烈响应的区域，从而将检测区域大大缩小，不仅可以加快目标检测的速度，还可以提高目标检测的准确率。针对软式自主空中加油过程中的锥套目标，由于在设计时将它的底色设置为红色，因此后续处理时只需选择 L 通路即可，从而可以大大提高图像处理的效率。

8.2.2　加油锥套合作目标设计

参照实际软式自主空中加油中的锥套形状将加油锥套合作目标模型设计为圆环形，如图 8-6 所示，圆环内直径为 20cm，外直径为 35cm。考虑到自主空中加油环境背景比较单一，在空中加油过程中，相机视野范围内一般很少存在红色背景信息的干扰，同时考虑到红色所具有的高视觉冲击力和显著性，本章将加油锥套合作目标的底色设置为红色，以便于在加油过程中快速准确地检测出它在图像中的具体位置。在加油过程中除了需要准确地检测出锥套目标外，为了准确地解算出加油锥套与相机之间的相对位置和姿态信息，还需要提取锥套的相关特征点进行相对位姿测量，所以本章在以红色为底色的锥套上又粘贴了一个绿色和六个蓝色的圆形布条作为锥套目标的特征标识点。这样在检测出锥套目标的基础上可以再次利用颜色信息将加油锥套的特征点提取出来，从而利用提取到的特征点对相机和锥套之间的相对位姿信息进行测量。

在工程实践中，我们利用摄像设备实时采集到的图像一般都是 RGB 彩色图像。RGB 颜色空间模型虽然非常适合用于图像的显示，但是当需要对图像中的某种特定颜色目标进行颜色分割时，将图像转换到 HSV 颜色空间模型更加合适，该空间由 H(颜色通道)、S(深度通道)以及 V(明暗通道)三维空间构成，整个 HSV 颜色空间模型呈现为一个倒立的圆锥形状，如图 8-7 所示。从图中可以看出，H 的取值范围为 0°～360°，S 的取值范围为 0～100，V 的取值范围也为 0～100。

图 8-6　锥套合作目标模型

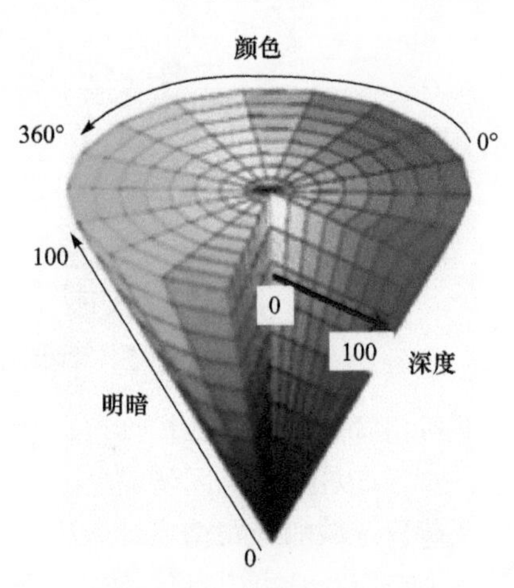

图 8-7　HSV 颜色空间模型图

HSV 颜色空间是一种非常直观、非常便于用户理解的模型，它的 H、S、V 三个通道清晰地反映了对颜色类型、颜色深浅以及颜色明暗度的选择。在进行颜色设置时，第一步需要确定的是颜色类型即确定 H 的值，第二步需要确定的是颜色深浅即确定 S 的值，而一般情况下，当这两步完成时，颜色就已经被设置好，所以在 HSV 颜色空间对图像中特定颜色的目标进行分割具有非常直观的意义，只需设定 H 通道和 S 通道合适的阈值就可以对特定颜色目标进行分割。

在利用 HSV 颜色空间对特定颜色目标进行分割时，首先需要将采集到的在 RGB 空间的彩色图像转换到 HSV 空间，两个颜色空间的转换公式如下所示：

$$H=\begin{cases}0^\circ, & \max=\min \\ 60^\circ\times\dfrac{g-b}{\max-\min}+0^\circ, & \max=r, g\geqslant b \\ 60^\circ\times\dfrac{g-b}{\max-\min}+360^\circ, & \max=r, g<b \\ 60^\circ\times\dfrac{b-r}{\max-\min}+120^\circ, & \max=g \\ 60^\circ\times\dfrac{r-g}{\max-\min}+240^\circ, & \max=b\end{cases} \tag{8.2}$$

$$S=\begin{cases}0, & \max=0 \\ \dfrac{\max-\min}{\max}, & \max\neq 0\end{cases} \tag{8.3}$$

$$V=\max \tag{8.4}$$

其中 max 是 RGB 颜色空间中 R、G、B 三个分量的最大值，而 min 是三个分量的最小值。

当实时采集到 RGB 空间的加油锥套彩色图像以后，首先根据公式(8.2)～(8.4)进行颜色空间转换，然后在 HSV 空间内根据加油锥套自身颜色的类型及深浅等先验信息对 H 和 S 两个通道的阈值进行设置，通过阈值分割即可得到分割后的二值图像，然后进行相应的形态学处理，即可实现对目标的有效颜色分割。

8.2.3　特征提取及匹配

为了提高算法的精度和速度，对锥套特征点的提取是在仿鹰眼锥套目标检测所检测到的锥套目标区域上进行的，这样可以排除大量无关背景信息的干扰，彩色锥套如图 8-8 所示。针对所检测到的锥套目标区域，利用仿鹰眼视觉的图像颜色分割方法对其进行颜色分割。利用 L、M 和 S 通路的响应输出来提取锥套上红色锥套区域、绿色和蓝色圆形斑点的中心像素坐标来实现锥套特征点的检测。对所检测到的锥套目标区域进行颜色分割以后，首先从 L 通路中分离出锥套目标的圆环区域，由于锥套圆环上红色的底色外还粘贴了一个绿色和六个蓝色的圆形布条，所以通过 L 通路得到的二值图像是一个带有七个孔洞的圆环形状，通过孔洞填充可以去除这些孔洞，然后将去除孔洞后的圆环形锥套二值图像与所检测到的锥套目标区域图像进行相与操作，可以得到只含有圆环形锥套的彩色图像。第二步是对得到的圆环形锥套彩色图像再次进行颜色分割，此时选择 M 和 S 通路的输出响应进行阈值分割，从而得到只含有绿色或蓝色圆形斑点的二值图像，对它们进行斑点检测可以得到锥套特征点。

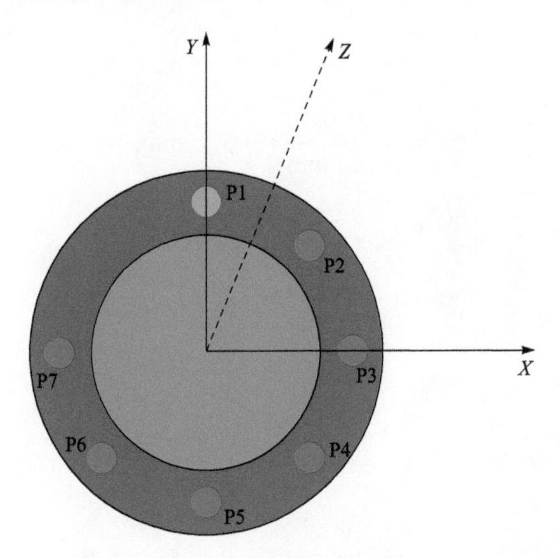

图 8-8　彩色锥套示意图

在提取出锥套特征点以后，为了后续相对位姿信息的测量，还需要进行特征点匹配这一项操作，即将从图像中提取到的坐标点与它们实际所对应的圆形斑点进行配对。本章利用圆形斑点的颜色信息并结合凸包变换来实现特征点匹配。首先对所提取到的所有绿色和蓝色特征点进行凸包变换，使得这些特征点像素坐标按照顺时针的顺序排列，然后按照排列序号计算所有特征点像素坐标到绿色斑点的中心像素坐标的距离，其中距离最小的特征点像素坐标所对应的序号即为绿色斑点所对应的序号。本章以绿色圆形斑点为第一个特征点，并按照顺时针方向依次将蓝色圆形斑点确定为第二个特征点到第七个特征点，根据排列序号可以依次确定它们所对应的像素坐标，完成特征点匹配。

仿鹰眼颜色感知机制的锥套特征点提取及匹配流程如图 8-9 所示。

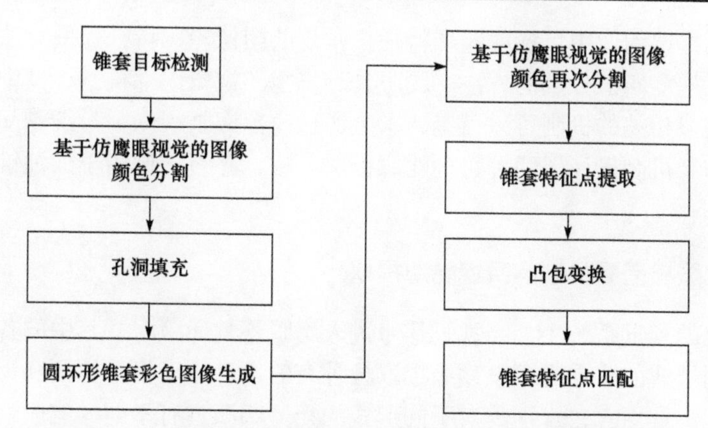

图 8-9　仿鹰眼颜色感知机制的锥套特征点提取及匹配流程

仿鹰眼颜色感知机制的锥套特征点提取及匹配的具体步骤如下：

Step 1　锥套目标检测。利用仿鹰眼视觉注意机制从测试图像中检测出锥套目标区域。

Step 2　基于仿鹰眼视觉的图像颜色分割。利用仿鹰眼视觉的图像颜色分割方法对检测到的锥套目标区域进行颜色分割，选择 L 通路得到只有红色区域的二值图像。

Step 3　孔洞填充。对 Step 2 中的二值图像进行孔洞填充得到圆环形锥套二值图像。

Step 4　圆环形锥套彩色图像生成。将 Step 3 中的圆环形锥套二值图像与检测到的锥套目标区域图像进行相与操作得到圆环形的锥套彩色图像。

Step 5　基于仿鹰眼视觉的图像颜色再次分割。利用仿鹰眼视觉的图像颜色分割方法对 Step 4 中得到的圆环形锥套彩色图像再次进行颜色分割。

Step 6　锥套特征点提取。首先选择 Step 5 中的 M 通路计算出绿色圆形斑点的中心像素坐标，然后选 S 通路计算出绿色圆形斑点的中心像素坐标。

Step 7　凸包变换。对所提取的所有绿色和蓝色特征点进行凸包变换，使得这些特征点像素坐标按照顺时针的顺序排列。

Step 8　锥套特征点匹配。以绿色圆形斑点的中心像素坐标为第一个特征点，按照顺时针方向依次为第二个到第七个特征点。

8.3　仿鹰眼视觉的空中加油目标轮廓提取

在基于计算机视觉的目标检测过程中，当进行完图像颜色分割以后，通常紧跟着的操作就是目标轮廓提取，然后利用轮廓信息实现目标检测。顾名思义，轮廓提取就是提取图像中目标的轮廓特征。常规的图像轮廓特征提取方法一般是基于图像灰度梯度阈值分割的方法。鹰眼具有丰富的视觉内部机制，其中必然有与目标轮廓提取相关的机制可以借鉴，本节通过模拟鹰眼视网膜上细胞间的感受野机制和侧抑制机制设计了两种目标轮廓提取方法，并将它们用于加油锥套目标轮廓的提取。

8.3.1　仿鹰眼感受野机制的目标轮廓提取

在鹰眼的视觉系统中，当视觉信号进入鹰眼视觉通路时，其中的各种神经细胞通过不同形式的感受野可以逐级提取各种有效信息用于目标检测和识别[21-23]。对生物视觉系统而言，视网膜对不同形式的光斑刺激具有不同的响应。当所给光斑刺激与相应感受野模型保持一致时，视网膜具有最强的响应，而当所给光斑刺激与相应感受野模型完全不一致时，视网膜具有最弱的响应[24, 25]。最简单以及经典的感受野模型为中心–周边感受野模型，它有两种不同的形式，即中间兴奋周边抑制的 ON-OFF 型和中间抑制周边兴奋的 OFF-ON 型，它们的模型可以用图 8-10 描述。其中“+”表示视神经细胞兴奋，“–”表示视神经细胞抑制。当光斑刺激都集中在 ON-OFF 型感受野的中心兴奋区时，神经细胞将反应剧烈；同样，当光斑刺激都集中在 OFF-ON 型感受野的周边兴奋区时，神经细胞也将反应剧烈。

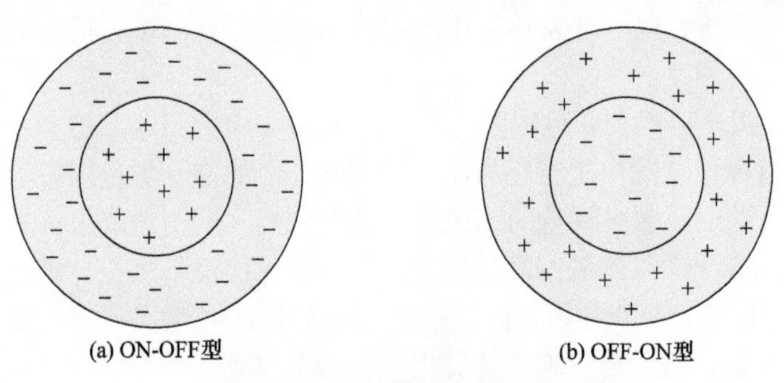

图 8-10　中心–周边感受野模型

在鹰眼视觉通路中，各种简单细胞的感受野可以通过叠加组合形成各种形状复杂的复杂细胞感受野，而各种复杂细胞的感受野也可以通过叠加组合形成更加复杂的超复杂细胞感受野，其过程可以用图 8-11 描述[12]。鹰眼视觉系统通过各种不同大小、方向、形状的感受野从图像中提取出各种复杂目标的有用信息，从而实现对目标的检测和识别等功能。图 8-11 中的长条形感受野模型就是通过多个简单细胞的 ON-OFF 型感受野叠加组合而成的复杂细胞感受野，上述过程充分地表明了通过感受野叠加组合可以形成各种形状的复杂细胞感受野，当有一束长条形的光斑照射在该长条形区域时，复杂细胞将响应非常剧烈，并且随着长条形光斑以其几何中心为原点进行旋转直至转动 90°，该复杂细胞的响应将逐渐减弱。

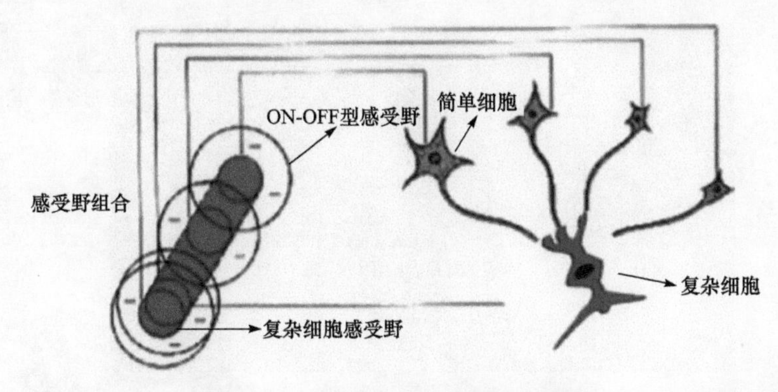

图 8-11　感受野叠加组合过程示意图

在鹰眼视觉系统中，随着从简单细胞到复杂细胞再到超复杂细胞，简单感受野通过叠加组合逐渐形成了各种对形状、纹理等特征兴奋的复杂细胞，从而使它们具备了提取初级到高级目标特征的能力。通过模拟鹰眼视觉系统的感受野机制对经颜色分割处理后的加油锥套图像进行处理，以实现对目标轮廓特征的提取。本章利用二维 Gabor 函数对鹰眼简单神经细胞的中心–周边感受野模型进行建模。生物学实验发现，Gabor 滤波器可以很好地模拟简单细胞的感受野模型[24]。在空间域中，二维 Gabor 滤波器是一个由正弦平面波调制的高斯核函数，二维 Gabor 函数公式如下：

$$G(\sigma,\theta,\varphi,\gamma,x,y)=\exp\left(-\frac{X^2+\gamma^2Y^2}{2\sigma^2}\right)\times\cos\left(\frac{2\pi}{\lambda}X+\varphi\right) \tag{8.5}$$

其中 $X=x\cos\theta+y\sin\theta$，$Y=-x\sin\theta+y\cos\theta$；$\gamma$ 为感受野区域的横纵比，控制感受野的形状；θ 控制感受野的方向；σ 控制感受野的大小，λ 为余弦调制因子的波长，而 σ/λ 决定了空间频率带宽，通常为一个定值 0.56，所以 λ 的值由 σ 唯一确定；φ 为余弦调制因子的相位偏移值，控制感受野的对称性，通常取 0°或–90°。

二维 Gabor 函数能够很好地拟合鹰眼的中心–周边感受野模型，其用于轮廓特征提取时具有与感受野模型非常类似的特征，即当轮廓所对应频率与函数模型保持一致时具有强烈的响应，而当轮廓所对应频率与函数模型不一致时，响应受到抑制。Gabor 函数模型相当于一个带通滤波器，它只容许与它具有相对应频率的轮廓顺利通过，而其他轮廓将受到抑制。而具有特定尺度和特定方向的二维 Gabor 函数相当于一种特定形式下的感受野拟合模型，通过改变函数中控制感受野方向和大小的参数 θ 和 σ 就可以得到不同形式下的感受野拟合模型，如图 8-12 所示。

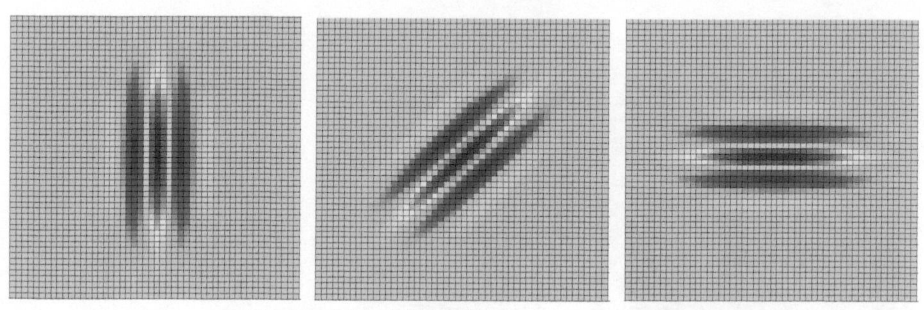

(a) 不同方向下的感受野拟合模型(σ=5；θ=0°，45°，90°)

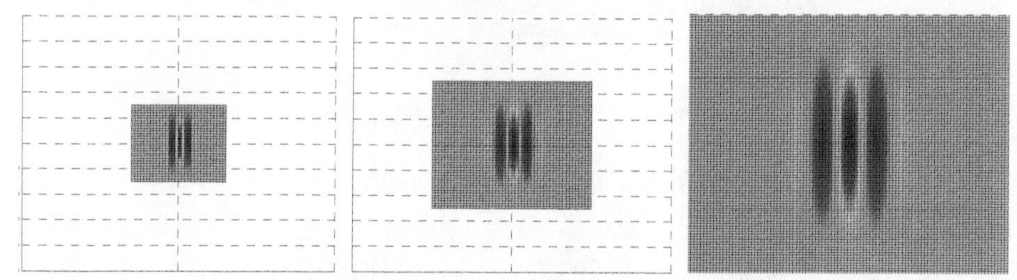

(b) 不同大小下的感受野拟合模型(σ=3，5，10；θ=0°)

图 8-12　Gabor 感受野拟合模型

通过这些感受野拟合模型可以对图像进行不同尺度、不同方向上的轮廓特征提取。构建一组具有不同θ和不同σ的二维 Gabor 滤波器，并利用这组滤波器与图像进行卷积操作，提取出图像中不同尺度、不同方向上的轮廓特征，从而得到多组轮廓特征图像。得到的多组轮廓特征图像包括了不同朝向和不同粗细的轮廓特征，通过模拟鹰眼视觉系统中感受野组合叠加原理，将利用不同尺度和不同方向的二维 Gabor 函数模型对图像进行卷积处理的结果进行有选择性的融合，提取出图像中目标的有效轮廓特征，而忽略图像中的细节、纹理以及噪声干扰。

8.3.2　仿鹰眼侧抑制机制的目标轮廓提取

在鹰眼的视觉系统中，视网膜上的神经细胞感受野存在重叠的情况，当某一细胞在视网膜上处于兴奋状态时，可能其相邻细胞在该处正处于抑制状态，反过来也有一样的抑制作用[26-28]。鹰眼视网膜上相邻的神经细胞之间都存在相互抑制的作用，而相互之间抑制的强度与两细胞之间的距离有关，通常距离越近抑制作用就越大，但是当距离大到超出抑制作用影响范围时抑制效果就会消失。在鹰眼视觉系统中，其利用神经细胞之间的侧抑制作用可以去除细胞对轻微刺激的响应，反映到图像特征提取上则表现为对图像中细节纹理信息的忽略，只提出图像中显著的主流信息。而将这一理论应用到目标图像轮廓提取时，将会提取出目标的显著轮廓信息，而图像中的细节、纹理及噪声将会被去除，使得目标图像边缘突出，能够极大地降低目标检测的难度。

本章通过模拟鹰眼的视觉侧抑制机制对图像进行处理，增大图像中目标边缘处像素点的灰度值，同时减小非边缘处像素点的灰度值。本章通过 Huggins 等提出的侧抑制数学模型来构建仿鹰眼视觉的侧抑制模型，并将其用于图像目标轮廓的提取[29]。侧抑制数学模型公式如下：

$$I'_p = I_p + \sum_{\substack{j=1 \\ j \neq p}}^{n} k_{p,j} I_j \tag{8.6}$$

其中 I'_p 为经过侧抑制处理后 p 像素点的灰度值，I_p 为侧抑制处理前的灰度值，$k_{p,j}$ 为周围像素点的侧抑制系数，I_j 为周围像素点的灰度值，$j \neq p$ 表明感光细胞自身不会对自身产生任何可能的抑制性作用，n 为相邻像素个数。这里设定抑制野的范围为 5×5 的领域像素，即只有以当前像素为中心的 5×5 领域内的像素点对当前像素具有侧抑制作用，且距离中心像素越远，侧抑制系数越小，又由于所选窗口具有对称性，所以侧抑制数学公式可以改写为

$$\begin{aligned} I'(x,y) = I(x,y) &+ k_1\left(\sum_{i=-1}^{1}\sum_{j=-1}^{1} I(x+i,y+j) - I(x,y)\right) \\ &+ k_2\left(\sum_{i=-2}^{2}\sum_{j=-2}^{2} I(x+i,y+j) - \sum_{i=-1}^{1}\sum_{j=-1}^{1} I(x+i,y+j)\right) \end{aligned} \tag{8.7}$$

其中 k_1 和 k_2 分别为距离中心像素一个单元和两个单元的像素所对应的侧抑制系数，且有 $|k_1|>|k_2|$。经过上述仿鹰眼视觉侧抑制模型处理后的图像在边缘处的像素点灰度值很大，而非边缘处的像素点灰度值很小，通过设置一个合适的阈值可以将图像中的目标轮廓提取出来。

8.4　仿真实验分析

为了测试仿鹰眼视觉机制的图像颜色分割、轮廓提取方法的效果，利用仿鹰眼机制方法分别对在不同种场景下采集的加油锥套图像进行颜色分割、轮廓提取，作为对比，利用传统的基于 HSV 空间的颜色分割方法对相同锥套图像进行颜色分割，对仿鹰眼机制的图像颜色分割以及轮廓提取方法进行分析。

8.4.1　图像颜色分割

由于所设计的加油锥套合作目标底色为红色，因此在仿鹰眼颜色感知机制的

图像颜色分割实验中选择 L 通路的响应输出作为目标颜色分割的结果，实验结果如图 8-13～图 8-15 所示。

(a) 原图　(b) 仿鹰眼颜色分割结果　(c) HSV 颜色分割结果

图 8-13　地面场景

(a) 原图　(b) 仿鹰眼颜色分割结果　(c) HSV 颜色分割结果

图 8-14　空中场景一

(a) 原图　(b) 仿鹰眼颜色分割结果　(c) HSV 颜色分割结果

图 8-15　空中场景二

在颜色分割实验中选择了地面和空中不同场景下的加油锥套图像，图 8-13～图 8-15 中的实验结果是根据不同环境设置合适参数调试得到的，并且在调试参数过程中，由于在仿鹰眼颜色分割方法中只需要调节一个阈值参数，而在 HSV 分割方法中需要调节两个，所以后者的难度大大超过了前者，这表明仿鹰眼颜色分割方法在调试复杂度上比 HSV 颜色分割方法更具优势；另外，从运行时间上来说，仿鹰眼颜色分割每帧平均处理时间在 0.26s 左右，而基于 HSV 空间的颜色分割由于涉及颜色空间转换，每帧平均处理时间大约在 0.64s，显然仿鹰眼视觉颜色分割方法的运行效率更高。从上述实验结果可以看出，仿鹰眼颜色分割效果更好，去除了大量无关的纹理细节和噪声轮廓，且该方法相对于 HSV 颜色分割受到光照的影响更小。

8.4.2　目标轮廓提取

在上述颜色分割的基础上，为了进一步测试仿鹰眼侧抑制机制和仿鹰眼感受野机制两种目标轮廓提取方法的效果，应用这两种方法对仿鹰眼颜色分割中 L 通路(即红色通道)的输出响应图像(未进行图像二值化处理)进行轮廓提取。为了进行效果对比分析，同时使用 Canny 边缘检测算法进行轮廓提取。分别选择上述颜色分割实验中地面和空中场景二中的锥套图像进行轮廓提取。针对地面和空中两种场景情况，将仿鹰眼侧抑制机制的轮廓提取方法中的侧抑制系数 k_1 和 k_2 分别设置为(k_1 =0.075， k_2 =0.025)和(k_1 =0.085， k_2 =0.02)；将仿鹰眼感受野模型机制的轮廓提取方法中的尺度参数 σ 分别设为 0.31 和 0.3。考虑到锥套目标形状为圆形，将方向参数 σ 分别设置为 0°和 90°。两组实验结果如图 8-16 和图 8-17 所示。

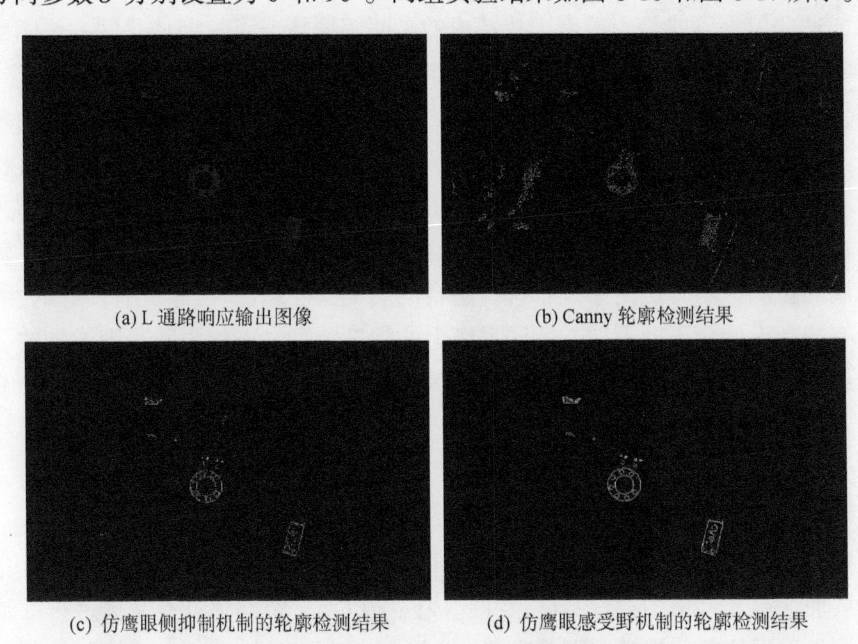

(a) L 通路响应输出图像　(b) Canny 轮廓检测结果

(c) 仿鹰眼侧抑制机制的轮廓检测结果　(d) 仿鹰眼感受野机制的轮廓检测结果

图 8-16　地面场景下轮廓检测结果

(a) L 通路响应输出图像　(b) Canny 轮廓检测结果

(c) 仿鹰眼侧抑制机制的轮廓检测结果

(d) 仿鹰眼感受野机制的轮廓检测结果

图 8-17　空中场景下轮廓检测结果

从实验结果看出，通过 Canny 边缘检测提取的图像轮廓中包括许多细节纹理信息，这些信息可能是由噪声干扰造成的。而不同情况下，即使是同一张图像，其干扰信息也可能发生变化，这将对基于轮廓特征信息的目标检测造成干扰，所以仅使用基于 Canny 的边缘检测方法很难提取出能够对目标进行有效描述的轮廓特征。仿鹰眼侧抑制机制的轮廓检测方法能够很好地提取出目标的轮廓，其相对于 Canny 边缘检测方法有了很大的改进，但是在轮廓的周围存在一些离散的边缘点，这些离散的边缘点也将对基于轮廓特征的目标检测造成影响。而仿鹰眼感受野机制的轮廓检测方法由于具备选择融合的功能，在三种算法中具有最好的性能，通过有选择地融合不同方向、不同尺度上的轮廓特征，不仅去除了图像中的一些细节纹理特征，而且对目标的显著轮廓具有增强作用，所提取的轮廓特征能够很好地对目标进行表达。

8.4.3　锥套特征点提取及匹配

在软式空中加油过程中，为了测量出受油机和加油锥套之间的相对位姿信息，需要从加油锥套目标中提取特征点并完成匹配以用于位姿估计算法来进行求解。本章首先采用仿鹰眼视觉的图像颜色分割方法将所设计锥套上带有颜色的圆形斑点中心提取出来作为锥套特征点，然后对提取到的特征点进行凸包变换，从而实现特征点的匹配。

为了测试仿鹰眼颜色感知机制的锥套特征点提取及匹配方法的效果，对分别来自地面和空中的加油锥套图像进行锥套特征点检测，在实验过程中将仿鹰眼颜色感知机制中的 L、M、S 三个视觉通路响应输出图像进行二值化的阈值分别设置为 20、15 和 5。实验结果如图 8-18 和图 8-19 所示。

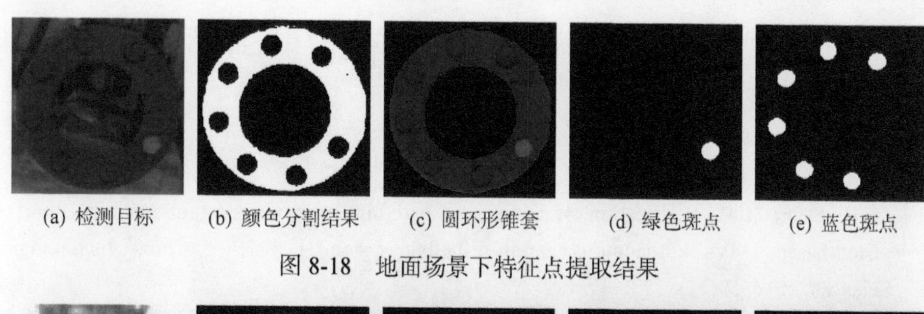

(a) 检测目标　(b) 颜色分割结果　(c) 圆环形锥套　(d) 绿色斑点　(e) 蓝色斑点

图 8-18　地面场景下特征点提取结果

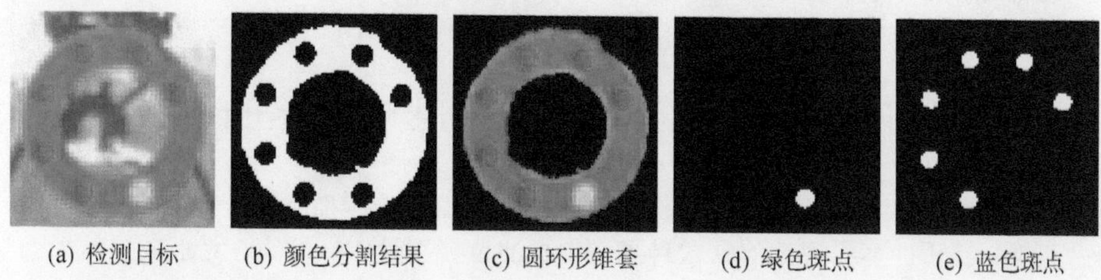

(a) 检测目标　(b) 颜色分割结果　(c) 圆环形锥套　(d) 绿色斑点　(e) 蓝色斑点

图 8-19　空中场景下特征点提取结果

由上述结果可以看出，仿鹰眼颜色感知机制的锥套特征点提取及匹配方法取得了非常好的效果，通过红色分割成功地分离出了圆环形锥套区域，在此基础上，通过蓝、绿色分割成功地将锥套特征斑点分离出来，从而实现了锥套特征点的提取。当 7 个有色圆形斑点的中心被确定以后，以绿色斑点对应第一个特征点，然后蓝色斑点则按照顺时针方向依次对应第二个到第七个特征点，从而实现特征点的匹配，将匹配好的特征点输入后续位姿估计算法中就可以解算出相对位姿信息。

在进行外场试验时可以发现，基于颜色信息的锥套目标检测和特征点提取对于强光照等外部环境的适应性比较弱，在有些情况下(特别是光照比较强时)容易导致调参数困难甚至算法失效。针对颜色视觉方案的不足，可以利用红外 LED 灯改进锥套目标检测及特征点提取方法，通过斑点检测来提取锥套特征点并利用曲线拟合算法实现特征点的匹配。

8.5　本 章 小 结

本章以自主空中加油视觉导引的需求为出发点，通过模拟鹰视觉系统中的生物机制，设计了高效、鲁棒、适应性强的仿鹰眼视觉导引方法。针对软式自主空中加油过程中锥套目标特征提取及匹配问题进行了研究，并通过实验测试了仿鹰眼视觉机制的空中加油目标检测方法的效果。给出了仿鹰眼颜色感知机制的锥套特征点提取及匹配方法，该方法模拟鹰眼对不同颜色信息的处理机制，利用颜色分割的方式从锥套中提取带有不同颜色的圆形布条作为锥套特征点，仿鹰眼感受野机制和侧抑制机制可有效提取出目标的显著轮廓信息并抑制背景干扰。实验结果表明，仿鹰眼视觉技术可有效解决高空干扰环境下自主空中加油对接导引过程中的精确测量问题。

参 考 文 献

[1] Li H, Duan H B. Verification of monocular and binocular pose estimation algorithms in vision-based UAVs autonomous aerial refueling system[J]. Science China Technological Sciences, 2016, 59(11): 1730-1738.

[2] 刘芳. 基于仿生智能的无人机自主空中加油技术研究[D]. 北京: 北京航空航天大学, 2012.

[3] 毕英才. 基于机器视觉的无人机空中加油精确导引及半物理实现[D]. 北京: 北京航空航天大学, 2013.

[4] 干露. 基于仿生视觉感知的无人机位姿测量[D]. 北京: 北京航空航天大学, 2015.

[5] 李聪. 基于计算机视觉的软式自主空中加油位姿测量[D]. 北京: 北京航空航天大学, 2013.

[6] Duan H B, Zhang Q F. Visual measurement in simulation environment for vision-based UAV autonomous aerial refueling[J]. IEEE Transactions on Instrumentation & Measurement, 2015, 64(9):2468-2480.

[7] Deng Y M, Xian N, Duan H B. A binocular vision-based measuring system for UAVs autonomous aerial refueling[C]. Proceedings of the 12th IEEE International Conference on Control and Automation, Kathmandu, Nepal, 2016: 221-226.

[8] 李晗. 仿猛禽视觉的自主空中加油技术研究[D]. 北京: 北京航空航天大学, 2019.

[9] 陈善军. 基于仿鹰眼视觉的软式自主空中加油导航技术研究[D]. 北京: 北京航空航天大学, 2018.

[10] 张奇夫. 基于仿生视觉的动态目标测量技术研究[D]. 北京: 北京航空航天大学, 2014.

[11] 段海滨, 王晓华, 邓亦敏. 一种用于软式自主空中加油的仿鹰眼运动目标定位方法: CN107392963B[P]. 2019-12-6.

[12] Varela F J, Thompson E. Color vision: A case study in the foundations of cognitive science[J]. Revue De Synthèse, 1990, 111(1):129-138.

[13] 赵国治, 段海滨. 仿鹰眼视觉技术研究进展[J]. 中国科学: 技术科学, 2017, 47(5): 514-523.

[14] 李晗, 段海滨, 李淑宇. 猛禽视觉研究新进展[J]. 科技导报, 2018, 36(17): 52-67.

[15] Lipetz L E. A new method for determining peak absorbance of dense pigment samples and its application to the cone oil droplets of Emydoidea blandingii [J]. Vision Research, 1984, 24(6) : 597-604.

[16] Beason R C, Loew E R. Visual pigment and oil droplet characteristics of the bobolink (Dolichonyx oryzivorus), a new world migratory bird[J]. Vision Research, 2008, 48(1): 1-8.

[17] 段海滨, 张奇夫, 邓亦敏, 等. 基于仿鹰眼视觉的无人机自主空中加油[J]. 仪器仪表学报, 2014, 35(7): 1450-1458.

[18] Sun Y B, Deng Y M, Duan H B, et al. Bionic visual close-range navigation control system for the docking stage of probe-and-drogue autonomous aerial refueling [J]. Aerospace Science and Technology, 2019, 91: 136-149.

[19] Duan H B, Xin L, Chen S J. Robust cooperative target detection for a vision-based UAVs autonomous aerial refueling platform via the contrast sensitivity mechanism of eagle's eye[J]. IEEE Aerospace and Electronic Systems Magazine, 2019, 34(3): 18-30.

[20] Duan H B, Xin L, Xu Y, et al. Eagle-vision-inspired visual measurement algorithm for UAV's autonomous landing[J]. International Journal of Robotics and Automation, 2020, 35(2): 94-100.

[21] 邓亦敏. 基于仿鹰眼视觉的无人机自主着舰导引技术研究[D]. 北京: 北京航空航天大学, 2017.

[22] 王晓华. 基于仿鹰眼–脑机制的小目标识别技术研究[D]. 北京: 北京航空航天大学, 2018.

[23] Wang X H, Duan H B. Hierarchical visual attention model for saliency detection inspired by avian visual pathways [J]. IEEE/CAA Journal of Automatica Sinica, 2019, 6(2): 540-552.

[24] Hubel D H, Wiesel T N. Receptive fields, binocular interaction and functional architecture in the cat's visual cortex[J]. Journal of Physiology, 1962, 160(1):106.

[25] Lee T S. Image representation using 2D Gabor wavelets[J]. IEEE Transactions on Pattern Analysis and Machine Intelligence, 1996, 18(10): 959-971.

[26] Duan H B, Deng Y M, Wang X H, et al. Biological eagle-eye-based visual imaging guidance simulation platform for unmanned flying vehicles [J]. IEEE Aerospace and Electronic Systems Magazine, 2013, 28(12): 36-45.

[27] Duan H B, Deng Y M, Wang X H, et al. Small and dim target detection via lateral inhibition filtering and artificial bee colony based selective visual attention [J]. PLOS ONE, 2013, 8 (8): e72035-1-12.

[28] Deng Y M, Duan H B. Biological eagle-eye based visual platform for target detection [J]. IEEE Transactions on Aerospace and Electronic Systems, 2018, 54(6): 3125-3236.

[29] 李言俊, 张科. 视觉仿生成像制导技术及应用[M]. 北京: 国防工业出版社, 2006.

第 9 章　仿鹰眼视觉的自主着舰导引

9.1　引　　言

舰载机着舰飞行被称为“刀尖上的舞蹈”，舰载机着舰场景如图 9-1 所示。舰载机与普通战斗机的最大区别在于起降环节，尤其是降落过程，舰载机着舰时面临着各个方面的严峻挑战，80%的舰载机事故发生在着舰阶段。作为海上移动的机场，航母平台具有甲板尺寸受限、存在甲板气流和舰尾流等大气干扰、着舰甲板处于运动状态等特点，如图 9-2 所示，这使得舰载机着舰和普通飞机着陆的物理环境有很大差别。航母虽然看起来体积庞大，但可供舰载机起飞、着舰的跑道长度十分有限，不到陆地机场的 10%，而且在高空中的飞行员看到的航母甲板就像一片在大洋上漂浮的树叶，如何确保高速运动的舰载机在如此短小的飞行甲板上安全降落是一项非常艰巨的任务。舰载机飞行员要让高速飞行的战斗机准确平稳地降落在面积有限的航母甲板上，而且必须让尾钩钩住甲板上的拦阻索，动作难度非常大，稍有不慎会导致机毁人亡，甚至有时还会严重威胁航母平台的安全。其次，由于海浪等因素的作用，航母会产生六自由度的运动，舰尾流等大气情况也比较复杂，不确定的运动情况下有时会产生非常大的着舰误差，同时舰载机着舰时对轨迹跟踪的稳定性要求非常高[1, 2]。因此，要在一个复杂运动平台上精准降落对舰载机飞行员身体和心理都是极大考验，国外甚至将着舰阶段称为“恐怖 12 秒”。

(a) 舰载机着舰下滑导引　　(b) 舰载机着舰瞬间

图 9-1　舰载机着舰场景

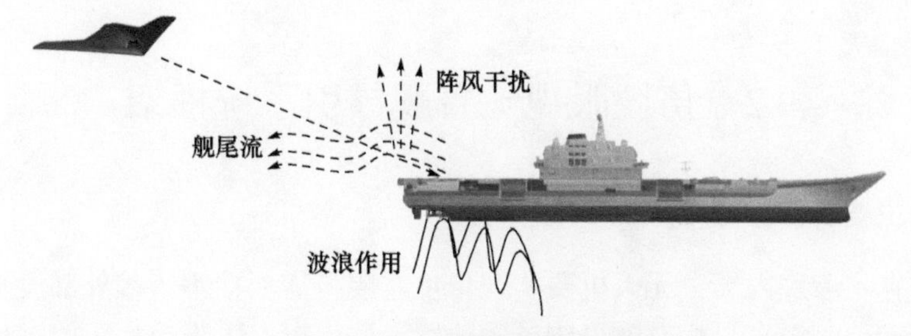

图 9-2　无人机着舰场景示意图

无人机海上着舰时，高精度的自主导引技术是无人机自主着舰的核心。由于没有飞行员的驾驶操作，无人机必须依靠机载设备和航母平台进行相对位置和姿态测量。目前用于飞行器导航的技术主要包括惯性导航系统、全球导航卫星系统、引导雷达等。其中常用的卫星导航方式包括全球定位系统(Global Positioning System, GPS)和北斗卫星导航系统。惯性导航系统是发展最早、技术最成熟的导航方式，但其最大的缺点是误差会随着时间的推移而不断累加。GPS 是一种全方位、全天候、全时段、高精度的卫星导航系统，但信号极易受到干扰，同时定位精度还无法满足着舰时的高精度需求。引导雷达虽然能够为舰载机起飞和着舰提供可靠的雷达空中交通管制，但仍然难以适应海上复杂的电磁环境。

相比于其他导航方式，视觉导航技术是利用光电传感器获得图像，通过图像处理得到无人机导航定位姿态参数。视觉传感器具有轻便、功耗低、体积小、性能稳定、精度较高、无累积误差等优点。此外，视觉导航系统不向外发射电磁信号，在被动状态下探测和识别目标，隐蔽性好，抗电磁干扰能力强，而且可利用现有机载光电设备进行功能升级，具有无可比拟的优势。而在所有动物中，鹰以目光敏锐著称，鹰眼独特的生理结构及信息处理机制使得鹰可在复杂的环境中快速准确地发现目标，并在飞向目标的过程中保持对目标的准确定位，从而可以成功捕获目标[3-5]。这一过程与自主着舰视觉导航过程十分吻合，如图 9-2 和图 9-3 所示，因此将鹰眼视觉原理应用于解决无人机自主着舰导引问题具有很高的学术价值和广阔的应用前景[6, 7]。

图 9-3　鹰抓捕水中目标场景

9.2 仿鹰眼视觉着舰导引系统框架

9.2.1 自主着舰任务想定

根据自主着舰内涵，无人机要实现自主着舰，需要在不依赖外部设备的条件下实时精确地测量自身相对航母跑道的位置、姿态以及下降速率等关键信息，且各信息应满足控制系统所要求的较高的更新频率。

当无人机在非着舰区域飞行时，机载导航任务对精度要求相对较低，因此此时无人机可以通过既有导航系统完成既定导航任务。当航母进入光电系统的有效探测范围时，光电系统根据捕获的场景图像计算出定位信息，进而引导无人机完成进场与着舰任务。按照无人机和航母的相对距离关系，着舰过程可以分为引导、待机和进场三个阶段。其中进场阶段对导引精度要求最高，直接影响着舰的成败。理论上只依靠机载视觉系统可以完成自主着舰导引中无人机相对航母跑道的位姿和运动估计。考虑到视觉传感器分辨率、测量距离等方面限制，将惯导、高度表等常规机载传感器作为冗余传感器，通过多传感器信息融合方案可获取更为可靠的导引信息。

采用机载光电系统进行着舰导引工作时，导引过程可分为两个阶段：航线校准阶段和下滑着舰阶段。在航线校准阶段，无人机相对航母较远，光电系统无法清晰分辨航母跑道等具体的视觉定位特征，此时利用仿鹰眼目标检测方法检测出场景中的航母，计算出相对位置信息并判断相对运动关系，对航线进行修正。在下滑着舰阶段，无人机与航母纵向距离比较小时，光电系统可以利用合作目标等视觉特征来进行特征点的检测和识别，进而计算出相对位姿关系，用于导航误差修正和精确着舰。

自主着舰导引的任务想定如下：无人机在既定航线设定以及机载惯导系统等常规导引下进入距离航母一定范围的区域，当航母进入机载光电系统的有效探测范围时，航母在光电系统中呈现出小目标的图像特征，光电系统检测并捕获运动中的航母目标，用于初步的相对定位和航线修正。在无人机进场过程中，惯导、高度表等系统依旧正常工作，给出姿态及高度等信息。当无人机成功捕获航母跑道、菲涅耳透镜等标志时，无人机进入视觉导引精确着舰流程，在着舰过程中依靠机载光电系统可以独立获取无人机和航母相对位置姿态信息，并修正系统导航误差，使着舰时导航信息满足着舰精度要求。

9.2.2 仿鹰眼视觉导引系统结构组成

利用机载视觉系统进行无人机着舰导引时，首先利用传感器获得图像，利用鹰眼视觉信息处理机制获得无人机导航定位姿态参数，从而可为无人机着舰提供导引信息，作为无人机控制与导引系统的输入指令。

在无人机视觉导引中，使用特定形状的合作目标进行相对位姿测量和导航也取得了丰硕成果[8-14]。仿鹰眼视觉导引系统主要包括相对位姿估计和导引控制两个部分。其中，相对位姿估计部分包括仿鹰眼图像处理方法和位置参数估计方法，根据机载视觉系统获取的场景图像得到图像特征并估计无人机与航母跑道的相对位姿和运动信息[15-17]。导引控制部分则根据无人机与航母跑道的距离和方位给出着舰理想轨迹，并控制无人机，保证无人机稳定飞行且精确地跟踪期望着舰轨迹。

在传感器配置上，用于无人机着舰导引的设备可分为机载端和航母端。考虑到无人机自主着舰的任务需求，机载端主要配置的传感器为惯导、高度表等常规导航系统以及机载视觉系统。惯导系统可用来测量无人机自身的导航定位信息，而机载视觉系统用来测量无人机与航母之间的相对位姿和运动信息。航母端则采取不改变现有装备配置的原则，尽量保留和利用现有着舰导引装备。航母上的传感器可实时测量并收集航母平台自身的运动信息。高精度跟踪雷达可进行远距离下滑引导，测得飞机在降落过程中的实际位置、姿态信息和运动情况。在无人机到达光学助降系统工作窗口范围内时，助降系统可测得飞机的距离、方位角、高低角和图像等更精密的信息，连同其他雷达数据，形成包括图像、图形、数据、字符的综合显示信息，确定舰载机的理想下滑轨迹，并可通过助降系统指示灯进行“指挥”。由于无人机自主着舰时，只根据自身传感器进行相对位姿估计和指令生成，因此无人机将不与航母端进行通信，不通过数据链获取着舰信息，这可提升无人机在强电磁干扰环境中的自主着舰能力。

9.2.3　仿真平台总体框架

仿真平台总体框架如图 9-4 所示，主要包含五个主要功能模块：模型库、数据库、算法库、FlightGear 视景仿真模块和图像采集模块。模型库中包含航母模型和无人机模型。在着舰场景中，需要配置航母的运动学模型、甲板模型及助降灯模型。对于无人机则需要配置动力学模型、运动学模型、舵机模型、发动机模型和传感器模型等。数据库分别向模型库、算法库及 FlightGear 视景仿真模块中发送相应数据及参数。算法库包括仿鹰眼目标检测算法、相对位姿测量算法、导引律算法及飞行器控制算法。飞行器控制算法主要包括自动驾驶仪、自动油门控制和内环增稳回路等[18-20]。算法库根据图像采集模块得到的图像信息计算相对位姿信息，得到相应操纵量，驱动模型库中相应模型状态的更新，更新的状态又回传给算法库，以生成下一步控制指令。FlightGear 视景作为可视化窗口，从模型库中接收航母和无人机的状态，生成相应的场景画面。整个仿真平台可分为两个子部分，即控制端和视景端。控制端负责计算生成相应的指令和状态，而视景端则根据相应的指令和状态生成显示画面。

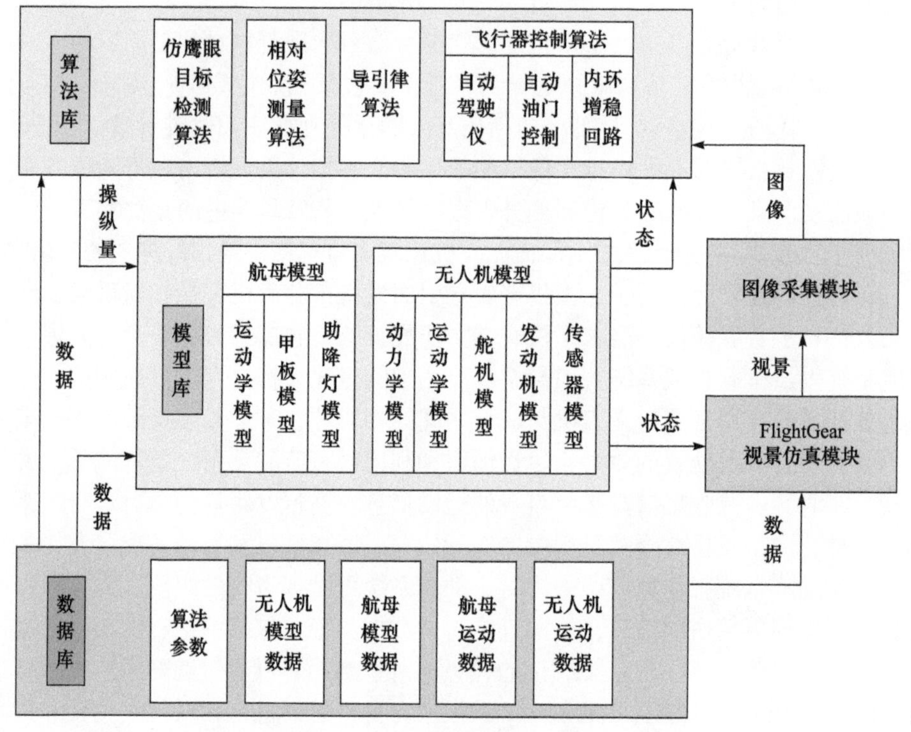

图 9-4　仿真平台总体框架

9.3　FlightGear 着舰视景设计与仿真

为了模拟着舰导引过程，本章开发基于 FlightGear 的着舰视景，结合 Matlab Simulink 平台，进行可视化联合仿真验证。整个仿真平台可分为控制端和视景端两个子部分。FlightGear 视景端作为可视化窗口，接收解算得到的模型状态数据后生成相应的场景画面。控制端则包括无人机/航母的动力学模型和控制模块以及仿鹰眼视觉目标检测与相对位姿测量模块。

9.3.1　FlightGear 着舰视景配置

作为一款免费、开源的多元平台飞行模拟仿真软件，FlightGear 提供了丰富的模型资源和数据接口，可提供非常良好的飞行模拟体验。FlightGear 模型库中包括众多飞机模型和场景，可用于各种仿真场景的搭建[21, 22]。

由于 FlightGear 视景中相机视角多为固定视角，为了更好地模拟着舰时的视角配置环境，需要修改相应的 FlightGear 视角配置文件，如设定相机安装角度、偏移位置(相对于飞机质心的安装位置)、视场角等参数。在 FlightGear 中配置生成的着舰视景如图 9-5 所示。着舰场景中主要包括运动的航母模型和飞机模型，同时还包括天空、云层、海面等环境信息。

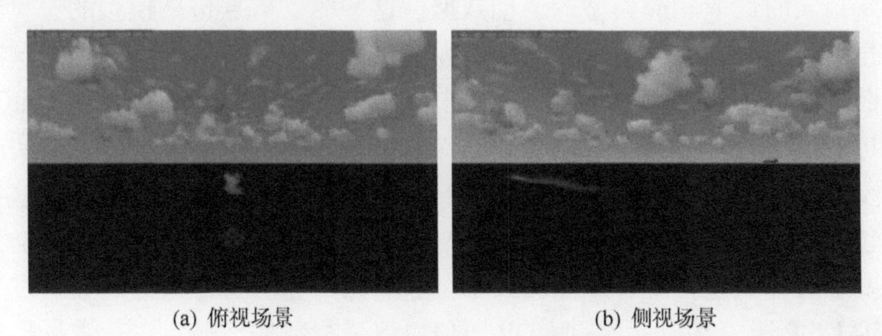

(a) 俯视场景　(b) 侧视场景

图 9-5　FlightGear 着舰视景

为了模拟舰载机中的机载光电设备捕获着舰场景，在飞机上可配置相应虚拟相机，生成相应的着舰场景图像，用于后端的图像处理模块。在飞机上配置的单目视场如图 9-6 所示，双目视场如图 9-7 所示。单目相机配置在机腹下方，获取正前方场景图像。双目相机则对称配置在两侧机翼下方，获取前方双目场景的图像，可显示出立体成像的视觉效果。配置相应的相机安装位置和视角后，生成的图像可用于后续的目标检测和位姿解算。

图 9-6　单目视场

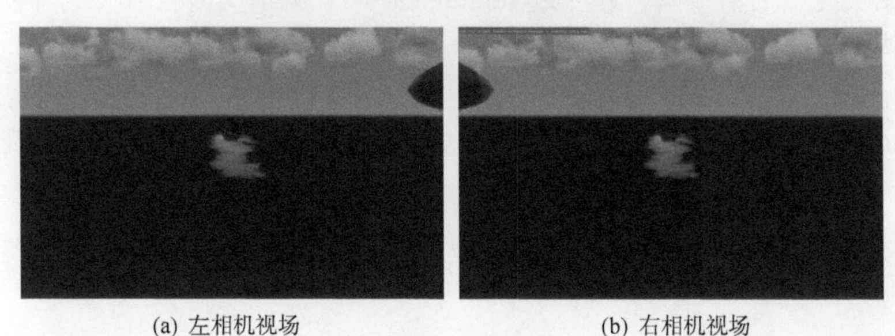

(a) 左相机视场　(b) 右相机视场

图 9-7　双目视场

9.3.2 FlightGear 与 Matlab 联合仿真环境

为了使 FlightGear 视景中的航母模型和飞机模型运动起来，FlightGear 软件需从指定端口实时读取相应模型的驱动数据，这些驱动数据包括模型的位置数据、速度数据、姿态数据、控制舵面数据、发动机数据和其他环境数据等。这些数据通过控制端 Matlab 平台计算得到，通过相关通信接口和协议发送给 FlightGear 视景[23, 24]。FlightGear 与 Matlab 联合仿真结构如图 9-8 所示，Matlab 负责实时解算驱动模型运动的相关数据，并利用与 FlightGear 进行通信交互的模块将这些数据进行打包和发送。通信交互模块中，将 Matlab 解算的驱动数据按照 FlightGear 通信协议要求进行打包，没有赋值的数据会被默认为零。将打包好的数据发送到视景端指定 UDP 通信端口，通过 UDP 通信协议进行数据传输。进行数据传输时，需要选择视景端的 IP 地址和端口号，同时确定发送数据的采样频率。为了使 FlightGear 与 Matlab 通过 UDP 进行数据通信，需要更改 FlightGear 的配置文件，修改 IP 地址和端口设定。

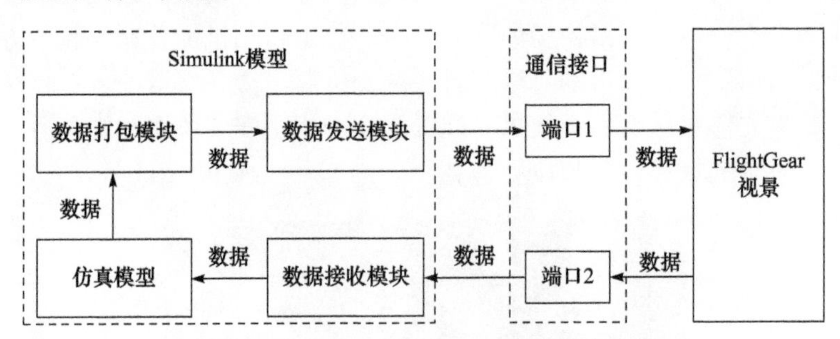

图 9-8　FlightGear 与 Matlab 联合仿真结构

在联合仿真时，视景中包括航母和飞机两个模型。由于默认情况下 FlightGear 与 Matlab 通信接口并不支持同时驱动两个模型，而采用多接口驱动多模型的 Multiplayer 模式则会因模型刷新不同步出现跳跃现象。为保证 FlightGear 中航母和飞机模型更新同步，需采用 FlightGear 多机通信协议将航母和飞机的位置作为两个数据发送给通信接口，并通过 FlightGear 内置脚本实时获取飞机位姿以控制相机视线。

FlightGear 与 Matlab 多机通信接口程序流程如图 9-9 所示，接口程序通过接收 Matlab 中生成的航母和飞机相对位姿关系更新相关的位姿数据，然后按照 FlightGear 协议要求进行数据格式的转换，包括坐标变换、旋转表达转换和单位转换等，再打包成 FlightGear Multiplayer 模式要求的数据发送给 FlightGear 客户端，从而驱动相应视景发生变化。

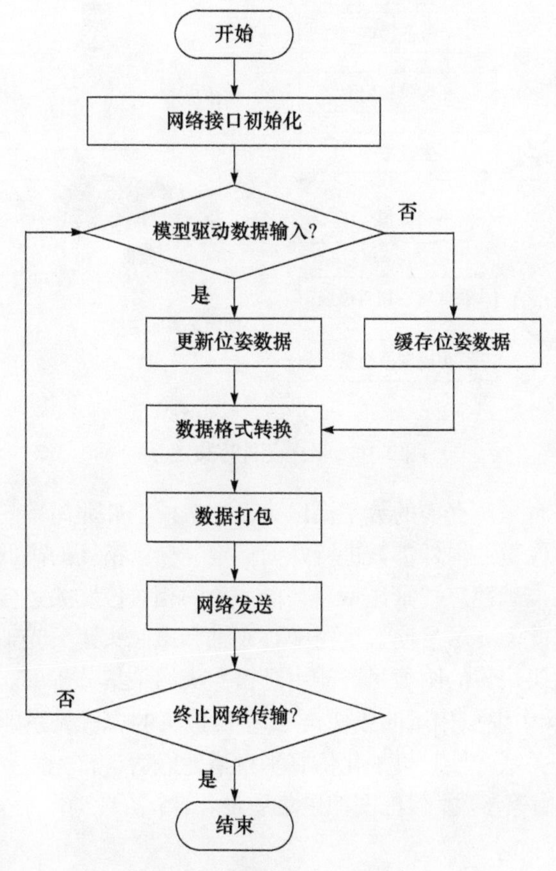

图 9-9 多机通信接口程序流程

9.3.3 图像采集与目标检测

在搭建 FlightGear 与 Matlab 联合仿真环境的基础上，用真实的数字摄像头替代仿真中的虚拟摄像头，搭建可视化仿真平台。平台硬件连接关系如图 9-10 所示，主要包括图像采集相机和两台仿真计算机，一台计算机用于视景生成，另一台计算机用于指令解算。视景生成计算机将虚拟视景显示在液晶显示器上，来模拟着舰时机载相机采集的图像。标定过的工业相机连接在指令解算计算机上，采集得到显示器上的真实图像后在指令解算计算机上进行特征提取和相对位姿解算操作。计算生成相对位姿关系后，生成新的视景驱动指令，通过局域网传送给视景生成计算机刷新虚拟视景，形成闭环仿真。

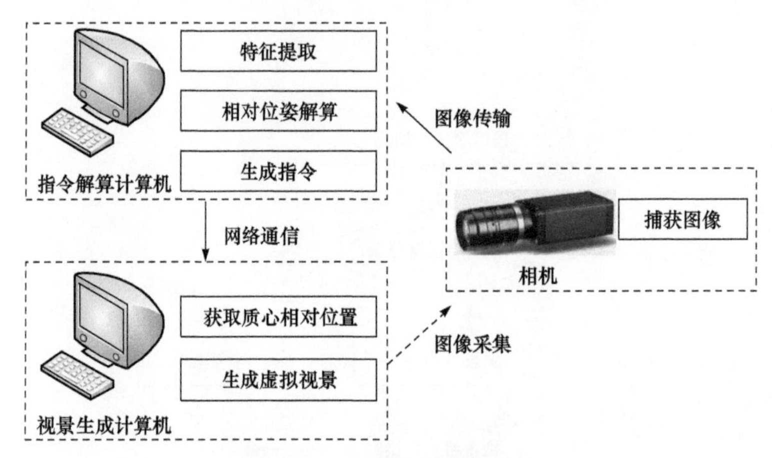

图 9-10　平台硬件连接关系

可视化仿真平台采用真实的数字摄像头，相机模型并非简单的针孔成像模型，在实际中需要对摄像机的内外参数进行几何标定，标定精度的高低直接影响到后续位姿估计等算法的准确性。视景显示器与摄像头的相对位置关系会影响成像的分辨率及采集效果，因此需要尽量使显示器中心光轴和摄像头镜头光轴垂直并调节相互间距离，使经摄像头采集的图像尽可能占满摄像头的采集分辨率。通过标定可计算出视景显示器(视景中虚拟相机的成像)与真实摄像头的成像关系即单应性矩阵，用于后续的相对位姿关系转换。可视化仿真平台搭建好后，首先需要根据环境条件调整相机曝光、白平衡等参数，保证图像采集质量。整个仿真操作流程如图 9-11 所示。

具体步骤如下：

Step 1　在视景显示器上投影棋盘格标定板，固定摄像头和视景显示器相对位置关系后开始标定操作，计算单应性矩阵；

Step 2　启动视景生成计算机中的虚拟视景程序，配置着舰视景相机视场、初始位置等参数；

Step 3　启动指令解算计算机中的视觉处理程序，进行摄像头采集；

Step 4　进行特征提取和位姿估计等操作，得到航母和飞机的相对位置关系；

Step 5　将计算得到的相对位置关系通过局域网传输至视景生成计算机中，驱动模型状态更新，使飞机向航母移动以完成着舰。

9.3.4　仿真实验分析

在实验室环境下搭建的可视化仿真平台如图 9-12～图 9-14 所示。平台主要包括两台仿真计算机、两个视景显示器和两台 AVT Manta MG-125C 工业相机。生成的虚拟视景分左、右视场，分别显示在左、右两个显示器上，左、右相机分别采集对应的显示器图像，以模拟着舰场景中机载光电设备采集的图像。

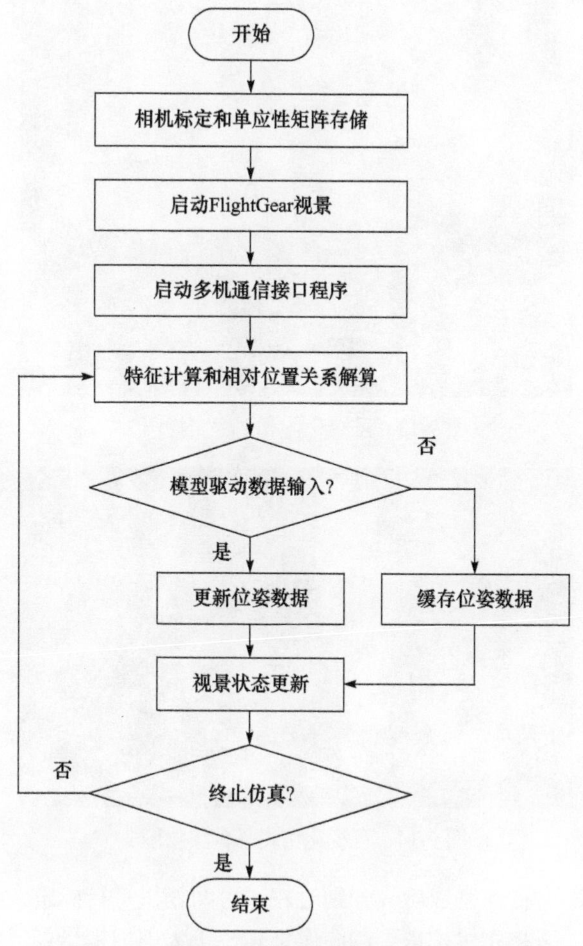

图 9-11　仿真操作流程

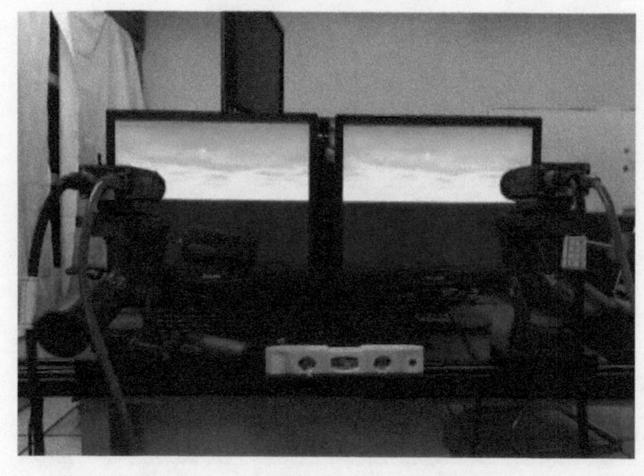

图 9-12　可视化仿真平台实物图 1

图 9-13　可视化仿真平台实物图 2

图 9-14　可视化仿真平台实物图 3

可视化仿真平台搭建完成后，分别对左、右两相机进行标定，生成左、右两相机的单应性矩阵，以将相机拍摄到的图像坐标校正为虚拟视景生成的图像坐标。在显示器上显示棋盘格标定板，如图 9-15 所示，通过相机拍摄一幅标定板图像，利用角点提取方法提取棋盘格角点，再计算从采集的图像坐标 (u,v) 到生成的标准棋盘格图像坐标点 (u_s,v_s) 的单应性矩阵[25]。棋盘格标定板角点提取结果如图 9-16 所示。

图 9-15　棋盘格标定板显示场景

(a) 左相机图像

(b) 右相机图像

图 9-16　棋盘格标定板角点提取结果

根据棋盘格标定板角点提取结果，计算可得左、右相机的单应性矩阵分别为

$$H_{\mathrm{L}}=\begin{bmatrix} 0.3542 & -0.0013 & 0 \\ 0.0039 & 0.3543 & 0 \\ -25.2020 & 36.0076 & 1 \end{bmatrix} \tag{9.1}$$

$$H_{\mathrm{R}}=\begin{bmatrix} 0.3523 & 0.0019 & 0 \\ -0.0014 & 0.3528 & 0 \\ -32.8349 & 34.9358 & 1 \end{bmatrix} \tag{9.2}$$

仿真平台中，根据 F/A-18E/F 飞行手册 A1-F18EA-NFM-000 中的自动着舰模式[26]设定运动轨迹。为了简化运动过程，仿真中设定航母以 15 kn(27.78 km/h)的速度向前匀速运动。舰载机初始位置距离航母 10 海里(18.52 km)，高度 1200 ft

(365.76 m)，开始以 250 kn(463 km/h)的速度朝航母运动，到相距 5 海里左右时舰载机减速到 136 kn(251.872 km/h)，到相距 3 海里时开始以 3.5°下滑角降落，直至完成着舰。根据以上自动着舰模式，设定视景中航母与舰载机运动轨迹如图 9-17 所示。

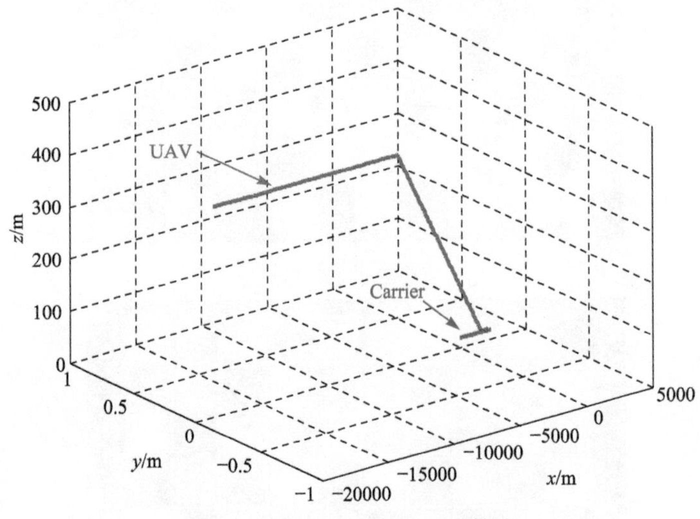

图 9-17 舰载机与航母运动轨迹

在 FlightGear 视景平台中，当舰载机与航母相距 10 km 时，航母开始出现在相机采集的视景图像中，此时可以利用目标检测算法进行航母位置搜索和初步测量。针对不同相对距离时采集的视景图像，利用仿鹰眼目标检测算法进行航母检测，检测结果中取值最大的点取为目标区域中心点的图像坐标，并用白色方框进行目标区域标注，检测结果如图 9-18 和图 9-19 所示。图 9-18 给出了舰载机与航母相距 9 km 时左、右相机的图像和处理结果，图 9-19 给出了舰载机与航母相距 6 km 时左、右相机的图像和处理结果。

(a) 左相机图像

(b) 右相机图像

(c) 左相机目标标注结果　　(d) 右相机目标标注结果

图 9-18　目标检测结果(相对距离 9 km)

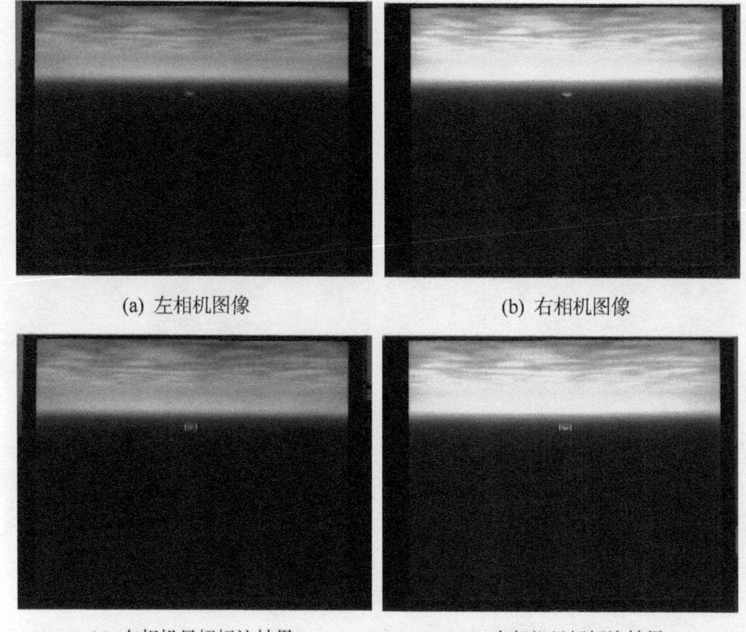

(a) 左相机图像　　(b) 右相机图像

(c) 左相机目标标注结果　　(d) 右相机目标标注结果

图 9-19　目标检测结果(相对距离 6 km)

根据联合调试的综合试验结果，舰载机与航母相距约 9 km 时，航母在采集的图像中像素较少。随着相对距离越来越小，航母在采集的图像中所占像素越来越多。利用仿鹰眼目标检测算法可有效检测目标位置，检测的目标坐标如表 9-1 所示。视景中设置左、右相机基线距为 10 m，相机视场角为 45°。左、右相机采集图像的分辨率为 1292 像素×964 像素。显示器的屏幕分辨率为 1280 像素×1024 像素，视景图像的分辨率设置为 500 像素×400 像素，显示器屏幕和视景图像均满足 5∶4 的比例，因此全屏显示时视景图像正好可以按比例完整显示在显示器上。视景中图像坐标通过单应性矩阵进行坐标转换。远距离时视景中目标所占像素较少，目标的图像坐标可用于方位估计，以进行稳定跟踪和航线修正。

表 9-1　目标坐标检测结果

相对距离/km	相机	采集图像坐标	视景图像坐标
9	左	(292, 644)	(80.2414, 262.2056)
	右	(290, 672)	(68.2704, 272.0742)
6	左	(326, 638)	(92.1739, 260.0121)
	右	(322, 666)	(79.5323, 270.0285)

舰载机向航母靠近过程中，助降灯在图像中所占像素增多，根据助降灯的先验信息和图像坐标可进行相对位姿估计。图 9-20～图 9-22 给出了不同相对距离时的左、右相机对应视景中助降灯的检测结果。舰载机与航母相对距离分别为 1000 m、700 m 和 400 m。

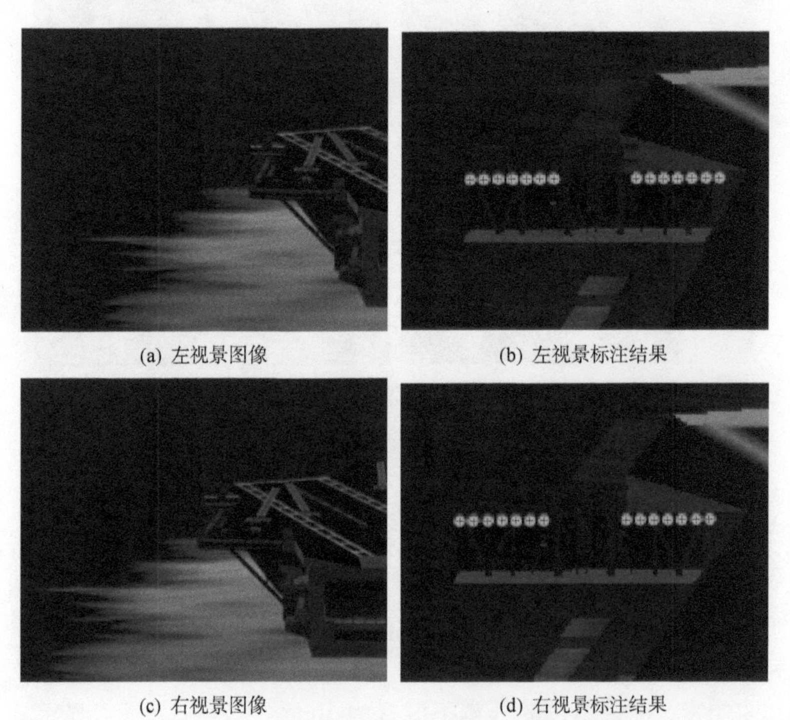

(a) 左视景图像　　(b) 左视景标注结果

(c) 右视景图像　　(d) 右视景标注结果

图 9-20　助降灯检测结果 1(相对距离 1000 m)

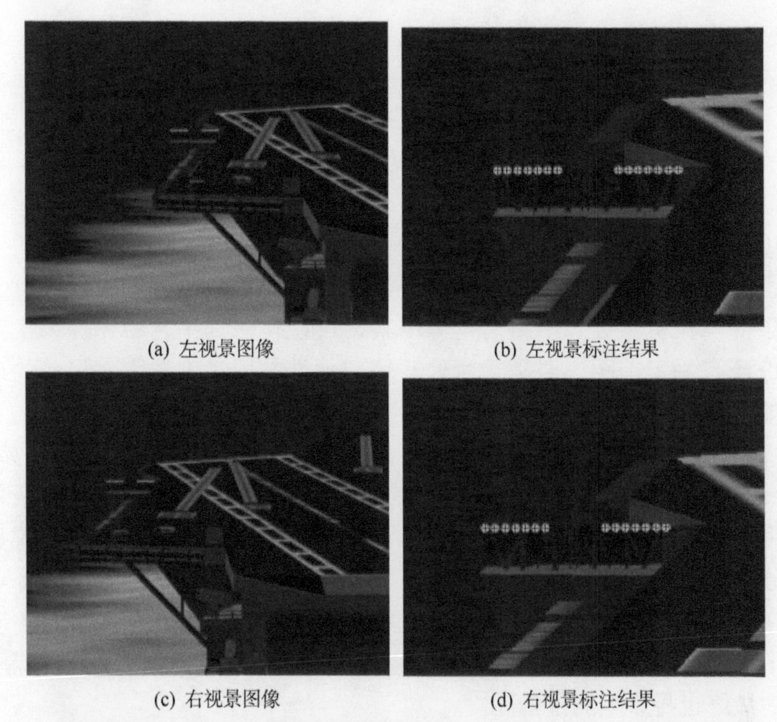

(a) 左视景图像 (b) 左视景标注结果

(c) 右视景图像 (d) 右视景标注结果

图 9-21 助降灯检测结果 2(相对距离 700 m)

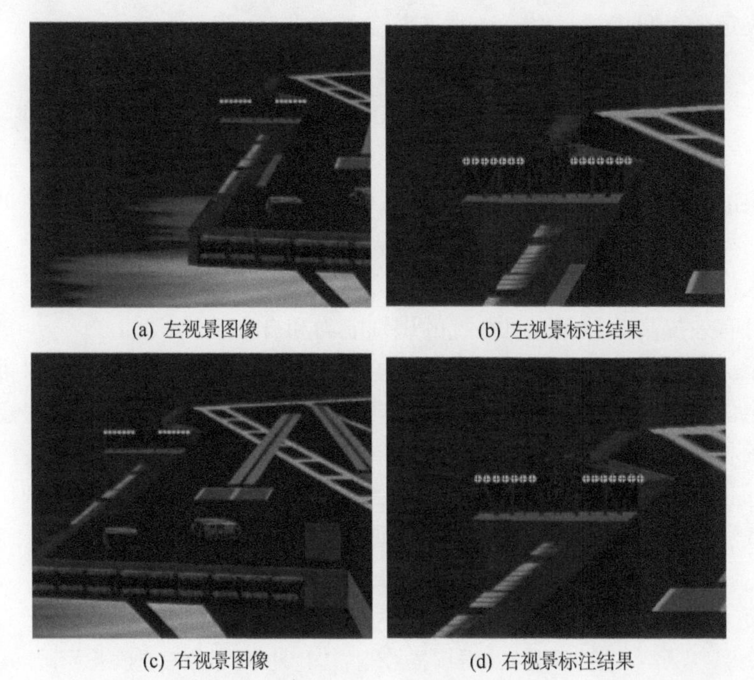

(a) 左视景图像 (b) 左视景标注结果

(c) 右视景图像 (d) 右视景标注结果

图 9-22 助降灯检测结果 3(相对距离 400 m)

通过试验验证可知，利用基于颜色分割的助降灯特征提取方法，可从较为复杂的视景图像中分离出助降灯，并计算得到每个特征点的中心坐标，用黑色十字星进行标注。为了更加清楚地显示助降灯区域，标注结果均为将助降灯局部区域放大显示后的结果。从上述检测结果可见，不同相对距离时均可以准确提取到 14 个基准灯光斑的中心坐标。

在可视化仿真平台中连接了真实相机和虚拟视景，是对实际系统的一个定性模拟，对目标检测算法、机载相机视场分布、着舰策略等均有指导意义。由于光照条件、相机参数、网络时延等因素，可视化仿真平台中图像采集效果和实际图像还有一定差距，对平台所处环境和硬件的依赖度较大。误差的产生原因主要如下：

(1) 视景及图像采集分辨率不足。视景图像是仿真平台进行处理的原始数据。FlightGear 中虽可模拟着舰过程，但视景分辨率受限使得目标的精细度较低，难以在远距离捕获助降灯等航母细节特征。同时，经过真实相机采集的图像也会有一定的分辨率变化和图像失真，导致测量过程存在误差。

(2) 相机的几何标定过程存在误差。仿真平台中通过相机标定计算单应性矩阵，其中角点检测、矩阵参数计算等过程会引入一些误差，影响单应性矩阵的计算精度，最终也将影响测量精度。

(3) 位姿测量算法、目标检测算法等存在一定的算法误差，这是由算法本身的因素决定的，只能通过对算法改进来修正减小。

9.4 本章小结

鹰眼的宽视野和目光敏锐等特点，以及其内在的视觉注意机制、侧抑制、大小场景切换等许多特征与无人机自主着舰导引的内在本质相一致，鹰动态捕食过程与无人机自主着舰过程也十分吻合，将仿鹰眼视觉技术应用于无人机自主着舰导引，可有效提高舰载无人机系统的识别能力和自主性。

本章利用 FlightGear 与 Matlab 联合仿真环境搭建了仿鹰眼视觉的自主着舰导引可视化仿真平台，对着舰过程进行仿真分析。利用真实相机与视景显示器模拟着舰场景和图像采集过程，并利用仿鹰眼视觉目标检测算法和相对位姿测量算法进行目标相对定位。所开发的综合仿真试验平台可对自主着舰过程中的仿鹰眼视觉导引方法进行验证，缩短了前沿理论研究与实际工程应用的距离。

参考文献

[1] 李俊男. 无人机自主着舰控制和导引技术研究[D]. 北京: 北京航空航天大学, 2015.

[2] 窦瑞. 无人机自动着舰控制导引与复飞决策技术研究[D]. 北京: 北京航空航天大学, 2016.

[3] 李晗, 段海滨, 李淑宇. 猛禽视觉研究新进展[J]. 科技导报, 2018, 36(17): 52-67.
[4] 李晗. 仿猛禽视觉的自主空中加油技术研究[D]. 北京: 北京航空航天大学, 2019.
[5] Duan H B, Deng Y M, Wang X H, et al. Biological eagle-eye-based visual imaging guidance simulation platform for unmanned flying vehicles [J]. IEEE Aerospace and Electronic Systems Magazine, 2013, 28(12): 36-45.
[6] 邓亦敏. 基于仿鹰眼视觉的无人机自主着舰导引技术研究[D]. 北京: 北京航空航天大学, 2017.
[7] 徐春芳. 基于仿生视觉的无人机自主着舰导引技术研究[D]. 北京: 北京航空航天大学, 2012.
[8] Xu C, Qiu L K, Liu M, et al. Stereo vision based relative pose and motion estimation for unmanned helicopter landing [C]. Proceedings of the 2006 IEEE International Conference on Information Acquisition, Shandong, China, 2006: 31-36.
[9] Lin S G, Garratt M A, Lambert A J. Real-time 6DoF deck pose estimation and target tracking for landing an UAV in a cluttered shipboard environment using on-board vision [C]. Proceedings of the 2015 IEEE International Conference on Mechatronics and Automation, Beijing, China, 2015: 474-481.
[10] Lin S G, Garratt M A, Lambert A J. Monocular vision-based real-time target recognition and tracking for autonomously landing an UAV in a cluttered shipboard environment [J]. Autonomous Robots, 2017, 41(4): 881-901.
[11] Sanchez-Lopez J L, Pestana J, Saripalli S, et al. An approach toward visual autonomous ship board landing of a VTOL UAV [J]. Journal of Intelligent and Robotic Systems, 2014, 74(1): 113-127.
[12] Bagen W L, Hu J Z, Xu Y M. A vision-based unmanned helicopter ship board landing system [C]. Proceedings of the 2nd International Congress on Image and Signal Processing, Tianjing, China, 2009: 1-5.
[13] 许衍. 基于仿生视觉的无人机自主着陆导航技术研究[D]. 北京: 北京航空航天大学, 2018.
[14] Ding Z X, Li K, Meng Y, et al. FLIR/INS/RA integrated landing guidance for landing on aircraft carrier[J]. International Journal of Advanced Robotic Systems, 2015, 12(5): 60-1-9.
[15] 段海滨, 张奇夫, 邓亦敏, 等. 基于仿鹰眼视觉的无人机自主空中加油[J]. 仪器仪表学报, 2014, 35(7): 1450-1458.
[16] Duan H B, Xin L, Chen S J. Robust cooperative target detection for a vision-based UAVs autonomous aerial refueling platform via the contrast sensitivity mechanism of eagle's eye [J]. IEEE Aerospace and Electronic Systems Magazine, 2019, 34(3): 18-30.
[17] Duan H B, Xin L, Xu Y, et al. Eagle-vision-inspired visual measurement algorithm for UAV's autonomous landing[J]. International Journal of Robotics and Automation, 2020, 35(2): 94-100.
[18] Dou R, Duan H B. Lévy flight based pigeon-inspired optimization for control parameters optimization in automatic carrier landing system[J]. Aerospace Science and Technology, 2016, 61:11-20.
[19] Li J N, Duan H B. Simplified brain storm optimization approach to control parameter

optimization in F/A-18 automatic carrier landing system[J]. Aerospace Science and Technology, 2015, 42:187-195.

[20] Deng Y M, Duan H B. Control parameter design for automatic carrier landing system via pigeon-inspired optimization[J]. Nonlinear Dynamics, 2016, 85(1): 97-106.

[21] 张奇夫. 基于仿生视觉的动态目标测量技术研究[D]. 北京: 北京航空航天大学, 2014.

[22] Duan H B, Zhang Q F. Visual measurement in simulation environment for vision-based UAV autonomous aerial refueling [J]. IEEE Transactions on Instrumentation and Measurement, 2015, 64(9): 2468-2480.

[23] Huang S H, Gong H J, Wang X H, et al. Research on visual simulation of carrier aircraft based on explicit model following control and fuzzy adaptive control [C]. Proceedings of the 2016 IEEE Chinese Guidance, Navigation and Control Conference, Nanjing, China, 2016: 2116-2122.

[24] Sorton E F, Hammaker S. Simulated flight testing of an autonomous unmanned aerial vehicle using flightgear [C]. Proceedings of AIAA Infotech@ Aerospace, Arlington, Virginia, 2005: 1-13.

[25] Deng Y M, Duan H B. Biological eagle-eye based visual platform for target detection [J]. IEEE Transactions on Aerospace and Electronic Systems, 2018, 54(6): 3125-3236.

[26] McDonnell Douglas Corporation. Natops flight manual navy model F/A-18E/F 165533 and Up Aircraft [Z]. A1-F18EA-NFM-000, 2001, III-8: 1-20.

第10章　研究前沿与展望

10.1　引　　言

自然界中生物视觉系统的准确迅速目标检测与识别功能为计算机视觉研究提供了丰富借鉴和灵感源泉。鹰眼因其敏锐的视觉特性早已广为人知，特别是鹰眼视觉系统的诸多特性与目标检测识别的复杂任务需求相契合[1-4]。仿鹰眼视觉技术可给复杂环境下的智能探测与感知能力带来革命性提高，为自主控制系统、视觉导航系统、侦查监视系统、内视镜等装置提供了新的技术途径。

本书首先从鹰眼的生理结构和功能特性出发，以鹰眼视觉系统中不同的信息处理单元的功能与机理为切入点，分析了鹰眼视觉系统中的信息处理机制，针对鹰眼对比度感应机制、颜色拮抗机制、视觉注意机制和交叉抑制机制建立了仿鹰眼视觉理论和模型。

(1) 对比度信息是鹰感应外界环境的一个重要信息，鹰眼对比度感应机制与其视网膜细胞中央周边分布差异息息相关。通过模拟鹰眼对比度感应机制可建立特征提取与目标检测模型，以快速准确地提取复杂背景下的目标。

(2) 鹰眼具有完善的颜色感知系统，同时鹰眼视网膜细胞作用体现了颜色拮抗效应，借鉴鹰眼颜色感知中的颜色拮抗机制可计算得到颜色拮抗信息，利用多通道颜色拮抗可有效检测目标颜色信息和轮廓特征。

(3) 鹰眼视觉系统通过视觉注意机制选取感兴趣的特定区域并分配更多视觉资源进行精细分析处理,确保能在处理大量信息的同时对周围环境做出准确反应。通过模拟鹰眼视觉注意机制可快速预定位目标区域，提高目标检测处理效率。

(4) 鹰眼视网膜、视顶盖以及峡核间的信息处理通路形成交叉连接网络结构，使鹰眼能从复杂背景中分辨出目标。通过模拟鹰眼交叉抑制机制，利用交叉信号调节作用可建立目标特征提取模型，实现目标精确检测。

在此基础上，本书从仿鹰眼信息处理关键技术角度出发，介绍了模拟鹰眼生理构造特点的仿鹰眼-脑-行为视觉成像装置和仿鹰眼双小凹光学成像系统，并将鹰眼强视力智能感知机制应用到解决目标识别、空中加油、自主着舰等领域的智能感知和自主控制问题，可提高复杂环境条件下的感知识别能力。

近年来，仿生智能及鹰眼视觉感知已成为人工智能领域中十分活跃的前沿研究领域。本书包含了作者团队十余年来在仿鹰眼视觉及应用等相关领域的最新研究成果，但鉴于本书成稿的系统性和篇幅限制，部分关键技术问题和成果在本书中未能涉及。本章作为本书的最后一章，重点从发展趋势、关键技术等角度对仿鹰眼视觉智能感知进行了“抛砖引玉”式的初步探讨。

10.2 发展趋势

自然界中的猛禽有很多种，研究过于分散是当前仿鹰眼视觉面临的一个重要难题，并且随着鹰等猛禽在国际上被公认为重点保护动物，相关的解剖学和行为学实验也较难以有效开展，这对鹰眼的生物学机理和仿生学研究提出了严峻的挑战。十余年来，无论是在鹰眼机理方面，还是在鹰眼的应用领域，仿鹰眼视觉技术虽取得了一定的创新成果，但仍然有待更多的科研工作者加入这个新领域，不断砥砺奋进，继续深入研究和持续拓展[1]。对于仿鹰眼视觉研究，可从如下四方面开展进一步工作。

1) 鹰眼视觉生物感知机理

鹰眼视觉系统的优异性能由其视网膜特殊的双凹结构、神经通路间的互相调节和脑内核团通路的信息处理机制共同决定[5]。此外，鹰的生活环境和捕食习惯决定了其对于目标识别的能力需求，尤其是在目标较小、目标与背景对比度较低、目标与背景有明显相对运动情况下的目标识别能力需求。虽然传统的光学系统和目标识别技术已经得到了极大发展，但仍难以完全胜任复杂强干扰环境下的视觉任务。将鹰眼优异的目标检测与识别机制运用于视觉任务中将有可能从很大程度上提高目标识别的准确性和实时性。

迄今为止，鹰眼相关的解剖学和行为学数据多为早期生理学家和行为学家开展实验时获取的研究成果[6]。出于动物保护等政策限制原因，鹰眼机理的解剖学和行为学观察实验难以持续开展，因此通过国际合作和跨学科协同，在政策允许范围内开展适当的观察实验和生物实验，无疑对鹰眼视觉感知机理的发现和拓展有着重要作用。此外，鹰眼机理的研究方向目前主要包括鹰眼的双中央凹视网膜结构[7]、对比敏感度[8, 9]、视觉注意机制[10-12]、侧抑制机制[13, 14]以及信息处理通路[15, 16]等，但鹰眼中仍存在很多目前研究尚未涉及的视觉信息处理机制。视觉处理并非由独立的眼睛器官来执行，而是与其他感知器官相结合，视网膜的生理结构、神经调节机制以及眼-脑视觉信息处理通路共同构成了生物的优异视觉信息处理系统[17]。鹰眼视网膜的生理结构已较为明晰，但对于视觉通路和神经中枢的信息处理机制的相关研究成果还相对匮乏，对于信号转换与传递机制、认知机制等的研究还没有形成完备的理论体系。因此，在研究已有鹰眼机理的基础上，未来还需要继续不断发掘鹰眼未知的机理，为鹰眼理论体系的构建提供支撑。

2) 鹰群智能协作行为机理

鹰眼的核心之一是鹰脑认知，鹰脑认知和鹰的行为紧密关联。在传统观念中，猛禽多以独居状态出现在自然界中，较少形成群体效应。生物学家通过观察研究发现哈里斯鹰存在特殊的协作捕食机制，哈里斯鹰协作狩猎示意图如图 10-1 所示，通过大量的观察数据证明了哈里斯鹰这种捕食机制的优异性[18]。群体行为往往体现出智能涌现效应，如雁、鸽、狼等生物通过独特的机制可形成协调有序的群体[19-21]。因此，以哈里斯鹰群为对象，研究鹰群独特的协作行为机理可为研究无人系统集群协同提供技术支撑[22, 23]。

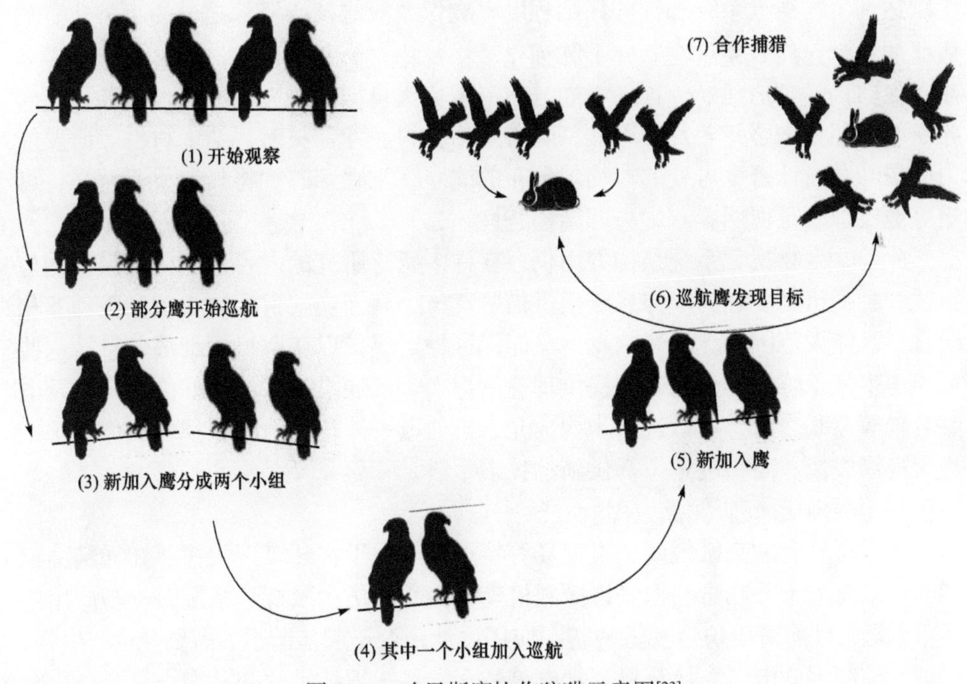

图 10-1 哈里斯鹰协作狩猎示意图[23]

在群居性动物中，看似简单的个体行为和能力通过相互协作可使群体作为一个整体有着超高的智慧，而群体的协作行为机理目前仍有待继续深入研究，同时鹰群集体狩猎所蕴含的内部信息协调机制在未来还需要继续发掘。生物的协作捕食机制在协同搜索、任务分配、编队合围、协同对抗等方面可映射到无人集群系统中，增强无人系统的自主能力和智能水平，提升无人集群系统在对抗环境下协同完成任务的效率和成功率[24-26]。同时，协同态势感知是无人集群系统自主控制和决策的重要一环，而鹰群集体狩猎也离不开视觉系统的协同工作。无人集群系统要实现态势的协同感知，需要系统个体间进行协同障碍感知、协同目标识别和态势共享，从而为决策提供支持，而鹰眼的特殊视觉机制如注意力机制也可为生物群体智能技术的发展提供新思路[27]。因此，面向集群感知任务需求，深入研究鹰群智能协作行为机理，将鹰优异的视觉感知机制与协同感知任务相结合，具有广阔的发展前景[28, 29]。

3) 仿鹰眼视觉感知芯片

生物机理的模拟一方面可通过算法进行功能模拟，另一方面可通过硬件研发使光学系统具备生物视觉系统类似功能特性[30-33]。虽然鹰眼视网膜具有双中央凹结构，且视网膜中神经细胞分布不均匀，但目前传统的光学传感器几乎都是均匀排列的靶面设计形式。同时受限于材料和工艺等技术水平，目前的视觉传感器尚无法达到生物视觉系统那样的精细程度。成像系统的核心器件之一为小型化、集成化的光学元件。通过在基底上阵列化、密集排布微透镜单元，仿造鹰眼视觉系统成像结构，可形成对大视场空间、不同方位内目标进行光学信息捕获的仿鹰眼光学元件和视觉感知芯片。因此，随着生物材料、弹性材料、纳米材料等研发能力的提升，设计密度可变的非均匀分布的鹰眼视觉感知芯片将具有重要意义，可更好地模拟鹰眼视网膜双中央凹结构特性。

此外，生物视觉系统结构方面仍存在许多亟待研究的内容，如视网膜结构与扫视和凝视机制能够为成像系统提供借鉴[34, 35]。鹰在观察目标时头动和眼动互相配合，既能大范围关注场景信息，又能保证稳定成像以获取目标细节信息，这些可为仿生视觉感知器件的研制提供理论支撑[36-38]。通过与后续的探测结构以及电路装置等互联之后，可以进一步构成光、机、电一体化的仿鹰眼视觉成像系统，为大视场成像、高精度定位提供新的技术手段。

4) 仿鹰眼系统研发及应用

鹰眼所具有的高敏锐度、大视场等特点，与强干扰环境下快速感知和精准识别的技术需求十分吻合，但是以鹰眼机理为核心的仿鹰眼视觉系统研发与应用还任重道远。目前对于仿生视觉的实际应用设计还处于起步阶段，需要化学、生物、机械、控制、微电子、计算机、光电等各个学科知识技术的交叉融合。此外，鹰眼与脑并不是两个完全独立的信息处理单元，而是相辅相成的，即鹰的成像系统与图像处理系统是融为一体的。因此，如何将硬件成像系统和信息处理方法两个方面相结合，设计出更加精准、高效的视觉信息处理系统将是未来鹰眼视觉系统研究中的一个重要方向。

在光学系统研发与应用中，如何在提高视觉处理速度的同时保证探测识别精度是国际公认的难题。特别是在复杂干扰环境下，面对不确定、不完全、强动态目标，如何在执行特殊任务时对目标进行快速、鲁棒、精准识别往往存在诸多限制。面对目标探测与视觉制导领域对快速度、抗干扰、高精度、大视场的视觉成像技术和系统的迫切需求，研制适用于复杂干扰动态环境的仿鹰眼视觉系统及应用适配的智能感知和目标识别技术仍有待进一步发展。

10.3　关键技术

鹰眼视觉系统信息处理机制的研究属于典型的交叉学科问题，为解释鹰眼视觉系统的信息处理机制，生物学、行为学、解剖学、电生理学等领域的众多研究者将通过大量实验观察、记录、分析鹰眼视觉系统的信息处理过程，推测其生理结构与视觉信息处理之间的对应关系。模拟鹰眼视觉系统信息处理机制而提出计算机视觉方法的研究亦属于交叉学科问题，该领域的研究者分析鹰眼视觉系统构成及功能，从中获得启发和灵感，从而针对计算机视觉领域存在的问题提出新的解决方案。尽管目前对鹰眼视觉系统的构成及功能有了较为系统的认识，模拟鹰眼视觉系统机制而提出的计算机视觉方法亦层出不穷，但是其中仍存在诸多待探索的问题[5]。

本书列举如下几个方面：

(1) 仿鹰眼视觉系统主要生理结构与功能探索。对鹰眼视觉系统生理结构有针对性地开展研究，是探索鹰视觉敏锐原理所在的必经途径，是深入理解鹰眼视觉系统信息处理机制的关键所在。目前关于鹰眼视觉系统的研究主要有：视网膜双中央凹结构，视网膜光感受器密度，对比敏感度函数，对比度感应机制，鹰脑视觉通路构成，各视觉核团之间的调制作用等。但鹰眼视觉系统与其他鸟类视觉系统的差别仍存在较多疑问，当前的研究成果尚未明确鹰的视觉通路与其他鸟类的明显差异。进一步深入研究鹰眼视觉系统生理结构与功能，并明确信息处理的独特之处，能够为仿鹰眼视觉系统信息处理机制建模与应用提供更多理论支撑和机理借鉴。

(2) 仿鹰眼视觉系统信息处理机制建模与应用。为将鹰眼敏锐的视觉机理用于图像处理与计算机视觉中，人工智能、计算科学等领域的研究者进行了诸多探索与实践。目前在鹰眼视觉系统信息处理机制方面的模拟主要包括仿鹰眼成像变分辨率机制、仿鹰眼颜色感知机制、仿鹰眼目标跟踪技术、仿鹰眼目标检测技术等。在分析鹰眼信息处理机制的基础上进行建模，如对视网膜结构建模、对不同场景的细胞响应特性进行分析，是实现模拟鹰眼视觉系统信息处理机制以提高计算机视觉的关键途径。此外，在鹰眼视觉系统中，眼睛视觉特性与脑功能、认知机制和行为机制密切相关，在鹰眼视觉机制模型基础上对鹰脑中视觉核团及其之间的相互作用进行模拟，建立仿鹰眼-脑-认知-行为的信息处理方法，对于完善和深化仿鹰眼视觉系统信息处理模型具有关键作用。

(3) 仿鹰眼视觉系统结构硬件设计与实现。除了从软件方面模拟鹰眼视觉系统之外，从硬件设计与实现角度出发，模拟鹰眼视觉系统结构是获得具有特殊性能的光学成像装置的重要途径。模拟鹰眼双中央凹结构、色彩感知、大视场成像及正中央凹与侧中央凹切换等设计成像镜头、感光装置、光学通路及伺服机构等，以达到同时保证大视场与高分辨率成像并进行色彩精细感知，结合仿鹰眼视觉系统信息处理机制实现目标增强、自动捕获及跟踪等目的[4]。此外，面向某些特殊领域的实际工程应用，开发微小型、产业化的高可靠性仿鹰眼视觉芯片和智能装置，将对仿鹰眼视觉技术在应用方面的进步产生深刻影响，也是仿鹰眼技术深化拓展的一个重要方面。

10.4 本章小结

本章分析了仿鹰眼视觉技术发展趋势，归纳总结了仿鹰眼视觉系统主要生理结构与功能探索、仿鹰眼视觉系统信息处理机制建模与应用、仿鹰眼视觉系统结构硬件设计与实现等三项关键技术，从机理研究和系统研制等方面对仿鹰眼视觉技术进行了展望。

作为人工智能领域重要分支的仿生视觉认知已逐步成为支撑计算机视觉理论研究和工程应用的一条新的重要技术途径。仿鹰眼视觉理论、模型和系统研究的开展，为计算机视觉成像领域提供了新的灵感源泉和技术途径，必将在国民经济和国家安全的重要领域中有广阔而深远的应用前景。

参考文献

[1] Duan H B, Deng Y M, Wang X H, et al. Biological eagle-eye-based visual imaging guidance simulation platform for unmanned flying vehicles[J]. IEEE Aerospace and Electronic Systems Magazine, 2013, 28(12): 36-45.

[2] 段海滨, 张奇夫, 邓亦敏. 基于仿鹰眼视觉的无人机自主空中加油[J]. 仪器仪表学报, 2014, 35(7):1450-1458.

[3] Deng Y M, Duan H B. Biological eagle-eye based visual platform for target detection [J]. IEEE Transactions on Aerospace and Electronic Systems, 2018, 54(6): 3125-3136.

[4] 赵国治, 段海滨. 仿鹰眼视觉技术研究进展[J]. 中国科学: 技术科学, 2017, 47(5): 514-523.

[5] 李晗, 段海滨, 李淑宇. 猛禽视觉研究新进展[J]. 科技导报, 2018, 36(17): 52-67.

[6] Jones M P, Pierce K E Jr, Ward D. Avian vision: A review of form and function with special consideration to birds of prey [J]. Journal of Exotic Pet Medicine, 2007, 16(2): 69-87.

[7] 段海滨, 邓亦敏, 孙永斌. 一种可分辨率变换的仿鹰眼视觉成像装置: CN205336450U [P]. 2016-6-22.

[8] Deng Y M, Duan H B. Avian contrast sensitivity inspired contour detector for unmanned aerial vehicle landing [J]. Science China Technological Sciences, 2017, 60(12): 1958-1965.

[9] Duan H B, Xin L, Chen S J. Robust cooperative target detection for a vision-based UAVs autonomous aerial refueling platform via the contrast sensitivity mechanism of eagle's eye [J].

IEEE Aerospace and Electronic Systems Magazine, 2019, 34(3): 18-30.
[10] Wang X H, Duan H B. Hierarchical visual attention model for saliency detection inspired by avian visual pathways [J]. IEEE/CAA Journal of Automatica Sinica, 2019, 6(2): 540-552.
[11] Duan H B, Wang X H. A visual attention model based on statistical properties of neuron responses [J]. Scientific Reports, 2015, 5: 8873-1-10.
[12] 徐春芳. 基于仿生视觉的无人机自主着舰导引技术研究[D]. 北京：北京航空航天大学, 2012.
[13] Duan H B, Deng Y M, Wang X H, et al. Small and dim target detection via lateral inhibition filtering and artificial bee colony based selective visual attention [J]. PLOS ONE, 2013, 8(8): e72035-1-12.
[14] Liu F, Duan H B, Deng Y M. A chaotic quantum-behaved particle swarm optimization based on lateral inhibition for image matching[J]. Optik, 2012, 123(21): 1955-1960.
[15] 李晗, 段海滨, 李淑宇, 等. 仿猛禽视顶盖信息中转整合的加油目标跟踪[J]. 智能系统学报, 2019, 14(6): 1084-1091.
[16] 李晗. 仿猛禽视觉的自主空中加油技术研究[D]. 北京: 北京航空航天大学, 2019.
[17] Fernández-Juricic E. Sensory basis of vigilance behavior in birds: Synthesis and future prospects[J]. Behavioural Processes, 2012, 89(2): 143-152.
[18] Bednarz J C, Ligon J D. A study of the ecological bases of cooperative breeding in the Harris' hawk [J]. Ecology, 1988, 69(4): 1176-1187.
[19] 段海滨, 邱华鑫. 基于群体智能的无人机集群自主控制[M]. 北京: 科学出版社, 2018.
[20] 段海滨. 从群体智能到多无人机自主控制[J]. 系统与控制纵横, 2014, 1(2): 76-88.
[21] 段海滨, 李沛. 基于生物群集行为的无人机集群控制[J]. 科技导报, 2017 , 35 (7) :17-25.
[22] 段海滨, 霍梦真, 范彦铭. 仿鹰群智能的无人机集群协同对抗飞行验证[J]. 控制理论与应用, 2018, 35(12):1812-1819.
[23] 霍梦真. 仿猛禽智能行为的无人机集群协同对抗与验证[D].北京:北京航空航天大学, 2018.
[24] Duan H B, Yang Q, Deng Y M, et al. Unmanned aerial systems coordinate target allocation based on wolf behaviors[J]. Science China Information Sciences, 2019, 62(1): 14201-1-3.
[25] Li P, Duan H B. A potential game approach to multiple UAV cooperative search and surveillance[J]. Aerospace Science and Technology, 2017, 68: 403-415.
[26] Zhang D F, Duan H B. Switching topology approach for UAV formation based on binary-tree network[J]. Journal of the Franklin Institute, 2019, 356(2): 835-859.
[27] 李沛, 段海滨. 一种基于注意力机制的群集运动模型[J]. 中国科学: 技术科学, 2019, 49(9): 1040-1050.
[28] Qiu H X, Duan H B. A multi-objective pigeon-inspired optimization approach to UAV distributed flocking among obstacles[J]. Information Sciences, 2020, 509: 515-529.
[29] Huo M Z, Duan H B, Yang Q, et al. Live-fly experimentation for pigeon-inspired obstacle avoidance of quadrotor unmanned aerial vehicles[J]. Science China Information Sciences, 2019, 62(5): 52201-1-8.
[30] 邓亦敏. 基于仿鹰眼视觉的无人机自主着舰导引技术研究[D].北京:北京航空航天大学,

2017.
[31] 段海滨, 邓亦敏, 孙永斌. 一种可分辨率变换的仿鹰眼视觉成像装置及其成像方法: CN105516688A[P]. 2017-4-26.
[32] 李言俊, 张科. 视觉仿生成像制导技术及应用[M]. 北京: 国防工业出版社, 2006.
[33] 中国科学院生物物理研究所. 生物的启示:仿生学四十年研究纪实[M]. 北京: 科学出版社, 2008.
[34] Zirnsak M, Steinmetz N A, Noudoost B, et al. Visual space is compressed in prefrontal cortex before eye movements[J]. Nature, 2014, 507(7493):504-507.
[35] Cavanagh P. Attention-based motion perception[J]. Science, 1992, 257(5076): 1563-1565.
[36] 冯驰. 几种视觉仿生光学系统的研究[D]. 北京: 北京理工大学, 2015.
[37] Du X Y, Chang J, Zhang Y Q, et al. Design of a dynamic dual-foveated imaging system[J]. Optics Express, 2015, 23(20): 26032-1-9.
[38] 王晓华. 基于仿鹰眼–脑机制的小目标识别技术研究[D]. 北京: 北京航空航天大学, 2018.